HANDBUCH DER ANALYTISCHEN CHEMIE

HERAUSGEGEBEN

VON

W. FRESENIUS UND G. JANDER

WIESBADEN BERLIN

ZWEITER TEIL
QUALITATIVE NACHWEISVERFAHREN

BAND Ib
ELEMENTE DER ERSTEN NEBENGRUPPE

Springer-Verlag Berlin Heidelberg GmbH

1955

ELEMENTE DER
ERSTEN NEBENGRUPPE

KUPFER · SILBER · GOLD

BEARBEITET

VON

H. BODE

MIT 14 ABBILDUNGEN

Springer-Verlag Berlin Heidelberg GmbH

1955

ISBN 978-3-540-01906-0 ISBN 978-3-662-30624-6 (eBook)
DOI 10.1007/978-3-662-30624-6

Ursprünglich erschienen bei Springer Verlag OHG., Berlin/Göttigen/Heidelberg 1955.

Inhaltsverzeichnis.

Verzeichnis der Zeitschriften und ihrer Abkürzungen.

Abkürzung	Zeitschrift
A.	LIEBIGS Annalen der Chemie; bis **172** (1874): Annalen der Chemie und Pharmacie.
Acc. Sci. med. Ferrara	Accademia della scienze mediche di Ferrara.
A. Ch.	Annales de Chimie; vor 1914: Annales de Chimie et de Physique.
Acta Comment. Univ. Tartu	Acta et Commentationes Universitatis Tartuensis (Dorpatensis).
Acta med. Scand.	Acta Medica Scandinavica.
Agricultura	Agricultura.
Am. Chem. J. (Am. Ch.)	Amercian Chemical Journal; seit 1917 vereinigt mit Am. Soc.
Am. Fertilizer	The American Fertilizer.
Am. J. Physiol.	American Journal of Physiology.
Am. J. Sci.	American Journal of Science.
Am. Soc.	Journal of the American Chemical Society.
Am. Soc. Test. Mater (Am. Soc. Testing Materials)	American Society of Testing Materials.
Anal. Chem.	Analytical Chemistry, früher Ind. Eng. Chem. Anal. Edit.
Anal. chim. Acta	Analytica chimica acta.
Analyst	The Analyst.
An. Argentina	Anales de la ascociación química Argentina.
An. Españ.	Anales de la sociedad española de fisica y química; seit 1941: Anales de fisica y quimica (Madrid).
An. Farm. Bioquim.	Anales de farmacia y bioquímica (Buenos Aires).
Angew. Ch.	Angewandte Chemie, vor 1932: Zeitschrift für angewandte Chemie.
Ann. Acad. Sci. Fenn.	Annales academiae scientiarum fennicae.
Ann. agronom.	Annales agronomiques.
Ann. Chim. anal.	Annales de Chimie analytique et de Chimie appliquée.
Ann. Chim. appl(ic).	Annali di chimica applicata.
Ann. Falsific.	Annales des Falsifications et des Fraudes.
Ann.Office nat.Combustibles liquides	Annales de l'Office National des Combustibles Liquides.
Ann. Phys.	Annalen der Physik (GRÜNEISEN und PLANCK).
Ann. Sci. agronom. Franç.	Annales de la Science agronomique française et étrangère; nach 1930: Annales agronomiques.
Ann. Soc. Sci. Bruxelles	Annales de la société scientifique de Bruxelles, Série A: Sciences mathématiques; Série B: Sciences physiques et naturelles.
Anz. Akad. Wiss. Wien, math.-naturwiss. Kl.	Anzeiger der Akademie der Wissenschaften in Wien, Mathematische-Naturwissenschaftliche Klasse.
Anz. Krakau. Akad.	Anzeiger der Akademie der Wissenschaften, Krakau.
Apoth.-Z.	Apotheker-Zeitung.
Ar.	Archiv der Pharmazie.
Arch. Eisenhüttenw.	Archiv für das Eisenhüttenwesen.
Arch. exp. Pathol.	Archiv für experimentelle Pathologie und Pharmakologie (NAUNYN SCHMIEDEBERG).
Arch. Math. Naturvidensk (Arch. F. Mathem. og Naturvid.)	Archiv for Mathematik og Naturvidenskab.
Arch. Néerland. Physiol.	Archives Néerlandaises de Physiologie de l'Homme et des Animaux.
Arch. Phys. biol.	Archives de Physique biologique et de Chimie-Physique des Corps organisés.
Arch. Physiol.	Archiv für die gesamte Physiologie des Menschen und der Tiere (PFLÜGER).
Arch. Sci. biol.	Archivio di scienze biologiche (Italy).
Arch. Sci. phys. nat. Genève	Archives des Sciences physiques et naturelles, Genève.

Abkürzung	Zeitschrift
Atti Accad. Lincei	Atti della Reale Accademia nazionale dei Lincei.
Atti Accad. Sci. Torino	Atti della Reale Accademia delle Scienze di Torino.
Atti Congr. naz. Chim. pura applic.	Atti del congresso nazionale di chimica pura ed applicata.
Atti X Congr. int. Chim., Roma (Atti Congr. int. Chim. Roma)	Atti del X Congresso Internazionale di Chimica (Roma).
Austr. J. exp. Biol. med. Sci.	Australian Journal of Experimental Biology and Medical Science.
B.	Berichte der Deutschen Chemischen Gesellschaft.
Ber. dtsch. keram. Ges.	Berichte der Deutschen Keramischen Gesellschaft.
Ber. dtsch. pharm. Ges.	Berichte der Deutschen Pharmazeutischen Gesellschaft.
Ber. oberhess. Ges. Naturk.	Bericht der oberhessischen Gesellschaft für Natur- und Heilkunde.
Ber. Wien. Akad.	Sitzungsberichte der Akademie der Wissenschaften, Wien.
Betriebslab.	Betriebslaboratorium; russ.: Sawodskaja Laboratorija.
Biochem. J.	Biochemical Journal.
Biol. Bl.	Biological Bulletin of the Marine Biological Laboratory; seit 1930: Biological Bulletin.
Bio. Z.	Biochemische Zeitschrift.
Bl.	Bulletin de la Société chimique de France; vor 1907: Bulletin de la Société chimique de Paris.
Bl. Acad. Roum.	Bulletin de la section scientifique de l'Académie Roumaine.
Bl. Acad. Russie	Bulletin de l'Academie des Sciences de Russie; seit 1925: Bl. Acad. URSS.
Bl. Acad. Sci. Pétersb.	Bulletin de l'Académie impériale des Sciences, Pétersbourg; seit 1917: Bl. Acad. Russie.
Bl. Acad. URSS.	Bulletin de l'Académie des Sciences de l'U[nion des] R[èpubliques] S[oviétiques] S[ocialistes].
Bl. Acad. URSS., Sér. chim.	Bulletin de l'Académie des Sciences de l'U[nion des] R[èpubliques] S[oviétiques] S[ocialistes], Sér. chimique.
Bl. agric. chem. Soc. Japan	Bulletin of the Agricultural Chemical Society of Japan.
Bl. Am. phys. Soc.	Bulletin of the American Physical Society.
Bl. Assoc. techn. Fonderie (Bull. [Ass.] techn. Fonderie)	Bulletin de l'Association Technique de Fonderie.
Bl. Biol. pharm.	Bulletin des Biologistes pharmaciens.
Bl. Bur. Mines Washington	Bulletin, Bureau of Mines, Washington.
Bl. chem. Soc. Japan	Bulletin of the Chemical Society of Japan.
Bl. Chim. pura apl. Bukarest (B. Chim. pura aplicata Bukarest)	Buletinul de Chimie Pură si Aplicată (al Societătii Române de Chimie) Bukarest.
Bl. Inst. physic. chem. Res. (Abstr.) Tôkyô	Bulletin of the Institute of Physical and Chemical Research, Abstracts, Tôkyô.
Bl. Sci. pharmacol.	Bulletin des Sciences pharmacologiques.
Bl. Soc. chim. Belg.	Bulletin de la Société chimique de Belgique.
Bl. Soc. Chim. biol.	Bulletin de la Société de Chimie biologique.
Bl. Soc. chim. Paris	Vgl. Bl.
Bl. Soc. Min.	Bulletin de la Société française de Minéralogie.
Bl. Soc. Mulhouse	Bulletin de la Sociéte industrielle de Mulhouse.
Bl. Soc. Pharm. Bordeaux	Bulletin des Travaux de la Société de Pharmacie de Bordeaux.
Bl. Soc. România	Buletinul societatii de chimie din România.
Bodenkunde Pflanzenernähr.	Bodenkunde und Pflanzenernährung: 1. Folge (Band **1** bis **45**) heißt: Zeitschrift für Pflanzenernährung, Düngung und Bodenkunde.
Boll. chim. farm.	Bolletino chimico-farmaceutico.
Branntwein-Ind. (russ.)	Branntwein-Industrie (russisch).
Brit. chem. Abstr.	British Chemical Abstracts.
Bur. Stand. J. Res.	Bureau of Standards Journal of Research.
C.	Chemisches Zentrabllatt.
Canad. Chem. Metallurgy (Can. Chem. Met.)	Canadian Chemistry and Metallurgy; ab Bd. **22** (1938): Canadian Chemistry and Process Industries.
Canadian J. Res.	Canadian Journal of Research.
Časopis českoslov. Lékárn.	Časopis československého, Lékárnictva.

Abkürzung	Zeitschrift
Cereal Chem.	Cereal Chemistry.
Chem. Abstr.	Chemical Abstracts.
Chem. Age	Chemical Age.
Chem. Apparatur	Chemische Apparatur.
Chem. eng. min. Rev.	Chemical Engineering and Mining Review.
Chem. Ind.	Chemistry and Industry.
Chemisat. soc. Agric. (Chemisat. socialist. Agr.) (russ.)	Chemisation of Socialistic Agriculture (russisch).
Chemist-Analyst	The Chemist-Analyst.
Chem. J. Ser. A	Chemisches Journal Serie A, Journal für allgemeine Chemie; russ.: Chimitscheski Shurnal Sser. A, Shurnal obschtschei Chimii.
Chem. J. Ser. B	Chemisches Journal Serie B, Journal für angewandte Chemie; russ.: Chimitscheski Shurnal Sser. B, Shurnal prikladnoi Chimii.
Chem. Listy	Chemické Listy pro vědu a průmysl.
Chem. Metallurg. Eng. (Chem. Met. Engin.)	Chemical and Metallurgical Engineering.
Chem. N.	Chemical News.
Chem. Obzor	Chemický Obzor.
Chem. Reviews	Chemical Reviews.
Chem. social. Agric.	Chemisation of socialistic Agriculture; russ.: Chimisazia ssozialistitscheskogo Semledelija.
Chem. Trade J. chem. Engr. (Chem. Trade J.)	Chemical Trade Journal and Chemical Engineer.
Chem. Weekbl.	Chemisch Weekblad.
Ch. Fabr.	Die chemische Fabrik.
Chim. e Ind. (Milano)	Chimica e Industria (Milano).
Chim. Ind.	Chimie & Industrie.
Chim. Ind. 17. Congr. Paris	Chimie & Industrie, 17. Congrès, Paris.
Ch. Ind.	Die chemische Industrie.
Ch. Z.	Chemiker-Zeitung.
Ch. Z. Chem. techn. Übersicht	Chemiker-Zeitung, Chemisch-technische Übersicht.
Ch. Z. Repert.	Chemiker-Zeitung, Repertorium.
Coll. Trav. chim. Tchécosl.	Collection des Travaux chimiques de Tchécoslovaquie.
C. r.	Comptes rendus de l'Académie des Sciences.
C. r. Acad. URSS.	Comptes rendus (Doklady) de l'académie des sciences de l'U[nion des] R[épubliques] S[oviétiques] S[ocialistes].
C. r. Carlsberg	Comptes rendus des Travaux du Laboratoire de Carlsberg.
C. r. Soc. Biol.	Comptes rendus de la Société de Biologie.
Current Sci.	Current Science.
Dansk Tidsskr. Farm.	Dansk Tidsskrift for Farmaci.
Dingl. J.	DINGLERS Polytechnisches Journal.
Dtsch. med. Wschr.	Deutsche medizinische Wochenschrift.
Dtsch. tierärztl. Wschr.	Deutsche tierärztliche Wochenschrift.
Eng. Min. Journ.	Engineering and Mining Journal.
E. P.	Englisches Patent.
Erzmetall	Zeitschrift für Erzbergbau und Metallhüttenwesen; neue Folge von „Metall und Erz".
Fenno-Chem.	Fenno-Chemica.
Finska Kemistsamfundets Medd.	Finska Kemistsamfundets Meddelanden; fortgesetzt unter der Bezeichnung; Fenno-Chemica.
Fortschr. Chem. Physik physik. Chem.	Fortschritte der Chemie, Physik und physikalischen Chemie.
Fr.	Zeitschrift für analytische Chemie (FRESENIUS).
G.	Gazetta chimica italiana.
Gas- und Wasserfach	Das Gas- und Wasserfach; vor 1922: Journal für Gasbeleuchtung sowie für Wasserversorgung.
Gen. electr. Rev. (General Electric Rev.)	General Electric Review.
Giorn. Biol. appl. Ind. chim. aliment. (G. Biol. appl. Ind. chim.)	Giornale di Biologia Applicata alla Industria Chimica ed Alimentare; ab Bd. **5** (1935): Giornale di Biologia Industriale Agraria ed Alimentare.

Abkürzung	Zeitschrift
Giorn. Chim. ind. ed applic. (Giorn. Chim. ind. appl.)	Giornale di Chimica Industriale ed Applicata.
Glastechn. Ber.	Glastechnische Berichte.
Glückauf	Glückauf, berg- und hüttenmännische Zeitschrift.
H.	Zeitschrift für physiologische Chemie (HOPPE-SEYLER).
Helv.	Helvetica chimica acta.
Ind. Chemist (chem. Manufacturer) (Ind. Chemist a. Chemical Manufacturer)	Industrial Chemist and Chemical Manufacturer.
Ind. chimica	L'Industria chimica, mineraria e metallurgica.
Ind. eng. Chem.	Industrial and Engineering Chemistry.
Ind. eng. Chem. Anal. Edit.	Industrial and Engineering Chemistry, Analytical Edition.
Ing. Chimiste (Bruxelles)	Ingénieur Chimiste (Bruxelles).
Internat. Sugar J.	International Sugar Journal.
J. agric. Sci.	Journal of Agricultural Science.
J. Am. ceram. Soc.	Journal of the American Ceramic Society.
J. Am. Leather Chem.	Journal of the American Leather Chemists' Association.
J. Am. med. Assoc.	Journal of the American Medical Association.
J. Am. pharm. Assoc.	Journal of the American Pharmaceutical Association.
J. Am. Soc. Agron.	Journal of the American Society of Agronomy.
J. Am. Water Works Assoc.	Journal of the Amerikan Water Works Association.
J. anal. appl. Chem.	Journal of Analytical and Applied Chemistry.
J. Assoc. offic. agric. Chem.	Journal of the Association of Official Agricultural Chemists.
J. Biochem.	Journal of Biochemistry (Japan).
J. biol. Chem.	Journal of Biological Chemistry.
Jbr.	Jahresberichte über die Fortschritte der Chemie (LIEBIG und KOPP), 1847—1910.
Jb. Radioakt.	Jahrbuch der Radioaktivität und Elektrotechnik.
J. chem. Educat.	Journal of Chemical Education.
J. chem. Ind.	Journal der chemischen Industrie; russ.: Shurnal Chimitscheskoi Promyschlennosti.
J. chem. Physics (J. chem. Phys.)	Journal of Chemical Physics.
J. chem. Soc.	Journal of the Chemical Society of London.
J. chem. Soc. Japan	Journal of the Chemical Society of Japan.
J. Chim. appl. (J. chem. applic.) (russ.)	Journal de Chimie Appliquée (russisch).
J. Chim. phys.	Journal de Chimie physique; seit 1931: ... et Revue générale des Colloides.
J. chos. med. Assoc.	Journal of the Chosen Medical Association (Japan).
Jernkont. Ann.	Jernkontorets Annaler.
J. ind. eng. Chem.	Journal of Industrial and Engineering Chemistry; seit 1923: Ind. eng. Chem.
J. Indian chem. Soc.	Journal of the Indian Chemical Society.
J. Indian Inst. Sci.	Journal of the Indian Institute of Science.
J. Inst. Brew.	Journal of the Institute of Brewing.
J. Inst. Petrol. Tech.	Journal of the Institution of Petroleum Technologists.
J. Iron Steel Inst.	Journal of the Iron and Steel Institute.
J. Labor clin. Med.	Journal of Laboratory and Clinical Medicine.
J. Landwirtsch.	Journal für Landwirtschaft.
J. of Hyg. (Brit.)	Journal of Hygiene (britisch).
J. opt. Soc. Am.	Journal of the Optical Society of America.
J. Pharm. Belg.	Journal de Pharmacie de Belgique.
J. Pharm. Chim.	Journal de Pharmacie et de Chimie.
J. pharm. Soc. Japan	Journal of the Pharmaceutical Society of Japan.
J. physic. Chem.	Journal of Physical Chemistry.
J. Physiol.	Journal of Physiology.
J. pr.	Journal für praktische Chemie.
J. Pr. Austr. chem. Inst.	Journal and Proceedings of the Australian Chemical Institute.
J. Res. Nat. Bureau of Standards	Journal of Research of the National Bureau of Standards, früher: Bur. Stand. J. Res.
J. Russ. phys.-chem. Ges.	Journal der russischen physikalisch-chemischen Gesellschaft.
J. S. African chem. Inst.	Journal of the South African Chemical Institute.

Abkürzung	Zeitschrift
J. Sci. Soil Manure	Journal of the Sciences of Soil and Manure (Japan).
J. Soc. chem. Ind.	Journal of the Society of Chemical Industrie (Chemistry and Industry).
J. Soc. chem. Ind. Japan (Suppl.)	Journal of the Society of Chemical Industry, Japan. Supplement.
J. Soc. Dyers Colourists	Journal of the Society of Dyers and Colourists.
J. Washington Acad. Sci.	Journal of the Washington Academy of Sciences.
J. Zucker-Ind.	Journal der Zuckerindustrie; russ.: Shurnal Sakharnoi Promyschlennosti.
Keem. Teated	Keemia Teated (Tartu).
Kem. Maanedsbl. nord. Handelsbl. kem Ind.	Kemisk Maanedsblad og Nordisk Handelsblad for Kemisk Industri.
Klin. Wschr.	Klinische Wochenschrift.
Koks u. Chem. (russ.)	Koks und Chemie (russisch).
Kolloidchem. Beih.	Kolloidchemische Beihefte.
Kolloid-Z.	Kolloid-Zeitschrift.
Lantbruks-Akad. Handl. Tidskr.	Kungl. Lantbruks-Akademiens Handlingar och Tidskrift.
Lantbruks-Högskol. Ann.	Lantbruks-Högskolans Annaler.
L. V. St.	Landwirtschaftliche Versuchsstationen.
M.	Monatshefte für Chemie.
Magyar Chem. Folyóirat	Magyar Chemiai Folyóirat (Ungarische chemische Zeitschrift).
Malayan agric. J.	Malayan Agricultural Journal.
Medd. Centralanst. Försöksväs. jordbruks., landwirtsch.-chem. Abt.	Meddelande från Centralanstalten för Försöksväsendet på Jordbruksområdet, landbrukskemi.
Medd. Nobelinst.	Meddelanden från K. Vetenskapsakademiens Nobelinstitut.
Med. Doswiadczalna i Spoleczna	Medycyna Doswiadczalna i Spoleczna.
Mem. Scj. Kyoto Univ.	Memoirs of the College of Science, Kyoto Imperial University.
Metal Ind. (London)	Metal Industry (London).
Metallurgia ital. (Metallurg. Ital.)	Metallurgia Italiana.
Metallwirtschaft (Metallwirtsch., Metallwiss., Metalltechn.)	Metallwirtschaft, Metallwissenschaft, Metalltechnik.
Met. Erz	Metall und Erz.
Mikrochemie (Mikrochem.)	Mikrochemie, vereinigt mit Mikrochimica acta.
Mikrochim. A.	Mikrochimica acta.
Milchw. Forsch.	Milchwirtschaftliche Forschungen.
Mitt. berg- u. hüttenmänn. Abt. kgl. ung. Palatin-Joseph-Universität Sopron	Mitteilungen der berg- und hüttenmännischen Abteilung der königlich ungarischen Palatin-Joseph-Universität, Sopron.
Mitt. Forsch.-Anst. G. H. Hütte (Gutehoffnungshütte-Konzerns)	Mitteilungen aus den Forschungsanstalten des Gutehoffnungshütte-Konzerns.
Mitt. Geb. Lebensmitteluntersuch. Hyg.	Mitteilungen auf dem Gebiet der Lebensmitteluntersuchung und Hygiene.
Mitt. Kali-Forsch.-Anst.	Mitteilungen der Kali-Forschungsanstalt.
Mitt. K. W. I. Eisenforschg. (Düsseldorf)	Mitteilungen aus dem Kaiser-Wilhelm-Institut für Eisenforschung zu Düsseldorf.
Nachr. Götting. Ges.	Nachrichten der Kgl. Gesellschaft der Wissenschaften, Göttingen; seit 1923 fällt „Kgl." fort.
Nature	Nature (London).
Naturwiss.	Naturwissenschaften.
Natuurwetensch. Tijdschr.	Natuurwetenschappelijk Tijdschrift.
Nederl. Tijdschr. Geneesk.	Nederlandsch Tijdschrift voor Geneeskunde.
Neues Jahrb. Mineral. Geol.	Neues Jahrbuch für Mineralogie, Geologie und Paläontologie.
New Zealand J. Sci. Tech.	New Zealand Journal of Science and Technology.
Öst. Ch. Z.	Österreichische Chemiker-Zeitung.
Onderstepoort J. Vet. Sci.	Onderstepoort Journal of Veterinary Science and Animal Industry.

Abkürzung	Zeitschrift
P. C. H.	Pharmazeutische Zentralhalle.
Ph. Ch.	Zeitschrift für physikalische Chemie.
Pharm. Weekbl.	Pharmaceutisch Weekblad.
Pharm. Z.	Pharmazeutische Zeitung.
Phil. Mag.	Philosophical Magazine and Journal of Science.
Phil. Trans.	Philosophical Transactions of the Royal Society of London.
Phys. Rev.	Physical Review.
Phys. Z.	Physikalische Zeitschrift.
Plant Physiol.	Plant Physiology.
Pogg. Ann.	Annalen der Physik und Chemie, herausgegeben von POGGENDORFF (1824—1877); dann Wied. Ann. (1877—1899); seit 1900: Ann. Phys.
Pr. Am. Acad.	Proceedings of the American Academy of Arts and Sciences, Boston.
Pr. Am. Soc. Test. Mater. (Pr. Am. Soc. for testing Materials)	Proceedings of the American Society for Testing Materials.
Pr. (chem. Soc.)	Proceedings of the Chemical Society (London).
Pr. Indian Acad. Sci.	Proceedings of the Indian Academy of Sciences.
Pr. internat. Soc. Soil Sci.	Proceedings of the International Society of Soil Science.
Pr. Leningrad Dept. Inst. Fert.	Proceedings of the Leningrad Departmental Institute of Fertilizers.
Pr. Roy. Soc. Edinburgh	Proceedings of the Royal Society of Edinburgh.
Pr. Roy. Soc. London Ser. A	Proceedings of the Royal Society (London). Serie A: Mathematical and Physical Sciences.
Pr. Roy. Soc. New South Wales	Proceedings of the Royal Society of New South Wales.
Pr. Soc. Cambridge	Proceedings of the Cambridge Philosophical Society.
Problems Nutrit.	Problems of Nutrition; russ.: Woprossy Pitanija.
Pr. Oklahoma Acad. Sci.	Proceedings of the Oklahoma Academy of Science.
Pr. Soc. exp. Biol. Med.	Proceedings of the Society for Experimental Biology and Medicine.
Pr. Utah Acad. Sci.	Proceedings of the Utah Academy of Sciences.
Przemysl Chem.	Przemysl Chemiczny.
Publ. Health Rep.	Public Health Reports.
R.	Recueil des Travaux chimiques des Pays-Bas.
Radium	Le Radium, seit 1920: Journal de Physique et Le Radium.
Rep. Connecticut agric. Exp. Stat.	Report of the Connecticut Agricultural Experiment Station.
Repert. anal. Chem.	Repertorium der analytischen Chemie (1881—1887).
Répert. Chim. appl.	Répertoire de Chimie pure et appliquée (von 1864 ab: Bulletin de la Société chimique de France).
Rep. Invest. (Rep. Investig.)	United States Department Interior, Bureau of Mines, Report of Investigation.
Rev. brasil. chim. (Revista brasileira de chimica)	Revista Brasileira de Chimica (São Paulo).
Rev. Centro Estud. Farm. Boiquim.	Revista des centro estudiantes de farmacia y bioquímica.
Rev. Mét.	Revue de Métallurgie.
Rev. univ. des Min.	Revue universelle des Mines.
Roczniki Chem.	Roczniki Chemji.
Schweiz. Apoth. Z.	Schweizerische Apotheker-Zeitung.
Schweiz. med. Wschr.	Schweizerische medizinische Wochenschrift.
Schw. J.	SCHWEIGGERS Journal für Chemie und Physik (Nürnberg, Berlin 1811—1833, 68 Bde.).
Science	Science (New York).
Sci. Pap. Inst. Tôkyô	Scientific Papers of the Institute of Physical and Chemical Research Tôkyô.
Sci. quart. nat. Univ. Peking	Science Quarterly of the National University of Peking.
Sci. Rep. Tôhoku (Imp. Univ.)	Science Reports of the Tôhoku Imperial University.
Skand. Arch. Physiol.	Skandinavisches Archiv für Physiologie.

Abkürzung	Zeitschrift
Soc.	Journal of the Chemical Society of London.
Soc. chem. Ind. Victoria (Proc.)	Society of Chemical Industry of Viktoria, Proceedings.
Soil Sci.	Soil Science.
Spectrochim. Acta	Spectrochimica Acta.
Sprechsaal	Sprechsaal für Keramik-Glas-Email.
Stahl Eisen	Stahl und Eisen.
Svensk Tekn. Tidskr.	Svensk Technisk Tidskrift.
Sv. V.A.H. (SvVAH, Sv. Vet. Akad. Handl.)	Svenska Vetenskaps-Akademiens-Handlingar.
Techn. Mitt. Krupp	Technische Mitteilungen KRUPP.
Tôhoku J. exp. Med.	Tôhoku Journal of Experimental Medicine.
Trans. Am. electrochem. Soc.	Transactions of the American Electrochemical Society.
Trans. Am. Inst. min. metalling. Eng. (Trans. Am. Inst. Min. Eng.)	Transactions of the American Institute of Mining and Metallurgical Engineers.
Trans. Butlerov Inst. chem. Technol. Kazan	Transactions of the BUTLEROV Institute; (seit 1935: KIROV Institute) for Chemical Technology of Kazan.
Trans. ceram. Soc. England	Transactions of the Ceramic Society, England; ab Bd. **38** (1939): Transactions of the British Ceramic Society.
Trans. Dublin Soc.	Scientific Transactions of the Royal Dublin Society.
Trans. Faraday Soc.	Transactions of the FARADAY Society.
Trans. Roy. Soc. Edinburgh	Transactions of the Royal Society of Edinburgh.
Trans. sci. Inst. Fert.	Transactions of the Scientific Instutite of Fertilizers and Insectofungicides (USSR.).
Trans. Sci. Soc. China	Transactions of the Science Society of China.
Trav. Inst. Etat Radium (russ.)	Travaux de l'Institut d'Etat de Radium (russisch).
Trav. Lab. biogéochim. Acad. Sci. URSS.	Travaux du laboratoire biogéochimique de l'académie des sciences de l'U[nion des] R[épubliques] S[oviétiques] S[ocialistes].
Uchen. Zapiski Kazan. Gosud. Univ.	Uchenye Zapiski Kazanskogo Gosudarstvennogo Universiteta (USSR.).
Ukrain. chem. J.	Ukrainian Chemical Journal (Journal chimique de l'Ukraine).
Union pharm.	Union pharmaceutique.
Union S. Africa Dept. Agric.	Union of South Africa. Department of Agriculture.
Univ. Illionis Bl.	University of Illinois, Bulletin.
U. S. Dep. Commerce Bur. Mines Bl. (U. S. Bur. Min. B.)	U.S. Department of Commerce, Bureau of Mines, Bulletin.
U. S. Dep. Interior Bur. (U. S. Mines Bull.)	United States Department of the Interior, Bureau of Mines, Bulletin.
U. S. Dept. Agric. Bl.	United States Department of Agriculture, Bulletins.
U. S. Geol. Surv. Bl.	United States Geological Survey Bulletin.
Verh. phys. Ges.	Verhandlungen der Deutschen physikalischen Gesellschaft.
Vorratspflege u. Lebensmittelforsch.	Vorratspflege und Lebensmittelforschung.
Washington Acad. Science	Journal of the Washington Academy of Sciences.
Wschr. Brauerei	Wochenschrift für Brauerei.
Wied. Ann.	Annalen der Physik und Chemie, herausgegeben von WIEDEMANN; s. Pogg. Ann.
Wien. klin. Wschr.	Wiener klinische Wochenschrift.
Wien. med. Wschr.	Wiener medizinische Wochenschrift.
Wiss. Nachr. Zucker-Ind.	Wissenschaftliche Nachrichten der Zuckerindustrie (ukrain.).
Wiss. Veröffentl. Siemens-Konzern	Wissenschaftliche Veröffentlichungen aus dem SIEMENS-Konzern (seit 1935: aus den SIEMENS-Werken).
Z. anorg. Ch.	Zeitschrift für anorganische und allgemeine Chemie.
Zbl. Min. Geol. Paläont. Abt. A	Zentralblatt für Mineralogie, Geologie und Paläontologie, Abt. A: Mineralogie und Petrographie.
Z. Chem. Ind. Kolloide	Zeitschrift für Chemie und Industrie der Kolloide; seit 1913: Kolloid-Zeitschrift.
Z. Deutsch. Öl- u. Fettind.	Zeitschrift für Deutsche Öl- und Fettindustrie.

Abkürzung	Zeitschrift
Z. El. Ch.	Zeitschrift für Elektrochemie.
Zentr. wiss. Forsch.-Inst. Leder-Ind.	Zentrales wissenschaftliches Forschungsinstitut für die Lederindustrie; russ.: Zentralny nautschno-issledowatelski Institut koshewennoi Promyschlennosti, Sbornik Rabot.
Z. ges. Brauw.	Zeitschrift für das gesamte Brauwesen.
Z. ges. Kältetechnik (-Industrie)	Zeitschrift für die gesamte Kältetechnik (-Industrie).
Z. Hygiene	Zeitschrift für Hygiene und Infektionskrankheiten.
Z. klin. Med.	Zeitschrift für klinische Medizin.
Z. Krist.	Zeitschrift für Kristallographie und Mineralogie.
Z. landw. Ver.-Wes. Österr.	Zeitschrift für das landwirtschaftliche Versuchswesen in Deutsch-Österreich; 1925—1933 genannt: Fortschritte der Landwirtschaft.
Z. Lebensm.	Zeitschrift für Untersuchung der Lebensmittel; bis 1925: Zeitschrift für Untersuchung der Nahrungs- und Genußmittel sowie der Gebrauchsgegenstände.
Z. Metallkunde	Zeitschrift für Metallkunde.
Z. Naturforschg.	Zeitschrift für Naturforschung.
Z. Oberschl. Berg- u. Hüttenmänn. Verb.	Zeitschrift des Oberschlesischen Berg- und Hüttenmännischen Verbandes.
Z. öffentl. Ch.	Zeitschrift für öffentliche Chemie.
Z. Pflanzenernähr. Düng. Bodenkunde	Vgl. Bodenkunde Pflanzenernähr.
Z. Phys.	Zeitschrift für Physik.
Z. pr. Geol.	Zeitschrift für praktische Geologie.
Zprávy česk. keram. společnosti	Zprávy československé keramické společnosti.
Z. techn. Phys. (russ.)	Zeitschrift für technische Physik (russ.).
Z. VDI (Z. Ver. dtsch. Ing.)	Zeitschrift des Vereins Deutscher Ingenieure.

Abkürzungen oft benutzter Sammelwerke.

Abkürzung	Sammelwerk
Berl-Lunge	BERL-LUNGE: Chemisch-technische Untersuchungsmethoden, 8. Aufl. Berlin 1931—1934. Bis zur 7. Aufl. „LUNGE-BERL" genannt.
G_M.	GMELINS Handbuch der anorganischen Chemie, 8. Aufl. Berlin.
Handb. Pflanzenanal.	Handbuch der Pflanzenanalyse (KLEIN).
Lunge-Berl	Vgl. BERL-LUNGE.
Schiedsverfahren	Analyse der Metalle. Erster Band: Schiedsverfahren. 2. Aufl. Berlin-Göttingen-Heidelberg 1949.

Kupfer.

Cu, Atomgewicht 63,54, Ordnungszahl 29.

Von **Hans Bode**, Hamburg.

Mit 2 Abbildungen.

Inhaltsübersicht.

I. Vorkommen.

Das Kupfer kommt in der Natur gediegen und in sulfidischen und oxydischen Erzen vor. Daneben ist es als Spurenelement weit verbreitet. Die gediegenen Vorkommen sind von geringerer Bedeutung. Wichtiger sind die sulfidischen Erze: neben dem Kupferglanz (Chalkosin) Cu_2S sind vor allem die Doppelsulfide von Bedeutung, von denen der Kupferkies (Chalkopyrit) $CuFeS_2$, der Buntkupferkies (Bornit) Cu_3FeS_3, sowie die Fahlerze (Sulfide des Ag und Cu mit Sb_2S_3 und As_2S_3) und die Bournonite $(Cu_2, Pb)_3\,[SbS_3]_2$ zu erwähnen sind. Die oxydischen Erze, wie Malachit $CuCO_3 \cdot Cu(OH)_2$ und Azurit $2\,CuCO_3 \cdot Cu(OH)_2$, das Rotkupfererz (Cuprit) Cu_2O, sowie die Silikate des Cu spielen als abbauwürdige Vorkommen eine untergeordnete Rolle. Von noch geringerer Bedeutung sind die weiteren Vorkommen, die oft nur mineralogisches Interesse besitzen.

Neben diesen abbauwürdigen Vorkommen ist von nicht geringer Wichtigkeit das Kupfer als Spurenelement im physiologischen Geschehen und im Boden. Die relative Verbreitung des Kupfers in der Erdrinde (einschließlich Wasserhülle) wird zu 0,010% angegeben. Das Vorkommen des Kupfers in angereicherten Erzlagerstätten hat frühzeitig zu einer Gewinnung und Anwendung von Kupfer und seinen Legierungen geführt.

II. Übersicht über die technischen Anwendungen.

Kupfer findet vor allem wegen seiner guten Leitfähigkeit für Wärme und Elektrizität Verwendung, aber auch die Legierungen mit größeren Kupfergehalten (Messing, Tombak, Bronze u. a.) werden vielseitig angewendet. Alle diese Legierungen sind gefärbt, man bezeichnet deshalb das Kupfer wie die Hauptlegierungselemente als „Buntmetalle“. Kleine Kupfergehalte sind in vielen Legierungen teils wichtige Bestandteile (Duraluminium), teils zufällige Verunreinigungen (Cu in Stahl).

Kupferverbindungen werden als lichtechte Malerfarben verwendet, sie spielen wegen ihrer desinfizierenden Wirkung zur Bekämpfung von Pflanzenkrankheiten und in der Medizin eine Rolle. Auch die katalytischen Eigenschaften der Cu-Verbindungen wie auch des Metalls werden ausgenutzt. Größere Mengen Kupfer werden in der Kunstseidenindustrie benötigt.

III. Wertigkeit des Kupfers und allgemeines Verhalten seiner Bindungen in analytischer Hinsicht.

Das Kupfer steht im periodischen System in der Nebengruppe der 1. Familie; es ist in seinen Verbindungen ein-, zwei- und dreiwertig.

Verbindungen mit dreiwertigem Kupfer sind nur in geringer Zahl beschrieben und auch instabil. Trotzdem wird die charakteristische Farbe einiger Cu(III)-Salze analytisch verwertet (FEIGL und UZEL). Von den Cu(I)-Verbindungen sind vor allem die Halogenide und Pseudohalogenide, auch in wässeriger Lösung, beständig; bei einigen Salzen, wie beim Jodid, Rhodanid und Cyanid, ist sogar die einwertige Stufe bevorzugt; die einfachen Cu(I)-Salze sind meistens weiß, in Wasser schwer löslich und werden vielfach in der qualitativen und quantitativen Analyse verwendet. Durch Komplexsalzbildung kann Auflösung zu farblosen Lösungen erfolgen. Das Oxyd des einwertigen Kupfers ist rot; das Sulfid ist in Säuren unlöslich. Am beständigsten sind im allgemeinen die Verbindungen des zweiwertigen Kupfers, insbesondere die Salze der sauerstoffhaltigen Säuren. In verdünnter, wässeriger Lösung sind die Salze, falls das Anion farblos ist, hellblau gefärbt; diese Farbe ist dem hydratisierten Cu-Ion eigen. In konzentrierten Lösungen treten vielfach Komplexverbindungen auf, etwa $[CuCl_4]^{2-}$. Die Bildung des komplexen Tetrammin-kupfer(II)-ions ist eine der ältesten Nachweisreaktionen des Kupfers. Mit vielen organischen Stoffen kann das Kupferion innerkomplexe Salze bilden, die oft charakteristisch gefärbt und in Wasser schwer löslich sind. Sie besitzen für den qualitativen Nachweis und die quantitative Bestimmung große Bedeutung. Analytisch wichtig ist die Schwerlöslichkeit des Sulfids. Das Hydroxyd des zweiwertigen Kupfers besitzt nur sehr geringen amphoteren Charakter.

IV. Übersicht über die Analytische Gruppe und die Abtrennung.

Bei der systematischen Prüfung auf Kationen ist nur mit zweiwertigem Kupfer zu rechnen. Nur bei Anwesenheit von Cyan-Ionen kann einwertiges Kupfer in Lösung vorliegen. Diese Störung läßt sich durch Abrauchen der Substanz mit konzentrierter Schwefelsäure vermeiden.

A. Gruppentrennung mit Schwefelwasserstoff.

Nach Abtrennung von Silber, Quecksilber(I), Thallium- und z. T. von Blei-Ionen (1. analytische Gruppe) wird mit Schwefelwasserstoff in saurer Lösung gefällt (2. analytische Gruppe). Nach dem gebräuchlichen Analysengang (FRESENIUS-ROSE) wird aus dem abfiltrierten Niederschlag durch Digerieren mit gelbem Ammoniumsulfid oder mit 5%iger Natronlauge (BERTIAUX) die „Arsengruppe“ abgetrennt, und es hinterbleibt die „Kupfergruppe“, die die Elemente Quecksilber(II), Blei, Wismut, Kupfer und Cadmium, sowie gegebenenfalls Ruthenium, Rhodium, Palladium und Osmium umfaßt. Nimmt man auf die selten vorkommenden Platinmetalle keine Rücksicht, so wird zur Abtrennung von Quecksilbersulfid in verdünnter Salpetersäure gelöst, das Blei als Sulfat abgeschieden, darauf das Wismut mit Ammoniak gefällt. Bei Anwesenheit von Kupfer ist das Filtrat tiefblau gefärbt, kann aber auch noch Cadmium als Amminkomplex enthalten.

Für den Nachweis bzw. die Trennung des Kupfers und Cadmiums ist eine große Reihe von Methoden angegeben.

1. Durch Cyanidionen werden die beiden Elemente in die komplexen Ionen $[Cu(CN)_3]^{2-}$ und $[Cd(CN)_4]^{2-}$ übergeführt. Dabei findet bei Kupfer ein Übergang in die einwertige Stufe statt. Durch Schwefelwasserstoff wird nur der Cadmiumkomplex zerlegt.

2. Nach NOYES wird aus der angesäuerten Lösung durch kurzes Aufkochen mit Eisenpulver oder -spänen das Kupfer quantitativ gefällt.

Nach POPOW wird die saure Lösung 10 bis 20 Sekunden mit Eisen- oder Zinkpulver geschüttelt und im Filtrat das Cadmium nachgewiesen.

3. 100 cm³ der neutralen Lösung werden mit 4 cm³ Schwefelsäure (D 1,82) versetzt; durch ein Aluminiumblech wird nach TIEDEMANN und OSIMOW alles Kupfer und etwa 40% des Cadmiums gefällt. Der Rest des Cadmiums kann im Filtrat als Sulfid gefällt werden.

4. CRESPOLANI gibt an, daß sich Cadmiumsulfid im Gegensatz zum Kupfersulfid leicht in warmer, verdünnter Schwefelsäure löst.

5. Kupfer kann als Kupfer(I)-rhodanid in Gegenwart von Sulfit gefällt werden (CÂNDEA und SAUCIUC).

6. Kupfer wird bei einem p_H-Wert von 2,6 im Gegensatz zum Cadmium mit Salicylaldoxim gefällt (BIEFELD).

7. Nach TORTI kann in der ammoniakalischen Lösung der Sulfate das Kupfer quantitativ durch Alkohol abgeschieden werden, so daß im Filtrat reines, gelbes Cadmiumsulfid gefällt werden kann.

Der halbmikroanalytische Trennungsgang nach EVANS, GARETT und QUILL wird von GRILLOT und KELLY in folgender Weise modifiziert: Nach der Bi-Fällung wird mit HNO_3 angesäuert und zur Entfernung der NH_3-Salze abgeraucht. Nach dem Abkühlen wird mit 1—2 Tropfen 6n-HNO_3 aufgenommen, 1 cm³ H_2O und 10 Tropfen 6n NaOH und 1—2 cm³ Seignettesalz werden hinzugefügt; es fällt nur das Cd aus.

Wird die Trennung der Schwefelwasserstoff-Fällung in Untergruppen mit Natriumsulfid durchgeführt, so geht außer der Arsengruppe auch noch das Quecksilbersulfid in Lösung.

Nach KUNZ werden die abfiltrierten Sulfide mit 12n Salzsäure verrieben (bei 1—2 g etwa 5 cm³): Cadmium-, Blei- und Wismutsulfid gehen im Laufe einer ¹/₄ Stunde in Lösung, Kupfersulfid dagegen nur zu einem Teil. Es wird mit 5 bis 6 cm³ Schwefelwasserstoffwasser verdünnt, dabei fällt das Kupfer wieder vollständig aus. Um Bleichlorid in Lösung zu halten, werden 20 cm³ konz. Kochsalzlösung hinzugefügt, und durch ein mit Kochsalzlösung befeuchtetes Filter wird das Kupfersulfid abfiltriert.

SENSI und SEGHEZZO geben eine Schnellmethode zum Nachweis der in Natriumsulfid unlöslichen Sulfide ohne besondere Trennung mit Hilfe von organischen Reagenzien an. Nur das Kupfer wird zum Nachweis des Cadmiums mit Kupferron gefällt.

Einen abgeänderten Trennungsgang für die 2. Gruppe gibt CHIRNOAGÀ an. Der Sulfidniederschlag wird zur Abtrennung des Arsens mit einem Gemisch von 2n Ammoniumoxalat und 2n Ammoniak digeriert. Dann wird mit einigen cm³ 2n Salzsäure und Wasserstoffperoxyd behandelt; ungelöst bleiben im wesentlichen die Sulfide von Quecksilber, Blei und Kupfer. Diese werden in konz. Salzsäure und Wasserstoffperoxyd gelöst und nebeneinander nachgewiesen.

MILLER gibt einen halbmikroanalytischen (mit Mengen von 0,25—50 mg), ALSTODT und BENEDETTI-PICHLER geben einen mikroanalytischen (mit Mengen von 10—500 γ) Analysengang auf der Grundlage der Methode nach NOYES und BRAY an. BENEDETTI-PICHLER und SPIKES (a) verfahren bei der mikroanalytischen Arbeitsweise nach ROSE-FRESENIUS.

B. Analysengänge ohne Verwendung von Schwefelwasserstoff.

Von den zur systematischen Prüfung auf Kationen ohne Benutzung von Schwefelwasserstoff vorgeschlagenen Methoden hat keine eine allgemeine Anerkennung finden können. Deshalb mögen hier einige kurze Angaben genügen. Bei fast allen Analysengängen geht eine Abscheidung der 1. analytischen Gruppe voran. Nach VORTMANN (a) folgt eine Fällung mit Natriumsulfid, wodurch die Kupfergruppe ohne Quecksilbersulfid und die 3. analytische Gruppe gefällt werden. Die weitere Trennung erfolgt durch Digerieren mit Salzsäure, wobei Kupfer mit anderen Elementen ungelöst bleibt.

Auf trockenem Wege trennt VORTMANN (b) durch Schmelzen mit der 6—8-fachen Menge Soda und Schwefel (1:1) oder Natriumthiosulfat auf der Kohle oder im Reagensglas. Außer den Schwermetallsulfiden bleiben die Carbonate der Erdalkalien ungelöst; diese werden aber durch Kochen mit Ammoniumchlorid abgetrennt. Die Sulfide werden nach Abrösten des Schwefels durch Schmelzen mit Kaliumpersulfat in Lösung gebracht.

Nach POZNA und MIGRAY wird vor der Na_2S-Fällung das Blei durch Schwefelsäure entfernt. Dann wird nach Neutralisieren durch NH_3 mit Na_2S gefällt. Dieser Niederschlag wird mit an Schwefelwasserstoff gesättigter, 10%iger Salzsäure verrührt; ungelöst bleiben Hg, Bi, Cu, Cd, Co und Ni. Nach Abscheidung des Hg und Bi nach FRESENIUS wird mit Soda neutralisiert und mit Thiosulfat das Kupfer als Sulfid abgeschieden; Ni, Co und Cd fallen nicht aus. ROSENTHALER (a) fällt im Filtrat der HCl-Gruppe aus der salzsauren Lösung durch metallisches Magnesium: As, Sb, Bi, Cu, Pb und Hg.

Nach einem Vorschlag von BROCKMANN, der mehrfach aufgenommen und abgeändert worden ist, wird nach Abscheidung der HCl-Gruppe mit Schwefelsäure Ba, Sr, Ca und Pb gefällt. Dann folgt Behandlung mit Kalilauge bei Anwesenheit (BROCKMANN, LEWIN) oder bei Abwesenheit (MUNRO) von Natriumperoxyd, hierbei fällt das Kupfer mit anderen Elementen aus. Nach BROCKMANN und MUNRO werden mit Ammoniumphosphat und -carbonat bei Gegenwart von konz. NH_3 die unlöslichen Phosphate von den komplex in Lösung bleibenden Hg, Cu, Cd, Co und Ni getrennt. LEWIN trennt die Hydroxydfällung in etwas geänderter Weise, es bleiben Mg, Ni, Cu und etwas Co zusammen in Lösung.

RANE und KONDAIAH rauchen die Substanz mit konz. Salz- und Salpetersäure zur Trockene (Ag, Sn, Sb), fällen mit $(NH_4)_2SO_4$, darauf mit NH_3 und $(NH_4)_2HPO_4$ und zuletzt mit NaOH: Co, Ni, Cu, Cd und Hg.

Eine Gruppentrennung mit Hilfe von Dithizon geben FISCHER und LEOPOLDI, und zwar werden in mineralsaurer Lösung gefällt: Cu, Ag, Hg, Au und Pd, in essigsaurer Lösung: Zn, Co, Ni, Pd (Cd u. Sn wenn in großen Mengen anwesend), in alkalischer Lösung: Ag, Hg, Cu, Au, Pd, Co, Ni, Cd (und Zn in großer Konzentration), in zyankalischer Lösung: Pb, Sn, Bi und Tl.

V. Über Nachweisverfahren in der älteren Zeit.

Die Kenntnisse der Metalle Silber, Kupfer und Gold lassen sich bis in die älteste Zeit der Menschheit zurückverfolgen, und zwar hat man sowohl Geräte und Schmuckgegenstände aus diesen Metallen gefunden, als auch darauf weisende schriftliche Überlieferungen.

Für Kupfer und seine Legierungen findet sich schlechthin der Ausdruck „Erz" (*aes* bzw. χαλκός).

Zum Erkennen des Kupfers diente wohl zunächst die rote Farbe des Elementes bzw. die gelbe seiner Legierungen. Entsprechend der allgemeinen Entwicklung in der Chemie wurden allgemein die Nachweisverfahren auf trockenem Wege zuerst entwickelt. Beim Kupfer diente hierzu die Eigenschaft des Oxyds, das Glas grün zu färben. Schon einige Jahrhunderte v. Chr. wird von der Kunst berichtet, Smaragde nachzuahmen. Auch über die Darstellung von rotgefärbtem Glas ohne Verwendung von Gold wird berichtet. Als Färbung der Borax- bzw. Phosphorsalzperle in der Oxydations- bzw. Reduktionsflamme dienen diese Reaktionen heute noch zum Nachweis.

Von den Reaktionen auf nassem Wege scheinen nur die blaue Färbung mit Salmiakgeist und die Zementation aus Kupfersalzlösungen durch Eisen frühzeitig bekannt gewesen zu sein, wenn auch beglaubigte Nachrichten über die Anwendung dieser Reaktion erst aus dem 16. Jahrhundert stammen. BASILIUS VALENTINUS beschreibt die Fällung des Kupfers durch Eisen, doch wird diese Tatsache als Beweis für die Elementtransmutation angesehen (PARACELSUS, LIBARIUS). Erst BOYLE scheint den Vorgang richtig gedeutet zu haben (1661 bzw. 1675). Während die Bildung von Grünspan seit altersher bekannt ist, beschreibt erst 1597 LIBARIUS, daß sich Kupferlegierungen mit kalkhaltigem Salmiak blau färben. BOYLE (1663) gibt an, daß sich diese Beobachtung zum Nachweis von Kupfer verwenden läßt. TACHENIUS (1666) weist Kupfer dadurch nach, daß er mit Alkali einen grünen Niederschlag erhält, den man zu Kupfer reduzieren kann. Auch ist die Färbung der Fällungen einiger Schwermetalle mit Galläpfeltinktur bekannt. Schon PLINIUS beschreibt die Verwendung dieser Tinktur zur Erkennung von Verfälschungen des Grünspans.

Auch die blaugrüne Färbung der Flamme durch Kupferverbindungen wird mehrfach beschrieben; nach KOPP gab 1755 BOURDELIN an, daß Weingeist durch Kupferniederschläge grün abbrennt.

§ 1. Nachweis auf spektralanalytischem Wege.

A. Ohne spektrale Zerlegung (durch Flammenfärbung).

Eine nicht leuchtende Flamme wird durch flüchtige Kupferverbindungen grün bis blau gefärbt. Für die einzelnen Kupferverbindungen werden folgende Farben angegeben:

intensiv grün	Kupferoxyd, -jodid u. met. Kupfer
azurblau	Kupferchlorid
grünlichblau	Kupferbromid

Grüne Färbungen geben außerdem noch folgende Elemente, wenn sie als flüchtige Stoffe vorliegen: Bor, Thallium, Tellur, Barium, Molybdän, Antimon und Phosphor.

Blaue Färbungen geben: Selen, Arsen, Blei.

WHITE beschreibt eine Arbeitsweise, durch die noch 0,3 γ Cu nachzuweisen sind. GABRIEL führt durch den Hals eines Bunsenbrenners ein Röhrchen, das in ein Schälchen taucht, in dem sich mit CCl_4 getränkte Baumwolle befindet. Führt man die Probe in die Flamme ein, so wird diese je nach der Menge des Kupfers mehr oder weniger lange gefärbt. Bei geringen Cu-Mengen wird die Probe etwas befeuchtet.

Taucht man ein mit Wasser gefülltes Reagensglas in die salzsaure Probelösung und führt es in eine entleuchtete Flamme, so wird diese gefärbt (CLARK). Diese Methode soll der der Erzeugung mit einem Platindraht überlegen sein. Es sollen etwa 10^{-4} g Cu/cm³ nachzuweisen sein.

In Drogenaschen prüft man nach ROSENTHALER (b) auf Kupfer, indem die Lösung der Probe mit Ammoniumbromid befeuchtet und dann in die Flamme gebracht wird.

B. Optische Spektralanalyse[1].

Allgemeines.

Der spektralanalytische Nachweis von Kupfer ist mit einem geeigneten Quarzspektrographen ohne weiteres möglich. Hierzu dienen die Linien des vom Grundzustand des neutralen Atoms ausgehenden Dubletts mit den Wellenlängen 3247,5 Å und 3274,0 Å. Beide Linien erscheinen bei den üblichen Anregungsarten mit wesentlich höherer Empfindlichkeit als die drei grünen, mit einem Glasspektrographen zu erfassenden Linien mit den Wellenlängen 5105,0 Å, 5153,2 Å und 5218,2 Å. Diese sind bei visueller Beobachtung elektrischer Entladungen zwischen kupferhaltigen Elektroden mit dem Spektroskop im allgemeinen leicht zu erkennen. Diese grünen Linien sind zum Teil auch neben dem Bandenspektrum der Kupferverbindungen bei dem Kupfernachweis durch Flammenfärbung beteiligt.

Bei kleinen Cu-Konzentrationen wird man im allgemeinen auf kondensierte Funken- oder auf Lichtbogenentladungen nicht verzichten können, wobei die Wahl der jeweils verwendeten Entladungsart der besonderen Analysenaufgabe angepaßt werden muß.

Brauchbare Analysenlinien sowie Koinzidenzen nach GERLACH-RIEDL: WA. GERLACH und RIEDL (a) geben für Kupfer folgende Analysenlinien an: $\lambda = 3274{,}0$ Å und $\lambda = 3247{,}5$ Å. Dabei ist 3247,5 Å stärker als 3274,0 Å.

Koinzidenzen sind zu erwarten:

Bei $\lambda = 3247{,}5$ Å mit 2 Linien von Vanadium, sowie mit schwachen Linien von Calzium und Scandium.

Bei $\lambda = 3274{,}0$ Å mit einer Titan-Funkenlinie, sowie mit schwachen Linien von Cobalt, Molybdän und Osmium. Für die bei GERLACH-RIEDL nicht genannten, weniger empfindlichen, aber bei der visuellen Beobachtung wichtigen grünen Linien $\lambda = 5105{,}5$ Å, $\lambda = 5153{,}2$ Å und $\lambda = 5218{,}2$ Å sind folgende Koinzidenzen zu erwarten:

Bei $\lambda = 5105{,}5$ Å mit 2 starken Arsen-Linien und schwachen Linien von Eisen, Ruthenium und Lanthan.

Bei $\lambda = 5153{,}2$ Å mit Linien von Cadmium, Natrium und Titan (besonders im Bogen).

Bei $\lambda = 5218{,}2$ Å mit schwachen Linien von Titan und Eisen.

Nachweisverfahren.

1. Nachweis in Lösungen:

Der Kupfernachweis in Lösungen mit der Flamme mit dem LUNDEGÅRDHschen Zerstäubungsverfahren eignet sich besonders für größere Substanzmengen. VAN SOMMEREN weist Cu in $NiSO_4$-Lösungen nach, indem er die Lösung auf Graphit-Elektroden eintrocknet und im Gleichstrombogen anregt. Ähnlich verfährt auch EECKHOUT, der Cu in Chrom-Nickel-Stahl in salzsaurer Lösung bestimmt. Er verwendet zur Verdampfung und Anregung der auf einer Kohle-Elektrode eingetrock-

[1] Bearbeitet von J. VAN CALKER, Münster i. Westf.

neten Substanz den Abreißbogen nach PFEILSTICKER, während CASTRO und PHÉLINE bei einer analogen Kupferbestimmung in Stahl und Eisen einen nicht gesteuerten kondensierten Funken zwischen Graphit-Elektroden mit dem eingetrockneten Analysenmaterial übergehen lassen. In einem elektrolytischen Anreicherungsverfahren scheidet SCHLEICHER das Kupfer aus Lösungen auf Metall-Elektroden ab und verdampft im kondensierten Funken. Die Erfassungsgrenze beträgt hierbei 10—100 γ Cu.

2. Nachweis in Metallen:

Der Cu-Nachweis in Metallen ist im allgemeinen relativ einfach und mit großer Empfindlichkeit möglich, wenn man die Proben unmittelbar als Elektroden verwenden kann. So bestimmen WA. GERLACH und RIEDL (b) und WA. GERLACH und RUTHARDT Kupferspuren unter 0,001% in Platin und in Zink. Für diese höchstempfindliche Spurensuche eignet sich besonders der Abreißbogen, den MATIEU auch zu Kupferbestimmungen in Stahl anwendet. Hierbei wird die Entladung durch eine untere Graphit-Gegenelektrode gegenüber einer ebenen Stahloberfläche stabilisiert. Aber auch mit dem kondensierten Funken läßt sich Kupfer in Metallen nachweisen. So bestimmen SMITH und Mitarbeiter Kupfer in Zink-Legierungen und BALZ in einem Schnellverfahren Kupfer in Blei.

Zur Cu-Bestimmung in Aluminium mit dem kondensierten Funken arbeiten THANHEISER und HEYES ohne photographische Platte, indem sie die empfindliche Cu-Linie 3247,5 Å durch einen Monochromator aus dem übrigen Spektrum aussondern und ihre Intensität unmittelbar photoelektrisch messen.

3. Nachweis in Pulvern:

Der Kupfernachweis in Pulvern ist besonders wichtig bei der Analyse von Erzen, wie sie MORITZ an Gesteinsbohrpulver durchführt. Hier werden vor allem zwei Verfahren benutzt, deren Anwendbarkeit sich wesentlich nach dem thermischen und elektrischen Leitvermögen der Analysensubstanzen richtet. CAROBBI und PIERUCCINI pressen fein pulverisiertes Gesteinsmaterial in die Bohrung (2 mm ∅, 12 mm Tiefe) einer Kohleelektrode und regen im Gleichstromdauerbogen bei 8 Amp. und 5 min Belichtungszeit an. In einem anderen Verfahren wird durch COULLIETTE aus dem Pulver ein Brikett gepreßt und dieses auf Graphitelektroden im kondensierten Funken angeregt. Gleichfalls mit brikettierten Proben auf Graphitelektroden arbeiten ORGAN und PARSONS, die zur Anregung einen Hochspannungsbogen mit 2200 Volt und 7 Amp. verwenden.

Spektrographische Adsorptionsuntersuchungen mit Metallionenlösungen an Pulveroberflächen (Cu^{2+} aus $CuSO_4$ an ZnS-Pulvern) führen BERL und SCHMITT durch mit einer Grenze beim Lichtbogen von 0,001%.

4. Nachweis in organischer Substanz:

Zur Untersuchung organischer Substanzen benutzt WA. GERLACH den Hochfrequenzfunken, mit dem der Kupfernachweis in mikroskopischen Leberpräparaten ohne chemische Vorbehandlung gelingt. Das gleiche Verfahren verwendet PROBST zum Kupfernachweis im Zahnfleisch. Ist keine so sorgfältige Lokalisierung der Analyse in dem organischen Material erforderlich, so eignet sich auch der Gleichstrom-Dauerbogen, den OERTEL zur Cu-Bestimmung in Pflanzenaschen und den DICK und PUGSLEY bei derAnalyse von Muschel-, Hummer-, Fisch- und ähnlichen Konserven anwenden, während BRECKPOT Kupferspuren in der Zuckerrübe nachweist.

Die Kathodenglimmschichtmethode mit dem Gleichstrombogen wird zur Kupferbestimmung in Erdölrückständen durch CARLSON und GUNN benutzt, wobei die im Lichtbogen erhitzten Graphitelektroden durch kurzes Eintauchen mit dem Analysenmaterial benetzt werden. Cu erscheint hier als Spurenelement.

5. Nachweisbare Grenzkonzentration:

Es ist ohne genaue Festlegung der elektrischen Anordnung und insbesondere der Lichtstärke der optischen Apparatur kaum möglich, eine feste Nachweisbarkeitsgrenze anzugeben, zumal Kupfer zu den allgegenwärtigen Elementen gehört und immer mit einer minimalen Verunreinigung gerechnet werden muß. Mit dem kondensierten Funken lassen sich im allgemeinen noch 1—10 γ erfassen, während die Nachweisbarkeitsgrenze für den Abreißbogen noch etwa eine Zehnerpotenz tiefer liegt. Zu einer entsprechenden Grenze kommen auch KONISHI und TSUGE, die die Nachweisempfindlichkeit im Lichtbogen mit 10^{-3} mg angeben.

C. Röntgenspektralanalyse.

Bei dem röntgenspektroskopischen Nachweis von Elementen benutzt man die durch Emission entstehende „charakteristische Strahlung". Diese entsteht durch Einwirkung von Kathodenstrahlen, wenn sich die zu untersuchende Probe auf der Anode einer Röntgenröhre befindet („Primäranregung"), oder als Fluoreszenzstrahlung durch Röntgenstrahlen, die eine kleinere Wellenlänge aufweisen als es der Absorptionskante des zu prüfenden Elementes entspricht („Sekundäranregung"). Die K-Absorptionskanten betragen für Cu 1377,7, Ag 484,8 und Au 153,2 XE. Bei der Sekundäranregung wird eine starke Erhitzung der Präparate vermieden; sie kann innerhalb oder außerhalb der Röntgenröhre durchgeführt werden.

Die Proben werden als Pulver auf ein aufgerauhtes Aluminium- oder Magnesiumblech direkt oder mit Wasserglas o. ä. vermischt eingerieben; dieses Blech bedeckt die Anode oder eine in bzw. außerhalb der Röhre befindliche Fluoreszenzfläche. Auch ein Metallanschliff kann außerhalb der Röhre untersucht werden (v. HAMOS).

Der röntgenspektroskopische Nachweis erreicht nicht die Nachweisgrenze der optischen Methoden, doch konnten EDDY, LABY und TURNER in Metall-Legierungen noch weniger als 0,0005% Kupfer im Zink nachweisen.

Für den Nachweis von Cu kommen vor allem folgende Linien in Betracht (MARK), angegeben in X-Einheiten ($= 10^{-11}$ cm):

$K\alpha_2$ 1541,0 $K\alpha_1$ 1537,3
$K\beta_1$ 1389,3 $K\beta_2$ 1378,0*.

Für die Intensitäten der Linien gilt $K\alpha_1 > K\alpha_2 > K\beta_1 > K\beta_2$ in der ungefähren Abstufung 100:50:15:1.

Nimmt man als Meßgenauigkeit $\pm$ 5 X-Einheiten an, so sind folgende Koinzidenzen für die α-Linien möglich:

Tu$L\beta_4$ 1541,0; Eu$L\gamma_4$ 1540,7; Sr$K\beta_2$ 1538,4 (2. Ordnung);
für die β-Linien:

Hf$L\beta_4$ 1389,3; Os$L\alpha_1$ 1388,2; TlLl 1385; Ta$L\beta_{11}$ 1383,2; Zr$K\beta_2$ 1377,0 (2. Ordnung).

Eine andere Anwendung der Röntgenstrahlen zur Erkennung von Substanzen beruht darauf, daß man monochromatisches Röntgenlicht auf eine unbekannte Substanz einwirken läßt und das durch Interferenz auftretende Röntgenspektrum auswertet. Jeder Stoff ist durch ein ihm in bezug auf Linienfolge und Intensität charakteristisches Spektrum gekennzeichnet.

WALDO gibt für 51 Kupfermineralien die röntgenographisch ermittelten Netzebenenabstände und die Intensitäten der Linien der Röntgendiagramme wieder. Weiteres Material in dieser Hinsicht bringen die Tabellen von HANAWALT.

* Unter Benutzung der neuen Werte der Atomkonstanten ist $K\alpha_2$ 1544,34, $K\alpha_1$ 1540,50, $K\beta_1$ 1392,17.

§ 2. Physikalisch-chemische Untersuchungsmethoden.

In diesem Abschnitt wird eine Reihe von physikalisch-chemischen Methoden kurz besprochen, von denen einige eine Identifizierung der zu prüfenden Stoffe erlauben, also als spezifische Nachweise zu betrachten sind, während andere Verfahren nur eine Abtrennung bzw. Anreicherung der zu prüfenden Stoffe erstreben. Der Nachweis wird bei diesen Methoden mit den üblichen chemischen Mitteln erbracht.

Zu den Methoden der ersten Gruppe gehören die polarographischen und die radiochemischen Methoden, während von den Trennungen auf physikalisch-chemischem Wege die chromatographischen Verfahren und die Methoden des Elektrotüpfelns Erwähnung finden sollen.

Beim Kupfer werden in diesem Abschnitt einige allgemeine Bemerkungen über diese Methoden sowie die auf Kupfer bezogenen speziellen Angaben gebracht. Die entsprechenden Abschnitte beim Ag und Au enthalten nur die für diese Elemente speziellen Angaben.

Polarographische Methoden.

Die Anwendung polarographischer Methoden in der qualitativen Analyse beruht auf der Tatsache, daß jedem reduzierbaren Stoff, in diesem Falle den Kationen, eine bestimmte Abscheidungsspannung zukommt. Legt man zwischen eine konstante Bezugselektrode und eine Quecksilber-Tropfelektrode eine kontinuierliche veränderliche Spannung, so tritt beim Erreichen der Zersetzungsspannung Stromfluß ein, der durch ein Galvanometer angezeigt wird. Meistens wird die Stromspannungskurve photographisch festgehalten. Auf dem so entstandenen „Polarogramm“ wird der Stromanstieg durch eine „Stufe“ oder „Welle“ angegeben. Zur Charakterisierung der Stufenlage in bezug auf die Abszisse wird gewöhnlich der Wendepunkt der Stufe benutzt. Das Potential dieses Punktes bezeichnet man als Halbstufen- oder Halbwellenpotential ($E_{1/2}$). Mitunter wird auch der Stufenanfang angegeben. Wegen einer gewissen Unschärfe des Beginnens der Stufe legt man eine Tangente unter 45° an die Stufe (Tangentenpotential). Die Höhe der Stufe ist der Konzentration proportional und dient zur quantitativen Bestimmung.

Über die Methodik im einzelnen, die Zusammensetzung der Lösungen, die Unterdrückung des O_2-Potentials soll hier nichts näher ausgeführt werden, da es eine Reihe guter Spezialwerke über dieses Gebiet gibt und der Schwerpunkt der Polarographie nicht so sehr beim qualitativen Nachweis, sondern in der quantitativen Bestimmung liegt.

Für Kupfer seien einige Halbstufenpotentiale, gemessen gegen die 1n-Kalomelelektrode, angegeben, sowie etwa störende Ionen. Die Stufe des Kupfer(II)-Ions in indifferenten Leitsalzen (Sulfate, Nitrate, Perchlorate, auch freie Säuren, außer stärkerer Schwefelsäure) liegt bei 0,03 V. Durch Komplexbildner kann die Stufe nicht nur verschoben, sondern in eine Doppelstufe zerlegt werden, deren Teile dem Übergang von Cu^{2+} in Cu^{+} und Cu^{+} zu Cu° entspricht. Nach v. STACKELBERG und v. FREYHOLDT ist in 1n Ammoniak mit NH_4NO_3 als Leitsalz $E_{1/2\,(II/I)} = 0{,}30$, $E_{1/2\,(I/0)} = 0{,}52$, nach VOŘIŠKOV gelten für 1n Ammoniak und 1n NH_4Cl die Werte $E_{1/2\,(II/I)} = 0{,}273$, $E_{1/2\,(I/0)} = 0{,}538$.

Gestört wird die Cu-Stufe durch O_2, Bi^{3+} und Fe^{3+}. O_2 kann nach VOŘIŠKOVA durch Na_2SO_3 entfernt werden, Eisen wird dabei ausgefällt, doch kann dabei Kupfer mitgerissen werden. Bewährt hat sich auch die Reduktion des Fe durch NH_2OH in saurer Lösung (STRUBL). Bi^{3+} und Cu^{2+} werden in saurer Tartratlösung ($p_H = 5$:0,1n Weinsäure und 0,5n Ammoniumazetat-Lösung) gut getrennt (siehe dazu LINGANE).

Radiochemische Methoden.

Die radiochemischen Nachweismethoden bedienen sich der künstlich-radioaktiven Isotopen der Elemente.

Zur Erzeugung künstlich radioaktiver Atome steht eine Reihe von Verfahren zur Verfügung, doch dürften die durch Einwirkung von α-Teilchen, Protonen und vor allem durch Neutronen entstehenden Isotopen für analytische Zwecke von Bedeutung sein. Jedes radioaktive Isotop besitzt eine charakteristische Strahlung mit fester Halbwertzeit. Durch Messen der Halbwertzeit kann somit der Nachweis für das Vorhandensein eines Isotops geführt werden. Auch bei Gemischen von höchstens drei radioaktiven Stoffen kann durch Messung der Strahlung die Trennung und Erkennung der einzelnen Isotopen erfolgen, wenn sich die Halbwertzeiten um mehr als 50% unterscheiden. Im allgemeinen wird eine chemische Vorbehandlung notwendig sein, die darin besteht, daß das Radioisotop mit Hilfe einer inaktiven Trägersubstanz abgetrennt wird und somit im praktisch reinen Zustand gemessen werden kann. Dieses Verfahren ist auch notwendig, wenn die radioaktive Substanz nur in Spuren vorhanden ist, so daß sich eine Anreicherung als notwendig erweist.

Bei den künstlich radioaktiven Elementen handelt es sich nur um β- und γ-Strahler. Für die Messung dieser Strahlung stehen verschiedene Verfahren zur Verfügung, doch dürfte die Bestimmung mit dem GEIGER-MÜLLER-Zählrohr die gebräuchlichste sein. Über Meßmethoden und Auswertung sowie die Darstellung der Isotopen allgemein soll hier nichts ausgeführt werden, sondern es sollen nur die Prinzipien dieser Verfahren bei der Anwendung auf Probleme der qualitativen Analyse aufgezeigt und, soweit bekannt, spezielle Beispiele für die Elemente Cu, Ag und Au gebracht werden.

Für analytische Zwecke sind zwei Verfahren charakteristisch:

1. kann man zu einem inaktiven Element ein radioaktives Isotop hinzufügen und dann den Weg des Elementes, etwa bei der Ausarbeitung eines analytischen Verfahrens, durch Verfolgung des radioaktiven Isotops feststellen;

2. kann man ein inaktives Element durch Kernprozesse radioaktiv machen und dann aus der Halbwertzeit Rückschlüsse sowohl auf die Anwesenheit des Elementes ziehen, wie auch seine Konzentration bestimmen.

Für das Element Kupfer liegen zwei charakteristische Beispiele vor.

Bei der Untersuchung von radioaktiven Stoffen, die durch die Einwirkung von α-Strahlen auf Silber entstehen, wurde eine schwache Aktivität mit einer Halbwertzeit von etwa 3 Std. gefunden, diese Aktivität ist auf geringe Verunreinigung des Ag, dessen Reinheit 99,95% Ag betrug, durch Cu zurückzuführen, das durch einen (α, n) Prozeß in Ga übergeführt wird. Das bestrahlte Silber wird gelöst, Galliumsalz hinzugefügt und dieses mit NH_3 als Hydroxyd gefällt. Die Fällung wird in 6 n HCl gelöst und zur weiteren Reinigung mit Äther extrahiert. Diese Galliumfraktion zeigt eine Halbwertzeit von 60 min (^{68}Ga aus ^{65}Cu) und einer von 9,4 Std. (^{66}Ga aus ^{63}Cu). Durch Vergleich der relativen Intensitäten mit reinem Kupfer zeigt sich, daß weniger als ein Teil Kupfer in 10000 Teilen Silber erkannt werden können (KING und HENDERSON).

Bestrahlt man Kupfer (angewendet 0,026 mg Cu mit einer speziellen Isotopenzusammensetzung) mit Neutronen in einem Uranpile etwa 5 min, so entstehen die beiden radioaktiven $^{64}_{29}Cu$ (Halbwertzeit 12,8 Std.) und $^{66}_{29}Cu$ (Halbwertzeit 5 min). Durch Messen der Aktivität lassen sich nicht nur die beiden Isotopen nebeneinander erkennen, sondern auch ihre Mengenverhältnisse festlegen (SWARTOUT).

Zum Cu-Nachweis in reinstem Aluminium wird eine Probe von 1 g mit thermischen Neutronen bestrahlt. Durch Hinzufügen von inaktivem Kupfersalz und

Fällung als Sulfid läßt sich das Cu abtrennen und durch seine Halbwertszeit (12,8 Stunden) charakterisieren.

Bis zu $2 \cdot 10^{-6}$ % Cu läßt sich nachweisen (ALBERT, CARON und CHAUDRON).

Chromatographische Methoden.

Die chromatographischen Methoden der anorganischen Chemie sind in Anlehnung an die in der organischen Chemie entwickelten Verfahren ausgebaut worden. Die Verwendung einer Säule mit einer Al_2O_3-Füllung ist von SCHWAB und Mitarbeitern auf die Brauchbarkeit für die anorganische Analyse untersucht worden.

Bei diesem Verfahren läßt man die zu prüfende Lösung durch eine Säule fließen, die mit einem für die Chromatographie geeigneten Al_2O_3 gefüllt ist. Je nach der Art der Lösung tritt ein verschieden schneller Austausch der Ionen auf der Oberfläche des Adsorbens auf. In wässeriger Lösung (Aquokomplexe) ist die Reihenfolge: Pb^{2+}, Cu^{2+}, Ag^{+}, Zn^{2+}. In NH_3-haltiger Lösung (Amminkomplexe) verschiebt sich die Reihenfolge: Co^{2+}, Zn^{2+}, Cd^{2+}, Cu^{2+}, Ni^{2+}, Ag^{+}. Nach dem Auseinanderwaschen erfolgt die Entwicklung mit H_2S-Wasser oder $(NH_4)_2S$-Lösung.

Diese Methode hat sich nicht eingebürgert und keine weitere Anwendung gefunden.

Nach FLOOD wird ein mit ionenaustauschfähigen Stoffen imprägniertes Papier verwendet. Bei diesem Verfahren wird ein steifer Karton mit Natriumaluminatlösung getränkt, getrocknet, dann mit Natriumhydrogencarbonatlösung behandelt und gut gewaschen. Ein etwa 1 cm breiter Streifen dieses Papiers wird zunächst in destilliertes Wasser und dann in die Prüflösung und zum Schluß nochmals in dest. Wasser getaucht. Durch spezielle Reagenzien werden die Ionen abgebildet. Das Verfahren ist nicht weiter ausgearbeitet worden.

Von größerer Bedeutung sind die Verfahren der *Papierchromatographie.* Das Papier dient als indifferenter Träger, die Trennung beruht auf der Verwendung von Lösungsgemischen der verschiedensten Art, denen komplexbildende Stoffe zugesetzt werden.

Im wesentlichen sind drei apparativ unterschiedliche Verfahren gebräuchlich:

a) Man bringt auf einen Streifen Filtrierpapier etwa 5 cm vom oberen Rand einen Tropfen der Lösung, hängt das obere Ende des Papiers in einen Trog, der mit dem Lösungsmittelgemisch gefüllt ist. Das Ganze befindet sich in einem abgeschlossenen Raum, der mit den Lösungsmitteldämpfen erfüllt ist. Das Lösungsmittel fließt über den Rand des Trogs und läuft dann am Streifen herunter. Wenn die Flüssigkeitsfront noch etwa 2—3 cm vom unteren Ende entfernt ist, wird das Blatt aus dem Trog genommen und getrocknet. Zur Identifizierung der einzelnen Ionen wird es mit den erforderlichen Reagenzien bespritzt.

b) Man kann aber auch einen Streifen, der am unteren Ende einen Tropfen der Prüflösung enthält, in ein Gefäß mit dem Lösungsmittel stellen und durch Aufwärtsbewegung des Lösungsmittels ein Chromatogramm erhalten, das in der oben beschriebenen Weise nach dem Trocknen weiterbehandelt wird.

c) Weiterhin wird auch empfohlen, runde Filtrierpapierscheiben zwischen zwei Glasplatten zu legen, von denen die obere ein Loch aufweist. Die Platten werden durch Klammern zusammengehalten. Man bringt einen Tropfen der Prüflösung durch das Loch in die Mitte des Papiers und läßt dann tropfenweise das Lösungsmittelgemisch hinzutreten. Dieses Verfahren ergibt Kreisringe und arbeitet schnell.

In der Papierchromatographie für anorganische Analysen sind zwei verschiedene Methoden entwickelt worden, 1. solche, bei denen nur die Trennung und der Nachweis in *einer* der analytischen Gruppen durchgeführt wird, und 2. solche, die auf eine vorangehende Gruppentrennung verzichten und somit gleichzeitig *alle* Ionen nebeneinander nachweisen wollen.

Besonders im letzten Fall hat sich die Verwendung verschiedener Lösungsmittel als wichtig erwiesen. Bei diesen doppelten Trennungsverfahren wird zunächst mit einem Lösungsmittel an der einen Seite eines quadratischen Blattes eine Trennung herbeigeführt, dann wird dieses Blatt gedreht und in einer zur ersten senkrechten Richtung mit einem zweiten Lösungsmittelgemisch eine weitere Trennung durchgeführt.

Nach der Methode 1 sind Vorschriften von zwei Arbeitsgruppen ausgearbeitet worden, von welchen im folgenden drei Beispiele beschrieben werden sollen.

LINSTEAD und Mitarbeiter empfehlen für die chromatographische Analyse der „Kupferuntergruppe" folgendes Verfahren. Ein Tropfen der Prüflösung, die Pb, Cu, Bi, Cd und Hg als Chloride enthält, wird auf das Papier gegeben und eingetrocknet. Bei diesem Verfahren wird nach der Methode a) mit absteigendem Lösungsmittel gearbeitet. Als Lösungsmittel wird mit n-Butanol, das mit 3n-HCl gesättigt ist, gearbeitet.

Zur Herstellung des Lösungsmittels werden gleiche Volumina der beiden Komponenten geschüttelt, die obere Schicht wird in den Trog gefüllt und die untere wässerige Phase auf den Boden des Gefäßes gegeben, um den Dampfdruck der Komponenten aufrecht zu erhalten.

Nachdem das Lösungsmittel etwa den unteren Rand erreicht hat, wird unterbrochen, das Lösungsmittel verdampft und der Streifen mit einer Lösung von Dithizon in Chloroform bespritzt. Hg ist am weitesten gewandert und wird blaßrot. Es folgen Cd purpurn, Bi purpurn, Pb nur schwach gefärbt und oben Cu rotbraun.

Zum Nachweis des Pb wird der obere Teil mit Rhodizonsäure bespritzt, es ergibt sich eine unter dem Kupfer liegende hellblaue Zone.

LEDERER (a) verwendet für die Trennung von Au, Pt, Pd, Cu und Ag die Methode b) mit aufsteigendem Lösungsmittel. Die Metalle werden in Königswasser gelöst; nach dem Verdünnen mit dem gleichen Volumen Wasser wird ein Tropfen 2,5 cm vom unteren Ende auf eine Papierrolle gebracht, die in einem Lösungsmittelgemisch aus Butanol, das mit n HCl gesättigt ist, steht. Das Ganze befindet sich unter einer Glasglocke, die mit den Dämpfen gesättigt ist. Auf dem Papier findet eine Trennung in eine Butanol- und eine wässerige Phase statt. Das Gold befindet sich in dem alkoholischen Teil, der R_F-Wert (bezogen auf die Wasserfront) ist größer als 1 (angegeben wird 1,05—1,13); es folgen absteigend Pt (R_F 0,72 bis 0,80), Pd (R_F 0,6) und Cu (R_F 0,1), Ag (R_F 0,0) ist nicht gewandert. Au und Pt sind an der gelben, Pd an der Orangefarbe zu erkennen. Man dämpft mit NH_3 und H_2S, dabei werden Au und Pd dunkelbraun, Pt wird hellbraun, Cu und Ag werden schwarz; der Cu-Fleck verblaßt beim Trocknen. Gold bildet einen verlaufenden Fleck von kolloidem Gold.

Nach LEDERER (b) sind für die Kupferuntergruppe beim Arbeiten nach der gleichen Art, wie voranstehend angegeben, folgende R_F-Werte ermittelt:

Cu (R_F 0,08—0,13), Pb überdeckt diesen Bereich; Cd (R_F 0,56—0,65), Bi (0,61 bis 0,68), Hg (1,02—1,08).

Ohne Vortrennung arbeiten POLLARD und Mitarbeiter. Für den Nachweis des Kupfers werden folgende Angaben gemacht: 0,1 g der Substanz wird in 2 cm^3 2n HCl gelöst; dabei werden Chromate und Permanganate durch H_2O_2 reduziert. Von den unlöslichen Chloriden wird durch Zentrifugieren getrennt. Ein Tropfen dieser Lösung wird auf einen Papierstreifen (40 cm lang) etwa 8 cm vom oberen Rand aufgebracht und dieser Streifen in einen Trog mit Butanol-Benzoylaceton gehängt.

Zur Bereitung dieses Lösungsmittelgemisches werden 5 g Benzoylaceton in 50 cm^3 Butanol gelöst und mit 50 cm^3 0,1 n HNO_3 geschüttelt. Nach der Trennung wird der obere Teil in den Trog gegeben, die wässerige Phase auf den Boden des Gefäßes gebracht.

Ist die Flüssigkeit bis 5 cm an den unteren Rand gewandert, wird unterbrochen und in einem Strom von warmer Luft getrocknet. Mit Cu zusammen wird auf Cr, Mn, Co, Ni, Bi und Fe (Gruppe B nach POLLARD) geprüft. Das Chromatogramm wird leicht mit einer Natriumhypobromitlösung (2 Teile 2n NaOH werden mit Brom gesättigt, und dann wird noch ein Teil 2n NaOH hinzugefügt) besprüht und durch Erwärmen getrocknet. Eisen gibt einen braunroten Fleck, ebenso Pb, wenn es nicht vollständig entfernt wurde, die Cu-Zone ist blau, Mn, Co und Ni sind dunkelbraun, und Cr erscheint als gelbes CrO_4. Die weitere Unterscheidung von Mn, Ni, wie auch Bi, Fe und Co sei hier nicht weiter gebracht.

Elektrochromatographie.

Die Unterstützung der Wanderung von Ionen im Papierstreifen kann durch Anlegen eines elektrischen Feldes erfolgen.

Um das Austrocknen durch die Stromwärme zu verhindern, legt man den Streifen zwischen Glasplatten. Als ein Beispiel für die Trennung der Elemente der Cu-Gruppe nach LEDERER und WARD sei wiedergegeben: Elektrolyt 0,5n-HCl, Feldstärke 10—12 V/cm (270—360 V Batterie). Nach 15 min ist eine Trennung der Elemente Cu, Pb + Cd, Bi und Hg erfolgt, das Chromatogramm wird durch Dämpfe von NH_3 und H_2S sichtbar gemacht.

Elektrotüpfeln.

Im weiteren sind unter dem zusammenfassenden Abschnitt „Elektrotüpfeln“ einige Verfahren zusammengestellt, die eigentlich mehr Methoden zur Probenahme sind, allerdings oft verbunden mit gleichzeitiger Identifizierung. Dabei finden die üblichen chemischen Methoden Anwendung. Im speziellen Teil werden nur einige kurze Hinweise gegeben, da die analytische Bedeutung dieser Verfahren in der Art der Probenahme, nicht dagegen in der Art der Ausführung der Reaktion liegt.

Wird eine polierte Metalloberfläche mit angefeuchtetem oder angesäuertem Reagenspapier bedeckt, so läßt die nach BAUMANN „Kontaktabdruckmethode“ genannte Arbeitsweise gewisse Einschlüsse an der Oberfläche erkennen. Es treten bisweilen Schwierigkeiten auf, da das Lösen der Stoffe oft nicht einwandfrei reproduziert werden kann.

Gelatinepapier wird mit verdünntem NH_3 (2:5) getränkt und auf das präparierte Metallteil gepreßt. Nach 4—5 min wird das Papier in eine Lösung von Rubeanwasserstoff gelegt, Cu-Kontaktstellen werden dunkelgrün bis schwarz. Als Reagens wird 0,5 g Rubeanwasserstoff in 100 cm^3 Alkohol gelöst; 5 cm^3 dieser Lösung werden zu 100 cm^3 mit Wasser verdünnt (NIESSNER).

FRITZ benutzt, um die Substanzen in Lösung zu bringen, den elektrischen Strom. Der zu untersuchende Stoff wird anodisch gelöst und in das Reagenspapier elektrolytisch übergeführt. Zum Nachweis der Stoffe werden oft Tüpfelreaktionen benutzt, so daß das Verfahren als Elektrotüpfeln bezeichnet wird.

GLANZUNOW entwickelt ein gleichartiges Verfahren, aber nicht so sehr zum Nachweis der einzelnen Bestandteile, sondern mehr zu dem Zweck, die Makrostrukturen von Legierungen, insbesondere Stahl, zu erkennen. Das Verfahren wird Elektrographie genannt; diese Arbeitsweise wird im folgenden nicht berücksichtigt.

Die Ausführung des Elektrotüpfelns ist im Prinzip einfach: Zwischen der Probe (Oberfläche eines Metalls) und einer Metallplatte befindet sich Filtrierpapier, welches mit gewissen Elektrolyten befeuchtet ist. Durch Druck wird eine gute Berührung hergestellt. Wenn bei den Prüfungen auf dem Metall eine äußere Stromquelle benutzt wird, so wird die Probe als Anode geschaltet. Die Ionen wandern in das Papier und werden dort identifiziert (entwickelt). Für manche Zwecke hat sich gelatiniertes Papier bewährt, welches man erhält, wenn das Silberhalogenid aus dem Fotopapier entfernt ist.

Bei diesem Verfahren kann man aber auch von dem Prinzip der inneren Elektrolyse Gebrauch machen, indem man die Metallplatte so wählt, daß zwischen ihr und der Probe eine solche Potentialdifferenz entsteht, daß bei dem niedrigen Widerstand des Papiers die Ionen in das Papier hineinwandern.

Für den Nachweis des Kupfers seien zwei charakteristische Beispiele gebracht, und zwar der Nachweis des Kupfers in Duraluminium und Stahl.

Zum Nachweis von Kupfer in Al-Legierungen benutzt man als Elektrolytlösung eine 2%ige Lösung von $K_4Fe(CN)_6$, nach kurzem Stromdurchgang zeigt eine Braunfärbung die Anwesenheit von Kupfer an.

Soll dagegen Stahl auf Kupfereinschlüsse untersucht werden, so wird, um gleichzeitig Lage und Größe der Einschlüsse zu erkennen, mit fixierten Reagenzien gearbeitet. Durch Imprägnieren mit Zn-Acetat und $K_4Fe(CN)_6$ wird auf dem Papier eine Fällung von Zink-eisen(II)-cyanid erzeugt, das Papier wird getrocknet und bei der Ausführung der Probe mit einer Lösung von 0,3 n Na_2CO_3 und 0,1 n $NaNO_3$ getränkt. Nach dem Stromdurchgang entsteht ein Kupferabdruck, der nicht verläuft.

Etwas allgemeiner ist das Verfahren, bei dem mit einem Elektrolyten aus ½ m Na_2CO_3 und $^1/_{10}$ m NaCl oder $NaNO_3$-Lösung gearbeitet wird. Durch die Eigenfarbe, durch Einbringen in NH_3- oder HCl-Dampf oder durch Erhitzen und Belichtung lassen sich leicht einige Metalle (s. Tabelle) voneinander unterscheiden.

Tabelle

Metall	Eigenfarbe des Elektrolyten	Behandeln mit		Licht, Hitze
		NH_3	HCl	
Cu	grünblau	tiefblau	grüngelb	grünblau
Ag	farblos			braun bis schwarz
Fe	braun	braun	orangegelb	braun
Ni	hellgrün	hellviolett	grün	hellgrün
Co	schmutzig braun	braun	himmelblau	starkes Himmelblau

Es besteht eine umfangreiche Literatur, die sogar gewisse Analysengänge enthält, um bei unbekannten Proben die Stoffe zu erkennen. Auch auf die Untersuchung von Mineralien ist das Verfahren mit Erfolg angewendet worden.

§ 3. Nachweis auf trockenem Wege.

a) Reduktion mit Soda auf der Kohle.

Werden Kupferverbindungen mit der zwei- bis dreifachen Menge Soda gemischt und auf der Kohle in der Reduktionsflamme geblasen, so entsteht ein rotes, dehnbares Metallkügelchen ohne irgendeinen Beschlag.

b) Perlenprobe. Die Perlen werden am Platindraht oder am Magnesiastäbchen erzeugt.

	Boraxperle	Phosphorsalzperle
Oxydationsflamme	*kalt:* blau*; *heiß:* grün	*kalt:* blau*; *heiß:* grün
Reduktionsflamme	*kalt:* rot undurchsichtig bei unvollständiger Reduktion oder mit Sn-Zusatz; *heiß und kalt:* bei vollständiger Reduktion farblos.	

*Bei starker Sättigung grünlichblau.

Nach AUGUSTI und PASCALINO lassen sich mit der Perlenprobe noch 24,8 γ nachweisen; in Gegenwart von $SnCl_2$ beträgt die *Erfassungsgrenze* bei der Boraxperle 1,9 γ, bei der Phosphorsalzperle 99 γ. Mit der Boraxperle lassen sich noch bei

Zusatz von Zinn 0,45 γ Cu bei 1 mm Perldurchmesser nachweisen (WÖBER). Werden die Proben auf der Stirnseite eines Magnesiastäbchens ausgeführt, so ist die rote Farbe in der Reduktionsflamme oder nach Reduktion durch Zinn nach RAKETT noch bei 0,1 γ zu erkennen. Nach BATSCHA verfährt man zur Herstellung der Reduktionsperle folgendermaßen: Die grünblaue Perle wird in der Oxydationsflamme stark erhitzt, dann läßt man in der Flamme nach Absperrung der Luftzufuhr erkalten, dabei wird die Perle auch ohne Zinnzusatz rot. Es lassen sich noch 5 γ Cu nachweisen.

c) Beschlagprobe: Kupfer(II)-chlorid gibt auf der Kohle einen dunkel gelbbraunen (nahe der Probe) bis bläulich weißen (entfernt der Probe) Beschlag, dabei tritt azurblaue Flammenfärbung auf (BRALY).

d) Erhitzen mit dem Lötrohr. Erhitzt man Gläser und Emaillen mit dem Lötrohr, so tritt nach MÜLLER bei Anwesenheit von Kupfer eine Rotfärbung auf, die beim Erkalten verschwindet.

§ 4. Makrochemische Nachweise mit anorganischen Reagenzien.

Vorbemerkung.

Die Zahl der zum Nachweis von Kupferionen angegebenen Reaktionen ist sehr groß. Es wird im folgenden unterteilt in Nachweise mit anorganischen (§ 4 u. 5) und organischen Reagenzien (§ 6 u. 7). Weiterhin erfolgt die Einteilung in makrochemische Nachweise (§ 4 u. 6), ausgeführt mit einem Makro- oder Mikroreagensglas, und mikrochemische Nachweise (§ 5 u. 7), die entweder durch Tüpfeln auf der Platte oder auf Papier oder durch Beobachtung von Kristallfällungen unter dem Mikroskop erfolgen. Am schwierigsten ist die Unterteilung der einzelnen Paragraphen in analytisch wichtige, weitere und wenig empfehlenswerte bzw. unsichere Nachweise. Einen Anhalt geben „die Tabellen der Reagenzien für anorganische Analyse“, doch sind einige Reaktionen, z. B. der wichtige Nachweis mit NH_3, in diesen Tabellen nicht aufgeführt.

Beim analytischen Arbeiten liegen im allgemeinen die Cu(II)-Verbindungen vor. Reaktionen des Cu(I)-Ions spielen nur eine untergeordnete Rolle.

A. Analytisch wichtige Reaktionen.

1. Nachweis mit Ammoniak und Aminen.

Wenig NH_3 fällt aus Cu(II)-Salzlösungen einen blaugrünen Niederschlag, der sich bei weiterem Reagenzzusatz leicht unter Bildung des Tetramminkupfer(II)-komplexes $[Cu(NH_3)_4]^{2+}$ löst. Über die *Empfindlichkeit* dieser Reaktion werden sehr unterschiedliche Angaben gemacht: In 5 cm^3 sind nachzuweisen 200 γ (WAGNER); 50 γ (KARAOGLANOV).

Gleichartige Reaktionen geben die aliphatischen, aromatischen und heterocyklischen Amine, ebenso Hydrazin, Aminocarbonsäuren, auch Triäthanolamin usw. Doch kommt den Nachweisen mit diesen Aminen in der qualitativen Analyse keine Bedeutung zu.

Störung: Ni-Salze geben einen weniger intensiv blau gefärbten Hexamminkomplex.

NH_3 bildet mit Cu(I)-Salzlösungen bei vollständigem Sauerstoffausschluß farblose Lösungen des Diamminkupfer(I)-komplexes, $[Cu(NH_3)_2]^+$.

2. Nachweis mit gelbem Blutlaugensalz.

Cu(II)-Salze geben mit Kalium-hexacyanoferrat(II) (Trivialname „gelbes Blutlaugensalz“), $K_4[Fe(CN)_6]$, in schwach saurer Lösung eine braune Fällung von $Cu_2[Fe(CN)_6]$.

Empfindlichkeit: In 5 cm³ können bei Gegenwart von HCl 7 γ, von Essigsäure 1,5 γ nachgewiesen werden (BÖTTGER [a]; nach KARAOGLANOV 20 bzw. 5 γ).

Grenzkonzentration: 1:700000 ($10^{-5,9}$) bzw. 1:3300000 ($10^{-6,5}$).

Gestört wird die Reaktion durch Fe- und UO_2-Ionen, sowie durch starke Säuren. Das Fe^{3+}-Ion wird durch NH_3 so vollständig gefällt, daß die Reaktion auf Cu nicht gestört wird (WAGNER); nach SZEBELLY läßt sich die Störung durch Fe beheben, wenn man zur Prüflösung 1 g NH_4F gibt; der Nachweis gelingt auch dann noch, wenn das Fe(III) 5000fach überwiegt; auch wird die Reaktion bei Gegenwart von NH_4F noch empfindlicher.

Wird die Fällung bei Gegenwart von Zn-Ionen durchgeführt, so entsteht je nach der Menge des vorhandenen Zinks seine rotbraune oder blaue Färbung (selbstverständlich bei Abwesenheit von Fe(III). Diese Blaufärbung läßt sich von der des Berliner Blaus leicht unterscheiden (MAQUENNE und DEMOUSSY).

Wird eine ammoniakalische Cu^{2+}-Lösung, die Oxalationen enthält, mit $K_4Fe(CN)_6$ versetzt, entsteht beim Kochen ein tabakfarbener Niederschlag (EFROS).

Empfindlichkeit: 0,2 γ im cm³; Cd, Ni und Co stören.

3. Nachweis als Kupfer-zink-quecksilberrhodanid.

Der von BEHRENS angegebene mikrochemische Nachweis als Kupfer-quecksilberrhodanid (vgl. § 5 B 2) wird durch Anwesenheit von Zn-Ionen empfindlicher gestaltet (MONTEQUI, FEIGL [a]).

Die Reagenslösung wird aus 30 g Quecksilber(II)-chlorid und 33 g Ammoniumthiocyanat in 100 cm³ Wasser erhalten; daneben benutzt man eine $ZnSO_4$- oder $Zn(NO_3)_2$-Lösung von etwa 10%.

Zu 1 cm³ der neutralen oder schwach sauren Probelösung werden je 1—2 Tropfen der Zn-Salz- und Reagenslösung hinzugefügt; bei Gegenwart von Cu entsteht ein blaßrosa bis violetter Mischkristall von Zink-kupfer-quecksilberrhodanid $(ZnCu)[Hg(SCN)_4]$.

Empfindlichkeit: 0,5 γ in 1 cm³ (KORENMAN (a), STAHL und STRAUMANIS).

Grenzkonzentration: 1:20000000 ($10^{-6,3}$).

Störungen: Bei Co ist der Niederschlag hellblau, Ni schmutziggrün, Fe(III) braunviolett bis rosaviolett, Fe(II) gelb, Au rosa-orange. Mit Ausnahme von Co und Fe^{III} stören diese Fällungen nicht; die Störung durch Fe^{3+} kann durch Hinzufügen von Alkalifluorid, Oxalsäure oder NaH_2PO_2 aufgehoben werden.

Die Nachweisreaktionen ohne Anwesenheit von Zn-Ionen führt KORENMAN mit dem BEHRENS-Reagens (5 g $HgCl_2$ und 5 g NH_4CNS in 6 cm³ Wasser) und STAHL und STRAUMANIS mit festem $(NH_4)_2[Hg(SCN)_4]$ aus.

Empfindlichkeit: 16 γ im cm³ (STAHL und STRAUMANIS); 62 γ im cm³ (KORENMAN).

Störungen: Co bildet blaue, Zn und Cd bilden weiße Fällungen; durch Mischkristallbildung werden die Farben oft verändert.

4. Katalytischer Nachweis mit der Fe(III)-Thiosulfat-Reaktion.

Eisen(III)-Salze bilden mit Thiosulfationen momentan einen violett gefärbten Komplex $[Fe(S_2O_3)_2]^-$, der mit weiteren Fe(III)-Ionen sich langsam entfärbt:

$$[Fe(S_2O_3)_2]^- + Fe^{3+} = 2\,Fe^{2+} + S_4O_6^{2-}.$$

Eine Beschleunigung dieser Reaktion durch Cu^{2+}-Ionen (OUDEMANS) kann als Nachweis für diese benutzt werden; bei der Reaktion vorhandene CNS-Ionen dienen einmal als Indikator für das Fe(III)-Salz, zum anderen setzen sie die Geschwindigkeit durch Verringerung der Konzentration des Fe(III)-Ions herab (HAHN und LEIMBACH).

Reagenslösungen: a) $Na_2S_2O_3$-Lösung 1%; b) Eisen(III)-rhodanid: 5 g $Fe(NH_4)(SO_4)_2 \cdot 12\,H_2O$ und 25 cm³ 2 n HCl werden in 1 l Wasser gelöst. Zu dieser Lösung werden 10 cm³ 5 m NH_4SCN-Lösung hinzugegeben.

Zu der neutralen Cu-Salzlösung werden 100 cm³ $Fe(SCN)_3$ + 25 cm³ $Na_2S_2O_3$ hinzugefügt; in einer kupferfreien Vergleichslösung tritt nach etwa 10—20 Minuten Entfärbung auf, bei Gegenwart von Cu^{2+} schneller oder sogar momentan.

Empfindlichkeit: 0,03 γ in 25 cm³.

Grenzkonzentration: 1:833000000 ($10^{-8,9}$).

Störungen: Wolfram und in geringerem Maße Selen verursachen ebenfalls eine katalytische Beschleunigung wie Cu, doch entsteht eine gelbe Farbe. Arsen und Zink verzögern die Entfärbung (Tabelle II), auch Ni (HAHN), ohne aber den Nachweis von Cu ganz zu stören, selbst bei 100fachem Überschuß an der Grenzkonzentration. Die Elemente Ag, Hg, Pb, Bi, Cd, As, Sb, Sn, Au, Pt, Te, Mo, V und Tl stören nicht bei 100fachem Überschuß. Um für die Vergleichslösung kupferfreies Wasser zu erhalten, empfiehlt FEIGL (b) Schütteln mit Flußspatpulver oder Talkum und Zentrifugieren.

B. Weitere Reaktionen.

1. Fällung mit Alkalilauge.

Mit Alkalilauge entsteht eine blaue Fällung von $Cu(OH)_2$, die beim Erwärmen in schwarzes CuO übergeht. Mit konzentrierter Alkalilauge geht ein geringer Teil des Niederschlags in Lösung. Durch Weinsäure, Zitronensäure und andere organische Verbindungen wird die Fällung verhindert; es bilden sich blaugefärbte komplexe Verbindungen.

Erfassungsgrenze: 31,5 γ in 5 cm³ (KARAOGLANOV).

Grenzkonzentration: 1:160000 ($10^{-5,2}$).

2. Fällung als Sulfid.

Aus saurer Lösung mit H_2S bzw. aus neutraler mit $(NH_4)_2S$ wird schwarzes CuS gefällt, es wird in geringem Maße durch gelbes Ammoniumsulfid, leicht durch verdünnte HNO_3 oder KCN gelöst.

Empfindlichkeit: 6 γ in 5 cm³ (KARAOGLANOV).

Grenzkonzentration: 1:830000 ($10^{-5,9}$).

3. Umsetzung mit Jodiden und Rhodaniden.

Mit löslichen Jodiden und Rhodaniden treten Fällungen auf, die von selbst, besser durch Reduktionsmittel in weißes a) CuJ bzw. b) CuSCN übergeführt werden.

Empfindlichkeit: a) 4 γ in 5 cm³; b) 21 γ in 5 cm³ ohne bzw. 10,5 γ mit Na_2SO_3-Lösung (KARAOGLANOV).

Grenzkonzentration: a) 1:1250000 ($10^{-6,1}$) bzw. b) 1:240000 ($10^{-5,4}$), 1:480000 ($10^{-5,7}$).

4. Umsetzung mit Cyaniden.

Mit löslichen Cyaniden entsteht eine Fällung, die sich bei weiterem Zusatz des Fällungsmittels zum farblosen Cyanocuprat(I)-Komplex auflöst.

5. Nachweis durch Oxydation von Mn-Salzen.

In alkalischer Lösung läßt sich mit Kupferionen zweiwertiges Mangan zu siebenwertigem katalytisch durch Hypobromit oxydieren.

Zu 10 cm³ der Probelösung werden 5 Tropfen Mangansulfat (4 g $MnSO_4 \cdot 7\,H_2O$ im Liter) und 5 Tropfen einer Natriumhypobromitlösung (1 cm³ Brom in 30 cm³ etwa 3n NaOH) gegeben. Man erhitzt und hält 2 Minuten im Kochen. Nach dem Abkühlen wird zentrifugiert; über dem Niederschlag von MnO_2 zeigt sich die Anwesenheit von Cu^{2+}-Ionen durch eine Rosafärbung an (DENIGÈS [a]).

Empfindlichkeit: 2,5 γ in 5 cm³.

Grenzkonzentration: 1:2000000 ($10^{-6,3}$). Gestört wird der Nachweis durch Ni und Co, wenn auch deren Empfindlichkeit geringer ist.

6. Nachweis mit REINECKE-Salz.

Zu einer Lösung von 0,1 g $K_2SnCl_4 \cdot 2H_2O$ in 1 cm³ HCl gibt man 1—2 cm³ der salzsauren Probelösung. Nach dem Mischen wird 1 Tropfen einer frisch bereiteten, filtrierten Lösung von 0,2 g Reinecke-Salz, $NH_4[Cr(CNS)_4(NH_3)_2] \cdot H_2O$ in 10 cm³ n HCl hinzugefügt. Bei Anwesenheit von Cu fällt $Cu(I)\,[Cr(CNS)_4(NH_3)_2]$ als gelber, seidenglänzender Niederschlag aus (MAHR).

Empfindlichkeit: Nach 2 Minuten Stehen 0,3 γ Cu im cm³.

Grenzkonzentration: 1:3000000 ($10^{-6,5}$).

Es stören Hg, Ag und Tl, die abwesend sein müssen.

§ 5. Mikrochemische Nachweise mit anorganischen Reagenzien.

A. Analytisch wichtige Reaktionen.

1. Nachweis als Kupfer-zink-quecksilberrhodanid.

Bei den Mikroreaktionen werden dieselben Lösungen wie beim Makronachweis (§ 4 A 3) benutzt. Man bringt nacheinander je einen Tropfen der sauren Probelösung, der Zinksalzlösung und der Reagenslösung auf das Papier oder einen Objektträger; nach einiger Zeit entsteht ein violetter oder an der Grenzkonzentration ein hellrosa Fleck.

Empfindlichkeit: 0,3 γ in 0,05 cm³ (FEIGL [a]).

Grenzkonzentration: 1:170000 ($10^{-5,2}$).

Beim Tüpfeln auf der Platte wird noch ein Tropfen 2n-Schwefelsäure hinzugefügt.

Grenzkonzentration: 10^{-5}; bei $10^{-5,7}$ unsicher (VAN NIEUWENBURG).

Beim Arbeiten in der Kapillare ist die *Erfassungsgrenze*: 0,001 γ.

Grenzkonzentration: 1:1000000 (10^{-6}) (THOMSEN).

Störungen: Ag, Pb, Bi, Cd, As, Sb, Au, Pt, Se, Te, Mo, W, V und Tl stören nicht in 100fachem Überschuß. Für Störungen durch Co, Fe und Ni gilt das beim Makronachweis Gesagte.

2. Nachweis als Kalium-kupfer-blei-nitrit.

Zu einem Tropfen einer frisch bereiteten essigsauren KNO_2-Lösung (aus 15 Teilen gesättigter KNO_2-Lösung und 5 Teilen 2n Essigsäure) wird ein Tropfen Probelösung und ein winziges Körnchen Bleiacetat gegeben. Nach einigen Minuten entstehen die schwarzbraunen Würfel des Tripelnitrites $K_2CuPb(NO_2)_6$ (Abb. 1).

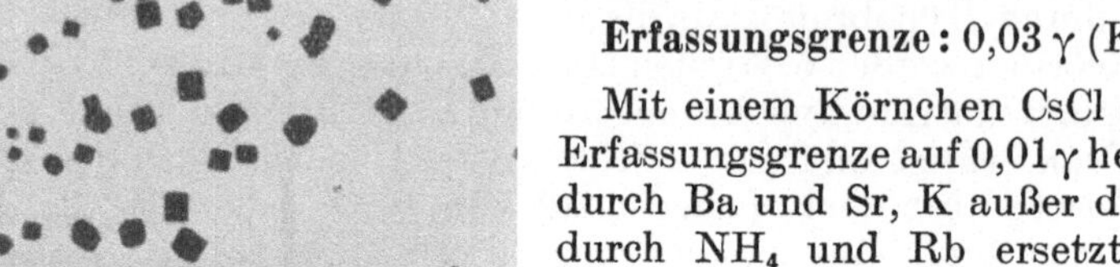

Abb. 1. Kalium-kupfer-blei-nitrit. Vergr. 175 (nach GEILMANN).

Erfassungsgrenze: 0,03 γ (KRAMER).

Mit einem Körnchen CsCl oder $TlNO_3$ wird die Erfassungsgrenze auf 0,01 γ heraufgesetzt. Pb kann durch Ba und Sr, K außer durch Cs und Tl auch durch NH_4 und Rb ersetzt werden. Störungen treten erst bei der 100fachen Menge Cd und Bi und 300fachen Menge Hg^+ auf.

Mit Ni entstehen hellgelbe Würfel, bei Gegenwart von viel Ni ist der Nachweis von wenig Cu unsicher (WHITMORE und SCHNEIDER).

Co stört durch Bildung des $K_3Co(NO_2)_6$; dieses bildet sich schon beim Hinzufügen der Probelösung zur essigsauren Nitritlösung ohne Hinzufügen von Pb-Salz; diese auf Co deutende Fällung ist vor Hinzugeben des Pb-Salzes abzufiltrieren.

3. Nachweis mit gelbem Blutlaugensalz.

Zum Tüpfelnachweis von Cu mit $K_4Fe(CN)_6$ benutzt KORENMAN (b) photographisches Papier, das mit $Na_2S_2O_3$ behandelt, mit 10%iger $K_4Fe(CN)_6$-Lösung getränkt und dann getrocknet wird. Ein Tropfen einer schwach sauren Probelösung wird bei Anwesenheit von Cu rotbraun bis zimtfarben.

Erfassungsgrenze: 0,0025 γ.

Grenzkonzentration: 1:100000 (10^{-5}).

Fe und UO_2 stören.

Gibt man zu einem Tropfen Probelösung ein Körnchen festes Salz, zeigt sich bei Anwesenheit von Cu ein rötlicher Ring (GETTENS und STOUT).

Erfassungsgrenze: 1,5 γ (AUGUSTI [a]).

Setzt man zu einer stark ammoniakalischen Kupferprobe ein Körnchen $K_4Fe(CN)_6$, so entstehen beim Verdunsten des NH_3 blaßgelbe Dendrite von Kupferammoniumhexacyanoferrat(II), die beim Verdampfen des NH_3 allmählich rötlich werden. Die ausgeschiedenen Kristalle werden auf Zusatz von wenig Essigsäure blutrot (BEHRENS-KLEY).

Erfassungsgrenze: 0,15 γ (AUGUSTI [a]).

Gibt man zu einem Tropfen Blutlaugensalz einen Probetropfen, so ist die

Erfassungsgrenze: 0,1 γ (FEIGL [b]).

CLARKE und HERMANCE fixieren das Cyanoferrat-ion als Zn-Salz. Das Tüpfelpapier wird mit gelbem Blutlaugensalz getränkt und nach dem Trocknen kurz in eine Zn-Salzlösung getaucht.

Erfassungsgrenze: 0,05 γ.

4. Nachweis mit der Fe(III)-Thiosulfat-Reaktion.

Vorbemerkung bei Makroreaktion (§ 4 A4).

Lösungen: a) 1%ige $Na_2S_2O_3$; b) Fe(III)-rhodanid: 1,5 g $FeCl_3$ und 2 g KSCN in 100 cm^3 Wasser.

Auf einer Tüpfelplatte werden 1 Tropfen Probelösung und zum Vergleich 1 Tropfen dest. Wasser mit einem Tropfen $Fe(SCN)_3$-Lösung versetzt, dem 3 Tropfen der $Na_2S_2O_3$-Lösung hinzugefügt sind, und gut vermischt. Die kupferfreie Lösung entfärbt sich nach etwa 1½ Minuten, die kupferhaltigen Lösungen schneller oder momentan (schon bei 1 γ Cu) (FEIGL).

Empfindlichkeit: 0,02 γ in 0,05 cm³.

Grenzkonzentration: 1:2500000 ($10^{-6,4}$).

Störungen: Wie beim Makronachweis.

5. Nachweis mit Bromid.

Die violette Farbe von $CuBr_2$ in konzentriertem HBr ist lange bekannt (CRESTI) und mehrfach zum Nachweis vorgeschlagen.

Im Mikroreagensglas werden 2 cm³ gesättigter KBr-Lösung mit einem cm³ konz. H_2SO_4 versetzt und nach dem Erkalten einige Tropfen der Probelösung hinzugefügt. Bei der Anwesenheit von Cu(II)-Salz entsteht ein violetter Ring (AUGUSTI [b]).

Für die Ausführung auf der Tüpfelplatte bzw. auf dem Uhrglas wird ein Tropfen der Probelösung mit einem Tropfen 25%iger HBr und einem Tropfen konz. H_2SO_4 versetzt. Es entsteht eine violette Färbung.

Erfassungsgrenze: 0,15 γ (AUGUSTI).

Störungen: Pb, Cd, Ag, Hg^+ und Cu^+ sowie größere Mengen Fe^{+++} und Cl' beeinträchtigen die Reaktion. Die Störung durch die einwertigen Ionen Hg^+ und Cu^+ kann durch Oxydation aufgehoben werden.

Für die Ausführung auf dem Papier (empfohlen wird Green Nr. 803, Whatman-Filter stören) wird nach GOLDSCHMIDT und DISHON ein Tropfen der Probelösung im warmen Luftstrom getrocknet, dann ein Tropfen der Reagenslösung hinzugefügt und getrocknet. Cu zeigt sich durch eine violette Färbung an, die an feuchter Luft verschwindet, aber beim erneuten Trocknen wieder hervorkommt.

Das Reagens wird in folgender Weise hergestellt: 5 g NH_4Br werden in wenig Wasser gelöst, 4 cm³ Phosphorsäure ($d = 1,75$) hinzugefügt und auf 100 cm³ verdünnt.

Empfindlichkeit: 0,1 γ in 0,05 cm³.

Grenzkonzentration: 1:500000 ($10^{-5,7}$).

Störungen wie oben angegeben; zur Beseitigung der reduzierenden Substanzen wird der Probetropfen mit einem Tropfen gesättigten Bromwassers behandelt und nach dem Eintrocknen getüpfelt.

Die Eigenfarbe größerer Mengen von Au(III) kann ausgeschaltet werden, wenn ein Tropfen der Probelösung mit einem Tropfen der Reagenzlösung im Mikroreagensglas mit einigen Körnchen Silber bis zur Entfärbung gekocht wird. Die klare überstehende Lösung kann in der üblichen Weise getüpfelt werden.

Die gelbe Farbe von $BiBr_3$ wird zerstört durch Hinzufügen von je einem Tropfen 1%iger Na-acetatlösung und einem Tropfen der Reagenslösung zu einem Tropfen der Probelösung. Mit der durch Bi-Phosphat getrübten Lösung wird dann getüpfelt. Bei der Anwesenheit größerer Mengen Fe wird je ein Tropfen Probelösung, ein Tropfen Bromwasser, ein Tropfen Reagenslösung und ein Tropfen 4%iger NaF-Lösung gekocht und mit der erhaltenen trüben Lösung getüpfelt. Wie beim Bi wird ein eventuell braunes Zentrum bei der Anwesenheit von Cu violett gefärbt.

Bei der Anwesenheit von Silber wird das Reagens zur Probelösung gefügt und die klare Lösung getüpfelt. Die Reaktion gestattet Cu neben den Elementen im folgenden Verhältnis nachzuweisen: Cu:Au(III) bzw. Bi(III) 1:2500 Cu:Fe = 1:200, Cu:Ag = 1:12500.

Die Eigenfarben von Cr(III), Ni und Co stören, wenn die Elemente im größeren Überschuß als 1:25 bzw. 1:125 bzw. 1:5 vorhanden sind.

Anmerkung: Nachweis als Chlorid. Wird $CuCl_2$-Lösung eingedampft, so entstehen grasähnliche klare Kristalle (GETTENS und STOUT), die beim stärkeren Erhitzen gelb bis braun werden.

Erfassungsgrenze: 15 γ (AUGUSTI).

B. Weitere Reaktionen.

1. Reaktion ohne Reagenszusatz.

Ein Tropfen der zu untersuchenden Lösung wird auf das heiße Ende eines zugeschmolzenen Glasrohres aufgetragen und dieses in den reduzierenden Teil eines Benzinbrenners gebracht; bei der Anwesenheit von Spuren Cu erhält man eine orangerote Trübung, bei größeren Kupfermengen wird das Glasrohr rot gefärbt (BRUCKOW und RODE-SCHMIDT).

Empfindlichkeit: 0,3 γ Cu im cm^3.

2. Nachweis mit Ammoniak.

Für die blaue Farbe des $[Cu(NH_3)_4]^{2+}$-Ions ist die

Erfassungsgrenze: 7,5 γ auf der Porzellanplatte,
3 γ beim Aufsaugen in einem Baumwollfaden (AUGUSTI [c]),
2 γ beim Nachweis mit der coloriskopischen Kapillare (EMICH).

3. Nachweis mit Alkalihalogeniden.

a) Durch Kristallbildung.

Alkalichloride und Bromide geben mit den Kupfer(II)- und Kupfer(I)-Salzen gut kristallisierende Doppelsalze. Diese Stoffe sind auf ihre analytische Brauchbarkeit untersucht, der Nachweis wird aber durch viele andere Kationen gestört.

Nach DUCLOUX bzw. VERMANDE gibt $CuCl_2$ bei der Reaktion auf dem Objektträger bei CsCl-Überschuß gelbe Prismen von $2\,CsCl \cdot CuCl_2 \cdot 2\,H_2O$, bei höherer Cu^{++}-Konzentration granatrote, hexagonale Prismen $CsCl \cdot CuCl_2$. Die analogen Bromide sind schwarze, rhombische bzw. hexagonale Kristalle. Nach VERMANDE ist der Kupfernachweis am empfindlichsten, wenn festes RbCl in eine salzsaure $CuCl_2$-Lösung eingebracht wird; es gibt stark anisotrope, dichroitische (grünblaue) Prismen; der Nachweis gelingt mit einer 0,1%igen Lösung.

Mit Jodiden tritt Reduktion zu Cu(I)-Verbindungen ein. Die Reaktion ist empfindlich, aber der Niederschlag von CuJ ist zu fein kristallin, auch Umkristallisieren aus NH_3 gibt keine größeren Kristalle (BEHRENS-KLEY).

b) Durch Farbreaktionen (vgl. auch § 5 A 5).

Das bei der Umsetzung von Cu(II)-Ionen mit KJ entstehende Jod kann durch Blaufärbung einer Stärkelösung zum Nachweis für Cu benutzt werden.

Grenzkonzentrationen: 1:1000000 (10^{-6}) BRADLEY.

Nach GRÜNSTEIDL gibt man auf ein Stärkestückchen einen KJ-Kristall und fügt einen Tropfen der Probelösung hinzu; bei Gegenwart von Cu entsteht um den Kristall eine Gelbfärbung (nicht Blaufärbung).

Erfassungsgrenze: 0,06 γ.

Auch die Reduktion durch KJ zum Kupfer(I)-salz kann zum Tüpfelnachweis benutzt werden.

Ein Tropfen der Probelösung wird auf Papier mit einem Tropfen KJ-Lösung versetzt. Das freigemachte Jod wird mit neutraler K_3AsO_3-Lösung entfärbt und der farblose Fleck mit einer Spur gesättigter $AgNO_3$-Lösung betupft. Bei der Anwesenheit von Cu wird der Fleck schwarz. $Cu^+ + Ag^+ = Cu^{++} + Ag$ (TANANAEFF und TANANAEFF).

Infolge der Löslichkeit von CuJ in KJ bildet sich oft ein Ring aus.

Verwendet man als Tüpfelreagenz eine an AgJ gesättigte KJ-Lösung, so bleibt der Fleck wegen der Unlöslichkeit von CuJ in diesem Reagens auf kleinen Raum begrenzt.

Empfindlichkeit: 6 γ in 0,025 cm^3.

Die Reaktion wird durch Fe(III)-Ion gestört.

Zu einer Cu-Salzlösung gibt man so viel konz. HCl, daß die Farbe in Grün umschlägt; Aceton läßt die Farbe nach Orange umschlagen (ZAHND und SAPINKOPF).

Erfassungsgrenze: 30 γ.

Es stören Au, Co, Cr, Fe und Ni.

4. Nachweis als Sulfid.

a) mit dem „Sulfidfaden".

Eine Faser wird abwechselnd in etwa 15%ige Lösungen von Natriumsulfid und Zinksulfat getaucht, stets abgepreßt, zum Schluß abgespült und getrocknet. Mit einer neutralen oder schwach sauren Cu-Salzlösung färbt sich die Faser braun; der Niederschlag ist löslich in KCN. Die Faser kann mit Brom gebleicht und durch eine angesäuerte Lösung von gelbem Blutlaugensalz angefärbt werden (EMICH und DONAU).

Erfassungsgrenze: 0,005 γ (als Sulfid); nach Umwandlung mit Blutlaugensalz: 0,008 γ.

Auch andere Metallsalze geben braunschwarze Fällungen. Die Umwandlung mit Blutlaugensalz ist charakteristisch.

b) mit Kadmiumsulfidpapier.

Auf Filtrierpapier befindlicher CdS-Niederschlag wird von Cu^{2+}-Salz schwarz gefärbt (TANANAEFF, RUSCHKA und WERCHORUBOWA).

Empfindlichkeit: 0,1 γ in 0,005 cm^3.

Mit Hg^{2+} bildet sich ein orangefarbener Fleck, der sich langsam bräunt und in schwarz übergeht.

c) Nachweis mit Antimonsulfidpapier.

Ein durch abwechselndes Tränken mit Natriumthioantimonat und 2—5%iger HCl hergestelltes Antimonsulfidpapier reagiert nur mit Ag, Cu und Hg, nicht dagegen mit Pb, Cd, Sn, Fe, Ni, Co oder Zn.

5. Nachweis als komplexes Rhodanid.

Wird ein Tropfen der Probelösung mit einem Tropfen NH_4SCN-Lösung (1:20) versetzt, und läßt man gasförmiges NH_3 darauf einwirken, so entstehen blaue, rhombische Nadeln von $Cu(SCN)_2 \cdot 2NH_3$ (RÂY und SARKAR).

Erfassungsgrenze: 0,065 γ; 0,1 γ (GEILMANN [b]).

Cd stört diese Reaktion.

Fügt man zu einem Tropfen Cu-Lösung NH_3 im Überschuß hinzu, dann einen Tropfen gesättigte NH_4SCN-Lösung und endlich Pyridin, so bildet sich vom Rande her ein grünfarbener Kristallniederschlag (MARTINI [a]).

Erfassungsgrenze: 0,001 γ.

6. Nachweis als Kupfer-quecksilberrhodanid.

Reagenslösung: 30 g $HgCl_2$ und 33 g Ammonrhodanid werden bei Zimmertemperatur in 50 cm³ H_2O gelöst (BEHRENS-KLEY). CHAMOT und MASON verwenden eine Lösung des Kaliumsalzes $K_2[Hg(SCN)_4]$.

Der auf einem Objektträger zur Entfernung freier Mineralsäure zur Trockene eingedampfte Probetropfen wird in wenig verdünnter Essigsäure gelöst und ein Tropfen des Reagenses zugesetzt und höchstens gelinde erwärmt. Hierauf überläßt man den Tropfen sich selbst, wobei nach kurzer Zeit gelblich-grünspießige, rhombische Kristalle entstehen (Abb. 2). Ist neben Kupfer noch Kobalt zugegen, so erscheinen die blauen Kristalle der Kobaltverbindung zuerst.

Abb. 2. Kupfer-Quecksilberrhodanid. Vergr. 65 (nach GEILMANN).

Erfassungsgrenze: 0,1 γ (BEHRENS-KLEY).

Grenzkonzentration: 1:8000 ($10^{-3,9}$).

Störungen: Ag, Zn, Cd und Mn (weiß), Co (blau), Au (gelbgrün, aber nicht zugespitzt) geben ebenfalls gleichartige Kristalle. Durch Mischkristallbildung sind die Farben oft verändert und viel intensiver. Mit Pb (weiß) und Ni (gelblich) entstehen Niederschläge nur aus konz. Lösungen (CHAMOT und MASON). Fe(II) gibt gelbe Haufen von gelben, nadelförmigen Kristallen, die mit Cu verwechselt werden können (BENEDETTI-PICHLER und SPIKES [b]). Durch Zn-Ionen wird der Kupfernachweis empfindlicher gestaltet (§ 5 A 1).

Der Nachweis mit dem Selenocyanat ist nicht empfindlicher (THOMSEN).

7. Nachweis mit 12-Molybdato-phosphorsäure.

Liegt Cu in reduzierender Form, etwa als Cyanocuprat(I)-Komplex vor, so kann damit das Molybdän in der komplexen Molybdän-Phosphor-(Arsen- und Kiesel-)säure $H_3[P(Mo_3O_{10})_4]$ zu einem blauen Oxyd reduziert werden (FEIGL und NEUBER).

Wird ein Tropfen der zu prüfenden Lösung mit je einem Tropfen 1%iger KCN, 1%iger Phosphormolybdänsäure versetzt und dann ein Tropfen verdünnter HCl hinzugefügt, so entsteht eine Blaufärbung, die sich mit Amylalkohol ausschütteln läßt.

Eine Darstellung der Molybdato-phosphorsäure gibt LINZ.

Grenzkonzentration: 1:350000 ($10^{-5,5}$).

Es stören andere Reduktionsmittel, auch soll HNO_3 abwesend sein.

Man bringt auf Filterpapier je einen Tropfen der Probelösung, KCN (1%), Phosphormolybdänsäure (1%) und verd. HCl; es entsteht ein blauer Fleck (FEIGL und NEUBER).

Empfindlichkeit: 1,3 γ in 0,05 cm³.

Grenzkonzentration: 1:37000 ($10^{-4,6}$).

Bei Anwesenheit von Cu, Hg, Pb, Bi, Cd im Verhältnis 1:300:300:120 : 280 ist die Empfindlichkeit 4 γ im Tropfen.

C. Wenig empfehlenswerte bzw. unsichere Reaktionen.

1. Nachweis als Cu(III)-Salz.

In Gegenwart von Telluraten und Perjodaten wird in alkalischer Lösung das Cu mit Persulfat als dreiwertiges Ion stabilisiert.

Ein Tropfen der Probelösung wird im Mikrotiegel nacheinander mit je einem Tropfen 0,1%iger Lösung von Tellursäure (bzw. Alkalitellurat) oder Perjodsäure (bzw. Perjodat) und 2n Lauge versetzt. Man trägt eine Spatelspitze Alkaliperoxydisulfat ein und erwärmt zum Kochen. Kupfer zeigt sich durch eine braunrote bis gelbe Farbe an; bei kleinen Mengen ist ein Blindversuch notwendig.

Erfassungsgrenze: 0,02 γ (FEIGL und UZEL).

Grenzkonzentration: 1:2500000 ($10^{-6,4}$).

Störungen: Bei Anwesenheit von NH_4-Salzen gelingt die Reaktion nicht. Viel Chrom und Mangan verhindern durch Eigenfarbe die Erkennung von Cu(III)-Ionen Mit Hydroxyd fällbare Metalle müssen entfernt werden; auch können gewisse Metalle als Perjodate bzw. Tellurate abgeschieden werden, weshalb ein größerer Überschuß des Reagenses verwendet werden muß.

2. Nachweis mit Permanganat.

Die Amminkomplexe der Permanganate einer Reihe von Schwermetallen sind bekannt; zum Nachweis besser geeignet sind die beständigeren Pyridinokomplexe (KLOBB). Wird ein Tropfen Probelösung mit einem Tropfen $KMnO_4$-Lösung versetzt und läßt man 3—5 Minuten lang Pyridindämpfe darauf einwirken, so entstehen bei Gegenwart von Cu hellviolette sechseckige Plättchen (POLUETKOW und NASARENKO).

Erfassungsgrenze: 0,1 γ.

Störungen: Ag, Cd, Zn und Ni geben ebenfalls beständige, gut kristallisierende Pyridinkomplexe.

3. Nachweis mit Dichromat.

Gibt man zu einem Tropfen der Probe einen Tropfen gesättigter $K_2Cr_2O_7$-Lösung, läßt Pyridindämpfe auf die Mischung einwirken, reibt und wiederholt die Einwirkung von Pyridin, so entstehen vornehmlich rechteckige Kristalle von $[CuPy_4]$-Cr_2O_7 (KORENMAN [g]).

Erfassungsgrenze: 0,1 γ.

Auch Hg, Cd, Co, Ni, Zn und Mn geben kristalline, Pb, Ag und Fe amorphe Fällungen.

Benutzt man zum Tüpfeln eine salpetersaure Reagenslösung aus gleichen Raumteilen gesättigter $K_2Cr_2O_7$-Lösung und Pyridin in 3n HNO_3 gemischt, so gibt Cu grünlichgelbe Würfel, Prismen oder Rauten.

Erfassungsgrenze: 0,2 γ.

Bei der Ausführung in salpetersaurer Lösung bilden Hg, Ba, Pb, Bi und Ag-Salze amorphe Niederschläge.

§ 6. Makrochemische Nachweise mit organischen Reagenzien.

Die Aufgabe, empfindliche und selektive oder sogar spezifische Nachweise für Cu-Ionen zu finden, ist im großen Maßstabe mit organischen Reagenzien in Angriff genommen, so daß die Zahl der untersuchten Reaktionen sehr groß ist, jedoch ist bisher die Zahl der empfindlichen und zugleich spezifischen Nachweise nur sehr gering.

Man kann zwei Gruppierungen von Atomen als Cu-spezifisch ansprechen (s. hierzu vor allem FEIGL, SICHER und SINGER sowie EPHRAIM [a]):

1. die $>C(OH)—C(=N—OH)—$ -Gruppe, wie sie etwa im Benzoinoxim $C_6H_5CH(—OH)C(=NOH)C_6H_5$ vorliegt, und

2. die $o\text{-}C_6H_4(OH)—C(=NOH)—$ -Gruppe, wie sie etwa im Salicylaldoxim vorliegt. Die Stoffe der ersten Gruppe wirken als zweibasische Säuren, bilden grüne wasserunlösliche Cu-Salze, die zum Teil auch sogar in NH_3 unlöslich sind. Die Reagenzien der zweiten Gruppe wirken nur als einbasische Säuren und bilden im allgemeinen in verdünnten schwachen Säuren unlösliche, gelbe bis gelblich grüne Verbindungen.

A. Analytisch wichtige Reaktionen.

1. Nachweis mit Rubeanwasserstoff.

Der Rubeanwasserstoff, Dithiooxamid, $H_2N \cdot CS \cdot CS \cdot NH_2$, bildet in seiner Diimidform $NH{=}C(SH)—C(SH){=}NH$ mit Metallionen schwerlösliche, gefärbte Niederschläge (RÂY und RÂY). Diese Reaktion ist besonders für mikrochemische Ausführungsformen von Bedeutung geworden, da sie unter gewissen Bedingungen spezifisch gestaltet werden kann.

Kupfer(II)-salze geben in schwach saurer, ammoniakalischer oder tartrathaltiger Lösung mit einer 1%igen alkoholischen Lösung des Reagenses eine grüne bis schwarze Fällung.

Grenzkonzentration: 1:30000000 ($10^{-7,5}$).

Störungen: Ebenfalls Fällungen ergeben Co (braun), Ni (blau bis violettblau), Au und Pt (braunschwarz), Hg(I) und Hg(II) (weiß) und Ag (gelb, sich zu Ag_2S zersetzend).

2. Nachweis mit Salicylaldoxim.

Nach EPHRAIM (b) eignet sich Salicylaldoxim, o-$HOC_6H_4CH = NOH$, zum Nachweis von Kupfer.

Die Reagenslösung wird folgendermaßen bereitet: 1 g Salicylaldoxim wird in 5 cm^3 Alkohol gelöst und diese Lösung tropfenweise in 95 cm^3 H_2O von 30° eingegossen, die Suspension wird durch leichtes Umschütteln gelöst und zum Schluß filtriert.

Im Mikroreagensglas wird ein Tropfen der neutralisierten und mit Essigsäure wieder schwach angesäuerten Lösung mit einem Tropfen der Reagenslösung versetzt. Bei der Anwesenheit von Cu entsteht ein gelblich grüner Niederschlag bzw. eine Opaleszens.

Empfindlichkeit: 0,5 γ in 0,05 cm^3 (FEIGL [b]).

Grenzkonzentration: 1:100000 (10^{-5}).; 1:1000000 (10^{-6}) (EPHRAIM).

Störungen: In Lösungen, deren p_H-Wert kleiner als 2,6 ist, fällt von den üblichen Metallen nur Cu aus (BIEFELD und HOWE); Pd- und Au-Salze geben auch in essigsaurer Lösung Fällungen.

FLAGG und FURMAN untersuchten eine Reihe von substituierten Salicylaldoximderivaten auf ihre Anwendungsmöglichkeit.

Das 5-Chlor- und 5-Nitro-Derivat zeigen gegen den unsubstituierten Stoff keine wesentlichen Unterschiede, das 3,5-Dibromderivat ist ungeeignet.

Grenzkonzentration: 1:500000 ($10^{-5,7}$) für Chlor- und 1:2000000 ($10^{-6,3}$) für Nitro-Derivat.

3. Nachweis mit Salicylat und Benzidin.

Cu(II)-Salze geben in ammoniakalischer Lösung bei der Gegenwart von Salicylat, Benzidin und Cyanid bei kleinen Konzentrationen eine rote, bei höheren eine blaue Färbung (SHAKELDIAN).

Der Reaktionsverlauf ist unbekannt.

Zu 1 cm³ der neutralen oder schwach sauren Probelösung werden 4 Tropfen einer Natriumsalicylatlösung (3% in H_2O), 4 Tropfen konz. NH_3, ein Tropfen einer Benzidinlösung (0,1% in 20%iger Essigsäure) und ein Tropfen einer Kaliumcyanidlösung (1%) gegeben. Kupfer zeigt sich durch eine rote bzw. an der Grenzkonzentration blauviolette Färbung.

Grenzkonzentration: 1:100000 (10^{-5}), bei 1:500000 ($10^{-5,7}$) etwas unsicher.

Störungen: Die Reaktion wird durch Hg^+ (schwarze Fällung), UO_2^{2+} (orange Fällung), Fe^{3+} (braunrot), Mn und Co (braun) und Ce^{3+} (weiß, bei der Anwesenheit von Kupfer braun werdende Fällung) gestört.

Bei der Anwesenheit von Kationen, die Cyanidkomplexe bilden (Ag, Cd, Au, Zn und Ni), ist tunlich etwas mehr KCN hinzuzufügen. Die anderen Ionen stören im hundertfachen Überschuß nicht (V. NIEUWENBURG).

4. Nachweis als Pyridino-rhodanid.

Gibt man nach SPACU (a) zu 10 cm³ der neutralen Probelösung 2—3 Tropfen 20%iges Alkalirhodanid und nach kräftigem Schütteln 1—2 Tropfen Pyridin, so entsteht bei Anwesenheit von Cu ein grüner Niederschlag von $CuPy_2(SCN)_2$. Beim Schütteln mit wenig $CHCl_3$ geht der Niederschlag in die $CHCl_3$-Schicht über.

Empfindlichkeit: 15 γ in 5 cm³; 6 γ in der $CHCl_3$-Schicht.

Grenzkonzentration: 1:300000 ($10^{-5,5}$) bzw. 1:800000 ($10^{-5,9}$).

Zn, Cd und Ni ergeben ebenfalls Fällungen eines gleichartigen Komplexes.

Nach KARAOGLANOV verwendet man zweckmäßig als Reagens eine Lösung aus 10 cm³ Pyridin in 100 cm³ n NH_4SCN-Lösung. Gleiche Teile Prüflösung und Reagens werden zusammengefügt.

Empfindlichkeit: 6,4 γ in 5 cm³.

Grenzkonzentration: 1:780000 ($10^{-5,9}$).

Mit KBr oder NaCl ist die Reaktion weit weniger empfindlich.

B. Weitere Reaktionen.

1. Nachweis mit Xanthogenaten.

Der Nachweis des Kupfers mit Kalium-äthylxanthogenat, $C_2H_5 \cdot O \cdot CS_2K$, ist schon sehr alt (ZEISE). Es entsteht zunächst eine zersetzliche, braune Verbindung, nach wenigen Minuten tritt die gelbe Farbe des Cu(I)-xanthogenates auf.

Die Abhängigkeit der Empfindlichkeit von der Größe des Molekulargewichtes ist von TAMCHYNA (a) untersucht.

Als Reagenslösung wird eine 0,5%ige wässerige Lösung empfohlen, nur beim Cetyl- und Myricylxanthogenat benutzt man gesättigte alkoholische Lösungen.

Zu 1 bzw. 5 cm³ der Probelösung wird 0,1 bzw. 0,5 cm³ der wässerigen Reagenslösungen, sowie 2 bzw. 10 Tropfen n HCl hinzugefügt; von den alkoholischen

Lösungen wird etwas mehr (etwa 0,2 bzw. 1,0 cm³) hinzugefügt. Es tritt eine braune Fällung ein, die bei den Xanthogenaten von niederem Molekulargewicht in wenigen Minuten, bei größeren erst nach Stunden in gelb übergeht.

Xanthogenat des:	Empfindlichkeit bei:		Grenzkonzentration:	
	1 cm³	5 cm³	1 cm³	5 cm³
Äthyls C_2H_5-	1,2	5	$10^{-5,9}$	10^{-6}
Isobutyls C_4H_9-	0,75	2	$10^{-6,1}$	$10^{-6,4}$
Isoamyls C_5H_{11}-	0,75	1,5	$10^{-6,1}$	$10^{-6,5}$
Cetyls $C_{16}H_{35}$-	0,5	1	$10^{-6,3}$	$10^{-6,7}$
Myricyls $C_{20}H_{61}$-	0,5	1	$10^{-6,3}$	$10^{-6,7}$
der Cellulose	2,5	—	$10^{-5,4}$	—

Störung: Die Reaktion wird nur durch Molybdänsäure gestört, außer bei der Viskose-Reaktion.

TACHMYNA (b) beschreibt den Nachweis einiger Kationen mit Hilfe von Viskose. Beim Cu-Nachweis mit Cellulosexanthogenat (Viskose) tritt nur ein brauner Niederschlag auf.

Als Reagens wird eine wässerige Viskoselösung mit einem Gehalt von 0,05% Cellulose verwandt.

Die zu untersuchende Lösung soll neutral oder schwach sauer sein; nach der Reaktion beseitigt man die störende gelbe Farbe des Reagenses durch Zutropfen von n HCl.

Nach GUTZEIT gibt das Amylxanthogenat (aus gleichen Teilen 50%iger NaOH und Amylalkohol mit einigen Tropfen CS_2 durch Schütteln hergestellt) sowie das Xanthogenamid, $C_2H_5O \cdot CS \cdot NH_2$, mit Cu-Salzen eine rote Färbung.

2. Nachweis mit Formaldoxim.

Kupfer(II)-Ion gibt mit Formaldoxim (= Formoxim), $H_2C{=}NOH$, eine violette Färbung (BACH). Nach DENIGÈS (b) bereitet man das Reagens aus 3 g Trioxymethylen und 7 g salzsaurem Hydroxylamin, die mit 15 cm³ Wasser bis zur vollständigen Lösung gekocht werden. Das Reagens ist haltbar. Zu 10 cm³ der Probelösung gibt man 1 Tropfen Reagens und 2 Tropfen ungefähr normaler NaOH. Nach dem Durchmischen tritt bei der Anwesenheit von Cu eine violette Färbung auf, die in der Kälte langsam, schnell auf dem Wasserbade verschwindet. Statt NaOH kann auch NH_3 verwendet werden (DENIGÈS [c]).

Empfindlichkeit: 1 γ in 10 cm³ (DENIGÈS).

Störungen: Ebenfalls Färbungen ergeben Mn(II) (rotorange Färbung, auf dem Wasserbade beständig), Ni(II) (grün, bald braun werdend), Co (strohgelb) und Fe(III) (violettrot).

3. Nachweis mit Diacetyldioxim.

Nach CLARKE und JONES ergibt die Oxydation von Diacetyldioxim (Dimethylglyoxim) $CH_3C(=NOH)\text{-}C(=NOH)CH_3$, in Gegenwart von Cu^{2+}-Ionen eine rotviolette Färbung.

In der chloridfreien, schwach schwefelsauren Lösung wird 1 g Ammoniumpersulfat gelöst, dann 1 cm³ einer gesättigten alkoholischen Lösung von Dimethylglyoxim, 0,5 cm³ halbprozentige Silbernitratlösung und 2,0 cm³ einer 10%igen wässerigen Pyridinlösung hinzugefügt. Nach kräftigem Schütteln bzw. Rühren entsteht bei Gegenwart von Cu eine rotviolette Farbe.

Empfindlichkeit: 0,1 γ in 1 cm³.

Um auch chloridhaltige Lösungen zu prüfen, benutzt KOLTHOFF (a) Perjodat als Oxydationsmittel.

Zu 10 cm³ der neutralen Lösung werden 0,2 bis 0,3 cm³ einer Diacetyldioximlösung (0,1% in Alkohol) und 1 cm³ einer gesättigten Kalium-perjodatlösung (0,35 g in 100 cm³) hinzugefügt. Man läßt 3—5 Minuten stehen; eine rotviolette Färbung zeigt Cu an.

Grenzkonzentration: 1:10000000 (10^{-7}).

Wenn die Lösung gepuffert werden muß ($p_H = 5{,}8$: Pufferlösung 100 cm³ n Naacetat und 7 cm³ n Essigsäure), sinkt die Empfindlichkeit auf 0,15 γ im cm³.

Störungen: Größere Mengen Zn, Cd, Mn und Pb stören, weil sie als Perjodate gefällt werden. Die Störung durch kleine Mengen Fe(III) kann durch Na_2HPO_4 aufgehoben werden.

4. Nachweis mit Benzoinoxim.

Das Benzoinoxim „Cupron", $C_6H_5 \cdot CH(OH) \cdot C(=NOH) \cdot C_6H_5$, bildet mit Cu(II)-Salzen einen grünen Niederschlag, in dem das Kupfer koordinativ 4bindig ist, so daß dieser Stoff nicht in Ammoniak löslich ist. Versetzt man eine neutrale oder ammoniakalische Cu(II)-Lösung mit einer ammoniakalischen oder alkoholischen Lösung des Reagenses, so bildet sich ein saftgrüner Niederschlag (FEIGL [b] und [c]).

Grenzkonzentration: 1:33000 ($10^{-4,5}$).

Da die Fällung auch in Tartrationen enthaltenden Lösungen erfolgen kann, stören alle Metallionen nicht, deren Fällung durch NH_3 in Gegenwart von Tartrationen ausbleibt; ebenso geben Co, Ni, Zn und Cd-Salze in NH_3-haltiger Lösung keine Fällungen.

5. Nachweis mit Benzidin.

Zu einer neutralen Cu(II)-Salzlösung werden 2 cm³ KJ-Lösung und 3 Tropfen einer 1%igen, frisch bereiteten alkoholischen Benzidinlösung, $H_2NC_6H_4C_6H_4NH_2$, hinzugegeben; beim Umschütteln entsteht ein flockiger, dunkelblauer Niederschlag von [Cu · Bzd] J_2.

Empfindlichkeit: 10 γ in 5 cm³ (SPACU [b]).

Grenzkonzentration: 1:500000 ($10^{-5,7}$).

Gestört wird der Nachweis durch Fe(III)-Ionen und Oxydationsmittel.

KARAOGLANOV verwendet auf 10 cm³ Gesamtlösung 0,2 cm³ einer 1%igen alkoholischen Benzidinlösung und fügt entweder 0,5 cm³ einer n KJ- oder 5 cm³ einer nNH_4SCN- oder nKBr- oder nNaCl-Lösung hinzu.

Grenzkonzentration:

Bei Gegenwart von KJ:	1:5000000 ($10^{-6,7}$),
bei Gegenwart von NH_4SCN:	1:4000000 ($10^{-6,6}$),
bei Gegenwart von KBr:	1:2000000 ($10^{-6,3}$),
bei Gegenwart von NaCl:	1: 500000 ($10^{-5,7}$).

Über eine Benzidin-Reaktion bei Gegenwart von HCN siehe unter § 6 B12.

6. Nachweis mit o-Tolidin.

o-Tolidin, $H_2NC_6H_4(CH_3)C_6H_4 \cdot (CH_3) \cdot NH_2$, gibt mit Cu(II)-Ionen bei Gegenwart von Rhodanid-Ionen einen Niederschlag (Cu · Tld)$(SCN)_2$ (SPACU [b]).

Gibt man zur Probelösung einige Tropfen KSCN-Lösung und 2 Tropfen einer 2%igen alkoholischen Lösung des Reagenses, so entsteht ein blauer, flockiger Niederschlag, der in Alkohol löslich ist, weshalb größere Mengen des Fällungsreagenses zu vermeiden sind.

Empfindlichkeit und Störungen wie beim Nachweis mit Benzidin.

7. Nachweis mit Diphenylthiocarbazon.

Von FISCHER (a) wird Diphenylthiocarbazon, $C_6H_5N{:}NCSNH \cdot NHC_6H_5$, Dithizon genannt, zum Nachweis von Schwermetallen vorgeschlagen.

In schwach saurer Lösung (1 Tropfen 5—10% Schwefelsäure) schlägt bei Anwesenheit von Cu-Ionen die grüne Farbe der Reagenslösung in Violett (Ketoform) um, während in neutraler oder alkalischer Lösung das Grün sich in Gelbbraun verwandelt (Enolform).

Als Reagenslösung wird eine sehr verdünnte Lösung (0,002—0,004%) in CCl_4 verwandt.

Durchführung: Ein oder mehrere Tropfen der zu untersuchenden Lösung werden mit einigen Tropfen der Reagenslösung möglichst in einem Mikroröhrchen mit eingeschliffenem Stopfen geschüttelt.

Erfassungsgrenze: In saurer Lösung 0,008 γ (FISCHER [c]); in neutraler und schwach ammoniakalischer Lösung 0,03 γ, (FISCHER [b]).

Grenzkonzentration in saurer Lösung: 1 : 6000000 ($10^{-6,8}$) (FISCHER [c]).

Störungen: Durch Oxydationsmittel wird das Reagens zerstört. Durch Aufkochen mit Hydroxylammoniumchlorid lassen sich die Oxydationsmittel entfernen.

In saurer Lösung wird der Nachweis durch Ag, Hg, Au, Pd und Pt(II)-Ionen gestört (FISCHER [c]). Durch Komplexsalzbildung kann die Mehrdeutigkeit herabgesetzt werden. Bei der Gegenwart von Ag setzt man zur schwach sauren Lösung so viel 10%ige KSCN-Lösung, daß der entstehende Niederschlag verschwindet. Beim Schütteln mit der Reagenslösung reagiert das in diesem Falle einwertige Kupfer mit rotbrauner Farbe. Bei der Gegenwart von Hg gibt man 0,2 cm^3 10%iger KJ-Lösung hinzu. Au, Pd und auch Ag können durch Anwendung einer Mischung von KSCN und KCN in schwach saurer Lösung maskiert werden. Man gibt zu 0,05 cm^3 Versuchslösung je 0,3 cm^3 5%iger KCN- und KSCN-Lösung, neutralisiert mit NH_3 und säuert bis zur schwach sauren Reaktion mit 2%iger H_2SO_4 an.

Der Nachweis neben Pt gelingt stets, wenn dieses vierwertig vorliegt (d).

Neben anderen Metallen gelingt der Nachweis, allerdings mit verringerter Empfindlichkeit (c).

Fremdelement	Erfassungsgrenze γ	Grenzverhältnis
—	0,008	—
Ni	0,015	1:266000
Co	0.015	1:250000
Zn	0,015	1:373000
Cd[1]	0,05	1:144000
Pb[1]	0,05	1:246000
Bi	0,08	1: 21500
Fe(III)	0,04	1: 12500
Ag	0,2	1: 25000
Hg	0,06	1: 60000
Au	0,4	1: 10000

[1] Nachweis in schwach alkalischer, seignettesalzhaltiger Lösung.

Anmerkung: Das Dinaphthylthiocarbazon gibt mit Cu-Salzen einen braunen Niederschlag, der in CCl_4, $CHCl_3$ und CS_2 leicht löslich ist (SSUPRUNOWITSCH).

8. Nachweis mit Thioglykolsäure-β-aminonaphthalid.

Nach BERG und ROEBLING geben viele Metallionen mit dem Thioglykolsäure-β-aminonaphthalid, $C_{10}H_7 \cdot NHCOCH_2SH$, kurz Thionalid genannt, charakteristische, schwer lösliche Komplexe.

Für die Reaktion werden nachfolgende Ausführungsformen beschrieben:

1. Die mineralsaure Untersuchungslösung, bis etwa 0,2 n Mineralsäure enthaltend, wird zum Sieden erhitzt und mit einer 1%igen Lösung des Reagenses in Alkohol oder Eisessig versetzt. Bei der Anwesenheit von Cu entsteht ein zunächst blauschwarzer Niederschlag, der bald in reingelb umschlägt.

Empfindlichkeit: 0,1 γ Cu im cm^3.

Grenzkonzentration: 1:10000000 (10^{-7}).

Störungen: Ebenfalls aus mineralsaurer Lösung werden Ag, Au, Hg, Sn, As, Sb, Bi, Pt und Pd gefällt. Um Störungen durch Oxydationsmittel zu vermeiden, werden diese mit Hydroxylamin zerstört. Fe(III) kann durch Phosphorsäure komplex gebunden werden. In Essigsäurelösung ist das Reagens weitgehend unspezifisch, da die meisten Metalle der H_2S- und $(NH_4)_2S$-Gruppe gefällt werden.

2. In alkalischer Lösung verwendet man eine 5%ige Reagenslösung. Es werden 4—5 Tropfen des Reagenses auf 5 cm^3 der zu untersuchenden Lösung verwendet. Die Probelösung ist vorher im hinreichenden Überschuß mit Ammontartrat zu versetzen, um die Fällung des Hydroxyds zu verhindern.

Empfindlichkeit: 0,5 γ im cm^3.

Grenzkonzentration: 1:2000000 ($10^{-6,3}$).

Störungen: Es stören alle Oxydationsmittel, die wie oben zerstört werden. Fe^{+++} stört hier nicht, dagegen werden Ag (als elementares Ag), Au, Hg, Cd, Tl, Mn und Fe^{++} gefällt.

Anmerkung: Die Thioglykolsäure, $HOOCCH_2SH$, fällt aus mineralsaurer Lösung nur die Metalle Cu, Ag und Au. Beim Cu entsteht auch eine zunächst blauschwarze Fällung, deren Farbe bald nach reingelb umschlägt.

Grenzkonzentration: 1:2000000 ($10^{-6,3}$).

Das Anilid der Thioglykolsäure, $C_6H_5NHCOCH_2SH$, ist weniger spezifisch als die Säure; für Cu gilt:

Grenzkonzentration: 1:4000000 ($10^{-6,6}$).

9. Nachweis des Kupfers mit 1,2-Diaminoanthrachinon-3-sulfonsäure.

Nach UHLENHUTH gibt eine 0,1%ige Lösung von 1,2-Diaminoanthrachinon-3-sulfonsäure in NaOH mit Cu^{++}-Lösung eine starke Blaufärbung (Eigenfarbe des Reagenses rotviolett).

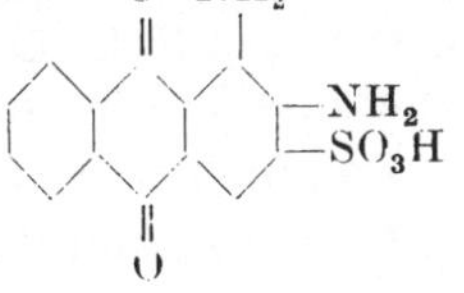

Grenzkonzentration: 1:500000 ($10^{-5,7}$).

Die Empfindlichkeit läßt sich durch NH_3 noch erhöhen. Nur Co und Ni stören (MALATESTA und DI NOLA). Nach DUBSKY und BENCKO handelt es sich bei dieser Reaktion um Bildung einer Adsorptionsverbindung.

10. Nachweis mit Feigl-Rhodanin.

Cu(II)-Salze geben mit dem p-Dimethylaminobenzylidenrhodanin (Formel bei Ag §6 A 1) eine orangerote Farbe bzw. Fällung. Die Reaktion mit Cu(I)-Salzen ist empfindlicher.

Zu 10 cm^3 der Probelösung werden einige Tropfen einer 2%igen Hydrazinsulfatlösung, 1—2 cm^3 einer 6n NH_3-Lösung und 0,2 cm^3 der Reagenslösung (0,02%ig in Alkohol) hinzugefügt und nach etwa 5 Minuten mit 30%iger Essigsäure angesäuert. Bei größeren Kupfermengen (100 γ im cm^3) ist die Lösung rotviolett, bei kleineren (10 γ und weniger im cm^3) orangebraun (KOLTHOFF [a]).

Empfindlichkeit: 0,2 γ im cm^3.

Grenzkonzentration: 1:5000000 ($10^{-6,7}$).

Nach FUNAKOSHI kann die Reduktion auch mit Na_2SO_3 erfolgen.

Grenzkonzentration: 1:4000000 ($10^{-6,6}$).

Störungen: Ag, Au, Hg, Pt und Pd stören, ebenso größere Mengen Fe, die aber durch Ansäuern mit H_3PO_4 ausgeschaltet werden können (1 γ Cu ist neben 100 γ Fe(III) im cm^3 nachzuweisen).

11. Nachweis mit Traubenzucker.

SCHENK empfiehlt zum Nachweis des Kupfers eine Umkehrung der FEHLINGschen Reaktion.

10 cm^3 der neutralen Probelösung werden mit einigen Tropfen Seignettesalzlösung versetzt, darauf werden 4—5 Körnchen Traubenzucker hinzugefügt, kurz umgeschüttelt. Wird dann 2—3 Minuten im Wasserbad erhitzt, so tritt bei der Anwesenheit von Cu^{++} eine Gelbfärbung bzw. ein gelber Niederschlag auf.

Liegt eine saure Prüflösung vor, so ist soviel Seignettesalzlösung hinzuzufügen, daß eine schwach alkalische Reaktion auftritt.

Reagenslösung: 173 g Seignettesalz (Kalium-natriumtartrat) werden mit 52 g KOH in 500 cm^3 Wasser gelöst.

Empfindlichkeit: 30 γ in 10 cm^3.

Die Reaktion ist spezifisch, doch wird an der Grenzkonzentration die Durchführung einer Vergleichsprobe empfohlen, da durch schnelles Erhitzen von Traubenzucker, vor allem im alkalischen Milieu, leicht Gelbfärbung auftreten kann.

12. Nachweis mit Guajakharz.

Gibt man zur Probelösung einige Tropfen einer ½%igen Guajakharzlösung in Alkohol und erhitzt, so entsteht bei Anwesenheit von Cu eine Blaufärbung, die in $CHCl_3$ löslich ist (FLEMING).

Grenzkonzentration: 1:10000000 (10^{-7}) (Blaufärbung); 1:200000000 ($10^{-8,3}$) bei Beobachtung der $CHCl_3$-Schicht.

Diese Blaufärbung ist spezifisch; eine Blaufärbung, die durch Fe hervorgerufen werden kann, verschwindet beim Kochen.

Nach IMBERT, IMBERT und PILGRAIN werden zu 5—10 cm^3 der Probelösung 3—4 Tropfen frisch hergestellter Guajaktinktur gegeben und einige Tropfen einer 0,15%igen KCN-Lösung hinzugefügt; durch Reduktion der Cu(II)-Ionen tritt eine charakteristische Blaufärbung ein.

Empfindlichkeit: 0,8 γ im cm^3 (WÖBER).

Grenzkonzentration: 1:2000000 ($10^{-6,3}$) (IMBERT und PILGRAIN).

Freie Säure stört den Nachweis.

Für 10 cm^3 einer Lösung, die 0,1 cm^3 ½%iger Guajakharzlösung und 1 cm^3 n-Salzlösung enthält, ist für den Cu-Nachweis die

Grenzkonzentration: mit NH_4SCN 1:8000000 ($10^{-6,9}$); mit KBr oder NaCl 1:5000000 ($10^{-6,7}$) (KARAOGLANOV).

Gibt man zu 1—2 Tropfen Guajakharztinktur (1%ige alkoholische Lösung) 1—2 Tropfen verdünnter Blausäure (1 mg in 100 cm^3) und die Probelösung, so wird diese bei Anwesenheit von Kupfer blau gefärbt.

Erfassungsgrenze: 0,6 γ Cu (ROSENTHALER [c]).

Unter gleichen Bedingungen reagieren auch mit derselben Empfindlichkeit Aloïn (rot) und Benzidin (grünlich).

13. Nachweis mit Thiobarbitursäurederivaten.

Die Thiobarbitursäure, Thioxazin genannt, ist ein Analogon zum Rhodanin und bildet wie dieses ein p-Dimethylaminobenzylidenprodukt.

Mit Cu(II)-Salzen entsteht eine schwache Rotfärbung, die im sauren Gebiet verschwindet, Cu(I)-Salze reagieren wie Silber unter Bildung einer rotvioletten Fällung.

Zum Nachweis werden Cu(II)-Salze mit einer gesättigten Na_2SO_3-Lösung reduziert.

Ausführung der Reaktion wie beim FEIGL-Rhodanin.

Grenzkonzentration: 1:3000000 ($10^{-6,5}$) (PAVOLINI und GAMBARIN).

Störungen: Ag, Hg, Pd, Pt, Ir und Au reagieren ebenfalls; Pb stört erst beim 250000fachen Überschuß. Störungen durch Hg, Pd, Pt und Au lassen sich durch Hinzufügen einer 5%igen KCN-Lösung und anschließendem Ansäuern mit HNO_3 maskieren, doch sinkt die Empfindlichkeit.

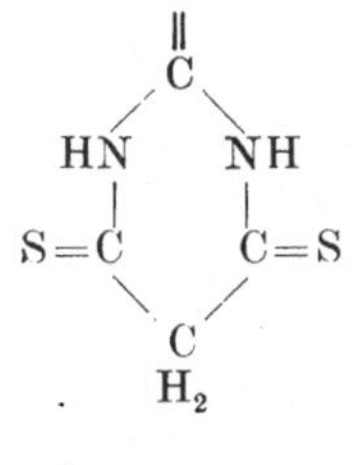

Das Trithiobarbitursäurederivat ergibt ein ockergelbes Häutchen an der Grenzfläche Wasser—Äther.

Grenzkonzentration: für Cu(II): 1:10000000 (10^{-7}); für Cu(I): 1:5000000 ($10^{-6,7}$).

Störungen: Die Störungen durch Ag, Pt und Pd können durch Reduktion mit H_3PO_3 ausgeschaltet werden, Hg(I)- und Hg(II)-Ionen werden durch HCl maskiert.

Ein Äthyl-isoamylderivat der Thiobarbitursäure verwendet LIBERALLI.

14. Nachweis mit 2,2'-Dichinoyl und verwandten Stoffen.

Nach HOSTE ist von einer Reihe untersuchter Pyridyl- und Chinoyl-Derivate das 2,2'-Dichinoyl, „Cuproin" genannt, am besten zum Nachweis und zur kolorimetrischen Bestimmung von Cu geeignet. Cu(I)-Salze bilden mit dem Reagens eine purpur gefärbte Komplexverbindung [Cu(Dichinoyl)$_2$]$^+$, die aus der wässerigen Lösung mit Amylalkohol ausgeschüttelt werden kann.

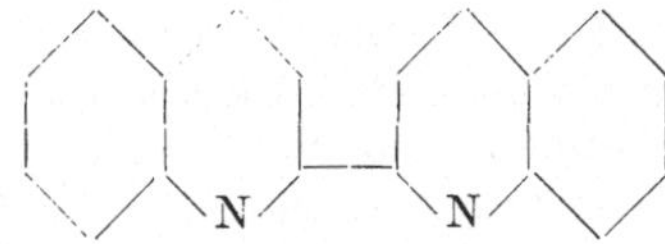

Cu(II)-Salze werden durch Hydroxylamin vor dem Nachweis reduziert.

Ausführung. Zu 10 Tropfen der Probelösung werden ein Kriställchen Hydroxylammoniumchlorid und 5 Tropfen einer gesättigten isoamylalkoholischen Cuproinlösung gegeben. Das mit einem Stopfen verschlossene Reagensglas wird 30 Sekunden gut geschüttelt. Bei der Anwesenheit von Cu färbt sich die Alkoholphase purpurn, bei sehr kleinen Mengen rosa.

Grenzkonzentration: 1:5000000 ($10^{-6,7}$).

Die Reaktion ist spezifisch.

Von 57 geprüften Kationen gibt nur das Ti^{3+} mit dem Reagens eine Färbung (fahlgrün), alle anderen Ionen stören selbst bei der 10000fachen Menge im Überschuß nicht. Bei der Anwesenheit größerer Mengen Fe(III)-Ionen werden diese durch Weinsäure komplex gebunden, und die Lösung wird mit NH_3 auf ein $p_H > 3$ eingestellt.

Wird eine äthylalkoholische Lösung verwendet, stören manche Stoffe durch ihre Eigenfarbe.

Grenzkonzentration: 1:1000000 (10^{-6}).

BECKENRIDGE, LEWIS und QUICK reduzieren mit $NaHSO_3$ und verwenden als Reagens eine $^1/_2$‰ige Lösung in Eisessig.

Grenzkonzentration: 1:100000000 (10^{-8}).

TARTARINI empfiehlt die Rhodanide und Jodide des α-α'-Dipyridyls und Phenanthrolins zum Nachweis; reduziert wird mit Hydrazin.

C. Weniger empfehlenswerte bzw. unsichere Reaktionen.

1. Nachweis mit Ölsäure.

Gibt man zu 100 cm³ Kupferlösung (Verdünnung $1:10^4$) in einem p_H-Bereich von 4,3—8 einen Tropfen Ölsäure, so erhält man bei vorsichtigem Rühren oder Aufkochen eine tief blaugrüne Färbung. Bei einer größeren Verdünnung ($1:10^4$) ist in dem p_H-Bereich 5—8 zu arbeiten (HEYMANN und KORBY).

Störungen: Fe^{+++} und Mn in größeren Mengen stören die Reaktion, Fe^{+++} läßt sich in einer gegen Lackmus neutralen Lösung durch Natriumtartrat maskieren.

2. Nachweis mit Aminocarbonsäuren.

Eine wässerige Lösung von α-Amino-n-capronsäure, $CH_3(CH_2)_3CHNH_2COOH$, (0,67 g in 100 cm³) gibt mit Kupfersalzen einen graublauen Niederschlag. Drei cm³ der Prüflösung werden zum Abstumpfen der Mineralsäure mit 1 cm³ 40%igem Natriumacetat und 1 cm³ Reagens versetzt.

Empfindlichkeit: 15 γ in 5 cm³ (LYLE, CURTMANN und MARSHALL).

Störungen: Von den üblichen Metallen geben nur Zn und Hg Fällungen. Durch NaCl wird das Hg und durch p-Nitrophenol des Zn ausgeschaltet (GUTZEIT [a]).

Dieselbe Empfindlichkeit zeigt unter gleichartigen Bedingungen Isoleucin, $C_2H_5 \cdot CH(CH_3)CH(NH_2)COOH$, während Leucin, $(CH_3)_2CHCH_2CH(NH_2)COOH$, 10fach unempfindlicher ist.

3. Nachweis mit Ammoniumdithiocarbamat.

Nach PARRI (a), wie auch GUTZEIT (b) bildet sich bei der Einwirkung von CS_2 auf konz. NH_3 Ammoniumthiocarbamat, $H_2NCSSNH_4$, das mit Cu-Salzen einen braunen Niederschlag gibt, während die überstehende Flüssigkeit violett ist.

Es reagieren viele andere Kationen ebenfalls.

Nach DUBSKY (a) und Mitarbeitern entsteht aber bei dieser Darstellung des Reagenses gleichzeitig das Ammoniumtrithiocarbonat, dessen Kupfersalz braun ist. Das Kupferdithiocarbamat ist dagegen gelb.

4. Nachweis mit Diäthyl-dithiocarbamat.

Die Probelösung gibt mit einer 0,1%igen wässerigen Lösung von Na-Diäthyldithiocarbamat, $(C_2H_5)_2NCSSNa$, bei Gegenwart von Cu(II)-Ionen eine Braunfärbung (CALLAN und HENDERSON).

Grenzkonzentration: 1:100000000 (10^{-8}).

Störungen: Cr, Fe, Mn, Hg(I) geben ebenfalls braune Niederschläge, andere Ionen geben heller gefärbte Fällungen (PICOTTI und BALDASSI).

Anmerkung: MARTENS und GITHENS benutzen eine 0,01%ige Lösung von Zinkdibenzyl-dithiocarbamat in CCl_4, um Cu(II)-Ionen zu extrahieren. Mit 10 cm³ der Reagenslösung wird die saure Probelösung (n H_2SO_4) 30 sec geschüttelt. Die CCl_4-Schicht färbt sich gelb. Es stören bei dieser Arbeitsweise nur Bi (stark), Co und Ni (wenig), die anderen Ionen stören bei genügendem Reagenszusatz nicht, insbesondere nicht Ag, Hg, Pb, Cd, As, Sn, Zn, Al, Cr^{3+}, Fe^{2+}, Mn, UO_2 und Ca.

5. Nachweis mit Thiocarbamid-derivaten.

5 Tropfen einer 2%igen alkoholischen Lösung von Phenylthiocarbamid, $H_2N \cdot CS \cdot NHC_6H_5$, geben mit 1 cm³ Cu-Salzlösung eine weiße Fällung.

Erfassungsgrenze: 10 γ (SCHAPIRO und RUD).

Störungen: Auch mit Hg^+ (grauschwarz), Ag, Au, Pt und Pd (gelb) entstehen Niederschläge.

Weitere substituierte Thioharnstoffe sind von YOE und OVERHOLSER untersucht; für analytische Zwecke sind sie nicht zu empfehlen; weiterhin sind vorgeschlagen Diphenylthiocarbamid (SHIMADA) und 3,3'-Dinitro-diphenylthioharnstoff (TAYLOR) (vgl. auch § 7 C 11).

6. Nachweis mit Dicarbamidothioharnstoff.

Eine Kupfersalzlösung gibt mit einer Lösung von s-Dicarbamidothioharnstoff, $S{=}C(NHNHCONH_2)_2$ (0,2%ig in 50%igem Alkohol), in neutraler einen grüngrauen, in ammoniakalischer Lösung einen rotvioletten Niederschlag (DYSON).

Empfindlichkeit: 0,25 γ in 50 cm³.

Ebenfalls Fällungen geben Ag und Co (tiefblau), Au (gelb), Pb (fahlgelb) und Bi (braungrün).

7. Nachweis mit Phenylsemicarbazid.

Werden 5 cm³ der Cu^{2+}-Lösung bei einem p_H von 6—6,5 mit 1-Phenylsemicarbazid, $C_6H_5NH \cdot NHCONH_2$, versetzt, so ergibt sich eine weinrote bis rosa Färbung (ANGELIS und FORTUNIO).

Grenzkonzentration: 1:1 000 000 (10^{-6}).

8. Nachweis mit Thiosemicarbazid-derivaten.

4-Phenylthiosemicarbazid, $C_6H_5NH \cdot CS \cdot NHNH_2$, gibt mit Cu-Salzen eine Blaufärbung (NAITO und SUZUKI).

Erfassungsgrenze: 0,32 γ.

Für das 1-Phenylthiosemicarbazid, $C_6H_5NHNHCSNH_2$, (in isoamylalkoholischer Lösung) ist die

Empfindlichkeit: 0,02 γ im cm³ (NAITO und TAKAHASHI). Ag, Hg^{2+}, Hg^+, Fe^{3+}, Co und Ni stören nicht bis zum 1000fachen Überschuß.

SCOTT und ANDREWS untersuchen die Reaktion des 1-Allyl-4-phenyl-thiosemicarbazids, $C_6H_5NHCSNHNHC_3H_5$, und seiner Nitroprodukte.

Werden zu 5 cm³ der Kupferlösung 8 Tropfen einer gesättigten alkoholischen Lösung gegeben, so erhält man:

	Fällung:	Empfindlichkeit (im cm³)
ohne NO_2	dunkel-hellblau	10 γ
o-NO_2	schwarzgrün bis hellgrün	100 γ
p-NO_2	schwarz-braunrot	10—100 γ

Untersucht sind auch die Fällungen mit Ag, Hg^+ und Hg^{2+}-Ionen.

9. Nachweis mit Diphenylcarbohydrazid.

Kupfersalze geben in schwach saurer Lösung mit einer gesättigten alkoholischen Lösung von Diphenylcarbazid, $(C_6H_5NH \cdot NH)_2CO$, einen roten Niederschlag (KOLTHOFF [b]), bei geringeren Konzentrationen nur eine rote Färbung (GUTZEIT [a]), löslich in $CHCl_3$ und Säuren.

Empfindlichkeit: 1,5 γ in 10 cm³ bzw. 22,5 in 10 cm³ (KARAOGALOV).

10. Nachweis mit Diphenylthiocarbohydrazid.

Cu-Salze geben mit Diphenylthiocarbazid, $(C_6H_5NH \cdot NH)_2CS$ (5%ige Lösung in 60%igem Alkohol), in essigsaurer Lösung eine dunkelgrüne Fällung, die durch Ammoniak blauschwarz wird, während die überstehende Lösung grün ist. (PARRI [b], GUTZEIT [a]).

Störungen: Fast alle anderen Schwermetalle geben ebenfalls Fällungen.

11. Nachweis mit Dicyanguanidin.

Cu(II)-Salze geben in sauren Medien mit einer wässerigen Lösung des Kaliumsalz von Dicyanguanidin, NC · N(K)—C(:NH)—NH · CN, einen blaugrünen, amorphen Niederschlag (DRANEY, YANOWSKI und CEFOLA).

Störungen: Ebenfalls Niederschläge gibt das Reagens mit Ag, Hg^{+}, Hg^{2+} (weiß), $PtCl_6^{2-}$, Pd^{2+}, Au^{3+} (gelb). Fe(III)-Salze geben eine rote Färbung, die weiteren Kationen stören nicht.

12. Nachweis mit organischen Basen und Jodid bzw. Rhodanid.

Von KORENMAN (c) sind die Reaktionen einer großen Zahl organischer Basen bei Gegenwart von KJ mit den Metallen der zweiten analytischen Gruppe untersucht. Alle Reaktionen sind wenig spezifisch; als besonders empfindlich zum Kupfernachweis werden nur die nachfolgenden Reagenzien empfohlen.

Zu 1 cm^3 der Prüflösung werden 1—3 Tropfen einer gesättigten KJ-Lösung gegeben und einige Tropfen der Reagenslösung zugefügt.

Mit einer gesättigten Lösung von schwefelsaurem p-Aminodimethylanilin, $H_2N \cdot C_6H_4N(CH_3)_2$, entsteht eine violette Färbung oder Fällung.

Grenzkonzentration: 1 : 2000000 ($10^{-6,3}$).

Bi gibt einen gelborange gefärbten Niederschlag.

Mit einer Lösung von salzsaurem Chinin entsteht ein gelber Niederschlag.

Grenzkonzentration: 1 : 900000 ($10^{-5,9}$).

Ebenfalls gelbe oder weiße Niederschläge ergeben Pb, Bi, Hg^{2+} und Cd.

Mit Chinolin entsteht eine gelbe Trübung oder Fällung.

Grenzkonzentration: 1 : 320000 ($10^{-5,5}$).

Auch Pb, Bi, Hg, Cd und Sb geben Fällungen.

1 g KJ und 5 g Chinchonin in 14 cm^3 Wasser werden mit möglichst wenig verdünnter HNO_3 gelöst, und 1 g KJ wird hinzugefügt. Cu-Salze geben mit diesem Reagens einen gelben Niederschlag.

Grenzkonzentration: 1 : 800000 ($10^{-5,8}$).

Ebenfalls gelbe oder orangefarbige Niederschläge geben Pb und Bi.

Gibt man zu 9 cm^3 einer Cu-Salzlösung 1 cm^3 der Reagenslösung (in 100 cm^3 einer gesättigten Urotropinlösung werden 50 g KJ gelöst), so entsteht ein orangefarbener Niederschlag (KARAOGLANOV).

Grenzkonzentration: etwa 1 : 500000 ($10^{-5,7}$).

Fügt man zu 10 cm^3 einer Cu-Salzlösung je 4 Tropfen einer 0,2 m Lösung von salzsaurem Isochinolin und 0,5 m NH_4SCN, so entsteht ein grüner Niederschlag, an der Grenzkonzentration wird der Niederschlag weiß (SPAKOWSKI und FREISER).

Grenzkonzentration: 1 : 20000000 ($10^{-7,3}$).

Störungen: Weiße Fällungen geben Ag, Hg^{2+}, Cd, Sb^{3+}, Bi, Ni, Co und Zn; Fe^{3+} stört durch die rote Farbe des Thiocyanatkomplexes.

13. Nachweis mit Mandelsäure.

Mandelsäure (10%ige Lösung) gibt mit Cu(II)-Salzen eine schwach gelbliche Fällung (DENIGÈS [d]).

Erfassungsgrenze: 200 γ

Störungen: Auch Ag, Hg, Pb geben Fällungen (Kristallnadeln).

14. Nachweis durch katalytische Oxydation von Phthalsäure.

Kupfer(II)-Ionen katalysieren die Reaktion zwischen Kaliumhydrogenphthalat und H_2O_2.

Durchführung: Man erhitzt 100 cm³ der wässerigen Lösung mit 10 cm³ 0,2 mol Kaliumbiphthalatlösung und 10 cm³ 20%igem H_2O_2 auf 97—99°; bei Anwesenheit von Kupfer entsteht eine braun gefärbte kolloide Lösung.

Empfindlichkeit: Eine 10^{-5} m Cu-Salzlösung gibt nach 2 Minuten, eine 10^{-6} nach 10 Minuten und eine 10^{-7} m nach einer Stunde eine Braunfärbung (BOTTOMLEY).

Störungen: Eine gleiche Reaktion gibt Fe^{++}, alle anderen Metalle stören nicht. Blindversuch wird angeraten.

15. Nachweis mit Phenolen und Morphin.

Versetzt man eine frisch bereitete Lösung von 0,04 g β-Naphthol in 2 cm³ Alkohol mit 0,5 cm³ einer auf das dreifache verdünnten Lösung von konz. NH_3 und mit 5 cm³ der wässerigen Probelösung, so entsteht bei der Anwesenheit von Kupfer eine grünlich gelbe oder gelbliche Farbe (FULTON).

Grenzkonzentration: 1: 3 000 000 ($10^{-6,5}$).

Störung: Die Reaktion ist nicht durchführbar, wenn mehr als ein Teil Cu in 1000 Teilen Lösung enthalten ist, da in diesem Falle die blaue Farbe der ammoniakalischen Kupferlösung auftritt.

Weitere Nachweise:

Reagenslösungen: 0,03 g Morphin in 1 cm³ H_2O oder 0,03 g Thymol in 1,5 cm³ Alkohol oder 0,03 g 4-Oxy-1,2-dimethylbenzol (Xylenol) in 1 cm³ Alkohol oder 0,005 g Resorcin (m-Dioxybenzol) in 5 cm³ Alkohol gelöst.

Diese Reagenslösungen werden mit 0,5 cm³ H_2O_2 (3%), 5 cm³ NH_3-Lösung und 5 cm³ der Probelösung versetzt, bei Anwesenheit von Cu tritt rosa bis rote Färbung auf (FULTON).

Grenzkonzentration: 1: 3 · 10⁶ (Morphin); 1: 10⁶ (andere Phenole).

Bei dem Nachweis mit Resorcin nach LAVOYE wird als Reagens eine 10%ige Resorcinlösung benutzt.

1 cm³ der Reagenslösung wird mit 2 cm³ einer 10%igen NH_3-Lösung und 1 cm³ der Prüflösung versetzt und erwärmt. Nach einiger Zeit zeigt sich bei der Anwesenheit von Cu eine Blaufärbung.

Störungen: Ähnliche Reaktionen geben Zn (gelbgrün—blau werdend), Cd (weniger intensiv blau), Mn (bei der Anwesenheit von NH_4-Salzen blaugrün), Ni (blaugrün), Co (rotviolett nach blauviolett sich ändernd) und Pt (granatrot). In saurer Lösung schlagen alle Färbungen nach rot um.

Nach SHAPIRO fügt man zu 1 cm³ der Prüflösung 1 cm³ 1%ige NaOH- oder KOH-Lösung und 1 cm³ 1%iges Resorcin, schüttelt um und vergleicht nach etwa 5—6 min mit einer Kontrollprobe von dest. Wasser.

Bei der Anwesenheit von Cu ergibt sich eine tiefer gefärbte grüne Lösung als bei dem Vergleich.

Erfassungsgrenze: 0,04 γ.

Grenzkonzentration: 1 : 25000000 ($10^{-7,4}$).

Ag gibt mit gleicher Empfindlichkeit die Reaktion.

Mg, Be, Al, Zn, Cd, Se, Te, VO_3, MoO_4, AsO_4, PO_4, Mn, Bi, Zr, UO_2, Nb, Ta, Ni, Co, Sn, Sb und WO_4 stören nicht, ebenso nicht Fe im Überschuß 500: 1.

16. Nachweis mit Dinitrosoresorcin.

NICHOLS und COOPER benutzen eine heiß gesättigte wässerige Lösung von Dinitrosoresorcin, wahrscheinlich als Oxim vorliegend, $C_6H_2O_2(NOH)_2 \cdot H_2O$. Zu der Probelösung fügt man 2—4 cm^3 der Reagenslösung und einige kleine Kristalle Na-acetat. Kupfer ergibt einen braunen Niederschlag oder eine stark dunkelbraune Färbung.

Empfindlichkeit: 4 γ im cm^3.

Zur Sicherheit sollte eine Blindprobe angestellt werden. Die Reagenslösung muß stets frisch bereitet werden.

Störungen: Fe, Co, Cr und Ni geben ebenfalls Fällungen bzw. Färbungen, nicht dagegen Cd und Al.

17. Nachweis mit Pyrogallussäure.

Versetzt man eine Cu-Salzlösung mit einer Na_2SO_3-haltigen (kalt gesättigten) Lösung von Pyrogallussäure, v-$C_6H_3(OH)_3$ (Pyrogallol), so entsteht eine blutrote Färbung (ALIAMET).

Empfindlichkeit: 0,2 γ Cu im cm^3.

Ohne Na_2SO_3-Zusatz ist die Reaktion weniger empfindlich. Phenol bzw. Hydrochinon geben keine analoge Reaktion.

18. Nachweis mit Phenolphthalin.

Reagens: 2 g Phenolphthalein und 20 g KOH werden in 100 cm^3 Wasser gelöst und mit Zinkpulver (etwa 10 g) bis zur vollständigen Entfärbung gekocht, wobei das Phenolphthalin gebildet wird (KASTLE-MEYER-Reagenz).

Zu 10 cm^3 der Prüflösung werden 4 Tropfen der Reagenslösung und ein Tropfen H_2O_2 (5—6 Vol.%) gegeben, Cu zeigt sich durch rosa bis rote Farbe an (THOMAS und CARPENTIER).

Empfindlichkeit: Bei 1 : 10^7 tritt Rosafärbung nach 20 Sekunden, bei 1 : 10^8 erst nach einigen Minuten auf.

Störungen: Es sind keine Kationen bekannt, die einen gleichen Effekt haben. Das Reagens dient vor allem zum Nachweis pflanzlicher Oxydasen (KASTLE), von Blut und Eiter (MEYER).

Bei der Durchführung im stark alkalischen Medium können Spuren Kupfer durch evt. ausfallende Hydroxyde abgefangen werden.

KOLTHOFF und LINGANE arbeiten in weniger stark alkalischen Lösungen.

Reagens: 0,5 g Phenolphthalein werden in 100 cm^3 n NaOH gelöst und mit Zink bis zur Entfärbung auf dem Wasserbad erhitzt.

Zu 10 cm^3 der ungefähr neutralen Lösung werden 5 Tropfen 6 n Ammoniaklösung, 5 Tropfen 5 n Ammoniumchloridlösung und 4 Tropfen Reagens hinzugefügt. Tritt infolge der Anwesenheit von Oxydationsmitteln Rotfärbung auf, so ist die Reaktion unbrauchbar. Bleibt die Lösung farblos, fügt man 5—10 Tropfen einer 1%igen KCN-Lösung hinzu. Rosa- bzw. Rotfärbung zeigt Cu an.

Empfindlichkeit: Bei 0,1 γ in 10 cm^3 tritt nach 3 Minuten, bei 0,05 γ nach 15 Minuten die Farbe auf.

Es stören Oxydationsmittel wie $[Fe(CN)_6]^{3-}$, MnO_4^-, ClO^-, $S_2O_8^{2-}$, Au^{3+}, H_2O_2, ferner stören größere Mengen Ni, Co, Fe^{3+} und Mn. Bei komplexbildenden Stoffen ist eine größere Menge an KCN-Lösung zu nehmen.

19. Nachweis mit Nitroso-phenolphthalin.

Die Einführung einer NO-Gruppe in das Phenolphthalin (Reduktionsprodukt des Phenolphthaleins) mit nicht genau festgelegter Stellung im Molekül ergibt ein Reagens für Schwermetalle (KONECNY).

Man schüttelt die wässerige Lösung (mit Acetat gepuffert) mit einer Lösung des Reagenses in organischen Lösungsmitteln (Chloroform, Äther oder Benzol). Mit Cu-Salzen entstehen rote oder rosafarbene Niederschläge.

Andere Kationen reagieren ähnlich.

20. Nachweis mit o-Nitrosophenol.

Zur Probelösung gibt man die smaragdgrüne Lösung von o-Nitrosophenol, $NO \cdot C_6H_4OH$, in Petroläther, die etwas gewöhnlichen Äther enthält. Das Cu-Salz löst sich in der Ätherschicht mit tiefroter Farbe (BAUDISCH und ROTHSCHILD).

21. Nachweis mit 2-Nitroso-1-naphthol-4-sulfonsäure.

Cu-Salze geben in acetatgepufferter Lösung mit einer 1%igen Lösung der 2-Nitroso-1-naphtol-4-sulfonsäure eine orange Fällung bzw. in verdünnter Lösung eine Färbung (SARVER).

SO_3H / —NO / OH

An der Grenzkonzentration wird eine Blindprobe empfohlen.

Grenzkonzentration: 1 : 10000000 (10^{-7}).

Störungen: Co (rot) und Fe^{2+} (grün) reagieren ebenfalls. Fe^{3+}-Ionen können durch Fluorid ausgeschaltet werden; Cyanid-Ion stört.

22. Nachweis mit p-Aminophenol.

Zu 5 cm^3 der Prüflösung werden tropfenweise 1—2 cm^3 einer Lösung von salzsaurem p-Aminophenol (2% in Alkohol) hinzugefügt; Cu zeigt sich durch violette Fällung bzw. Färbung an (AUGUSTI [d]).

Empfindlichkeit: 150 γ in 5 cm^3.

Der Nachweis wird nicht durch Ag, Pb, Hg, Bi, Cd, Sn und die meisten Metalle der $(NH_4)_2S$-Gruppe gestört; Fe^{+++} gibt einen ähnlichen Niederschlag.

Eine zusammenfassende Tabelle weiterer Amine findet sich bei NASARENKO.

Für die Reaktion mit $p\text{-}H_2NC_6H_4OH$ bei der Gegenwart von KBr wird angegeben:

Grenzkonzentration: 1 : 500000 ($10^{-5,7}$).

m-Diaminophenol wird mit Cu und Fe^{3+} blutrot.

Grenzkonzentration: 1 : 1000000 (10^{-6}).

1,8-Aminonaphthol wird mit Cu und Fe^{3+} gelb.

Grenzkonzentration: 1 : 2000000 ($10^{-6,3}$).

23. Nachweis mit o-Dianisidin.

Zu der neutralen oder schwach essigsauren Cu-Salzlösung werden wenige Tropfen 2 n KSCN und 4—5 Tropfen einer Lösung von 1 g o-Dianisidin, gelöst in möglichst wenig Eisessig, auf 100 cm³ verdünnt und filtriert, hinzugefügt.

Es entsteht eine voluminöse, blaugraue Fällung, welche sich beim Kochen fast vollständig wieder löst. Beim Abkühlen erscheint die Fällung nicht wieder, aber die Flüssigkeit wird rotviolett.

Nach UBEDA und GONZALES ist diese Reaktion spezifisch für Kupfer.

24. Nachweis mit 2,7-Diaminofluoren.

Die Prüflösung, die keine SO_4-Ionen enthalten darf, dagegen Cl- oder NO_3-Ionen enthalten muß, wird mit dem doppelten Volumen an Alkohol verdünnt und mit einer 1%igen alkoholischen Lösung des 2,7-Diaminofluorens versetzt; bei der Gegenwart von Cu fallen dunkelbaue Flocken aus; die Lösung wird blaugrün.

Empfindlichkeit: 2,1 γ im cm³ (SCHMIDT und HINDERER).

Cd und Zn geben weiße Niederschläge, Co, Ni, Cr^{3+}, Mn und Mg reagieren nicht. SO_4-Ionen sind durch überschüssige $BaCl_2$-Lösung zu entfernen.

25. Nachweis mit 2,3-Diaminophenazin.

Mit einer $^1/_2$%igen alkoholischen Lösung des salzsauren 2,3-Diaminophenazins entsteht bei der Anwesenheit von Cu^{++} in einer neutralen wässerigen Lösung eine rote Färbung (PAVOLINI).

Grenzkonzentration: 1 : 6000000 ($10^{-6,8}$).

Störungen: Ebenfalls Fällungen ergeben Hg^{2+} (rot), Bi, Pb und Cd (gelb oder gelborange); Fe^{3+} und NH_4-Salze sind vor der Fällung zu entfernen.

26. Nachweis mit Oxin.

5 cm³ der Metallsalzlösung werden mit einigen Tropfen einer frisch bereiteten, 1%igen alkoholischen Oxinlösung versetzt und auf 80° erwärmt, bei Anwesenheit von Cu entsteht ein zeisiggrüner Niederschlag (BERG).

Grenzkonzentration: In schwach salpetersaurer Lösung 1:250000, in Na-acetathaltiger Lösung 1 : 630000, in ammoniakalischer Lösung 1 : 410000, in natronalkalischer tartrathaltiger Lösung 1:270000.

Im letzten Fall stören nur Cd, Zn und Mg, sonst ist das Reagens weniger spezifisch.

Über die Verwendung von Diazoderivaten des Oxins, die wenig spezifische und empfindliche Nachweise ergeben, siehe GUTZEIT und MONNIER, wie auch BOYD und Mitarbeiter.

27. Nachweis mit Resorufin.

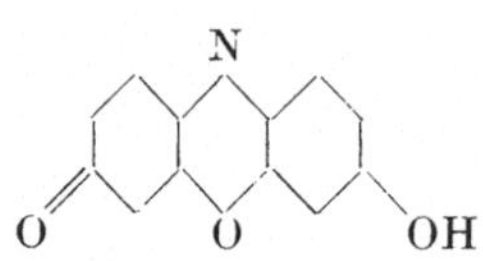

Eine schwach saure Cu-Salzlösung gibt mit einigen Tropfen Reagenslösung (0,2 g Resorufin in 5 cm³ 2 n NH_3 und 100 cm³ H_2O) einen dunkelvioletten Niederschlag ebenso wie diese mit Ag, Cd, Fe^{3+}, Al, Cr, Ni, Zn, Ba, Sr und in ammonsalzfreien Lösungen auch Pb und Mg.

Fe(II) und Dithionit stören (EICHLER).

28. Nachweis mit Thio-Michlers Keton.

Gibt man zu 10 cm^3 der mit 1 cm^3 10%igem Na-acetat gepufferten Probelösung einen Tropfen einer 0,1%igen Lösung von 4,4'- bis (Dimethylamino)-thiobenzophenon, $[(CH_3)_2NC_6H_4]_2CS$, in Aceton, so entsteht mit Cu^+-Salzen eine orange-rosa Farbe. Cu^{2+}-Salze werden mit salzsaurem Hydroxylamin reduziert (GEHAUF und GOLDENSON).

Grenzkonzentration: 1 : 1000000 (10^{-6}).

Störungen: Auch Hg^{2+} (blaugrün), Ag, Au, Pt und Pd (purpur) reagieren; As, Ba, Bi, Cd, Co, Cr(III), Fe, Mn(II), Ni, Os, Rb, Sb, Sn, Sr, Th, Tl, U, Zn und Zr geben keine Färbungen.

29. Nachweis mit Indo-oxim.

Das Chinolinchinon-(5,8) [8-Oxychinoyl(5)-amid]-(5), kurz Indo-oxim genannt, gibt mit Cu(II)-Salzen eine blaue Färbung bzw. Fällung (BERG und BECKER). 5 cm^3 der Probelösung, die 0,5 cm^3 2 n Essigsäure und 1 cm^3 konz. Na-acetatlösung enthält, werden mit 2—3 Tropfen einer 0,05%igen alkoholischen Indo-oxim-Lösung versetzt. Eine Cu-freie Blindprobe bleibt rot.

Empfindlichkeit: 0,1 γ in 1 cm^3.

Grenzkonzentration: 1 : 10000000(10^{-7}).

Viele andere Kationen reagieren ebenfalls.

30. Nachweis mit Piperonaloxim.

HC=NOH — O—CH₂ (Strukturformel)

Werden Cu-Salzlösungen mit Piperonaloxim und Na-Acetat oder Urotropin versetzt, so entsteht ein Niederschlag: Bei Cu(II) grün und bei Cu(I) bräunlich (HOVORKA und SYKORA [a]).

31. Nachweis mit Pyrazolderivaten.

Isonitroso-N-phenyl-pyrazolon gibt mit Cu(I)-Salzen einen dunkelbraunen, mit Cu(II)-Salzen einen hellgrünen Niederschlag, der sich durch Na-acetat dunkelbraun färbt. Viele andere Kationen geben ebenfalls Niederschläge (HOVORKA und SYKORA [c]).

Das 1-Phenyl-3-methyl-5-pyrazolon gibt ein schokoladenbraunes Cu-Salz (KNORR; WINTER).

32. Nachweis mit Farbstoffen.

a) Mit Anilingelb.

Cu-Salze geben in neutraler oder schwach saurer Lösung (acetatgepuffert $p_H = 5—5,2$) mit einer verdünnten wässerigen Lösung von Anilingelb eine violette Färbung.

Empfindlichkeit: 0,4 γ im cm^3 (KOLTHOFF [c]).

Störungen: Co, Ni, Mg und La reagieren ebenfalls.

b) Mit Direktgrün B.

Zu mehreren Proben der zu untersuchenden neutralen Lösung werden Farbstofflösungen (0,001% Direktgrün B in Wasser) in verschiedener Menge hinzugefügt. Hierauf wird 10 Minuten im siedenden Wasserbad erwärmt. Bei Anwesenheit von Cu erfolgt bei geeignetem Konzentrationsverhältnis ein Farbumschlag nach violettrosa. Am günstigsten ist p_H von 6 bis 9 und ein Verhältnis Farbstoff zu Cu 1 : 10 (SISLEY und DAVID).

Grenzkonzentration: 1 : 10000000 (10^{-7}).

Störungen: Hg, Fe und Cr geben mit dem Farbstoff Niederschläge; Ag ruft eine hellbraune Färbung hervor; diese Metallionen, wie auch Kolloide maskieren die Reaktion. Neutralsalze verzögern die Reaktion stark.

Über einen spektrochemischen Nachweis mit Direktgrün (Grenzkonzentration $10^{-5,4}$) sowie mit Benzoechtgelb 5 G1 berichtet STEARNS.

c) Mit Oxinviolett.

Das Oxin-violett ist nach STEIGMANN (a) spezifisch für Cu; reagiert aber auch mit anderen Ionen.

d) Mit Bordeaux B.

ALEXANDER benutzt Bordeaux B und einige weitere Farbstoffe zum Nachweis von Cu.

Empfindlichkeit: 1 γ in 10 cm³.

e) Mit Alizarinrot.

Natriumalizarinsulfonat ($NaC_{14}H_5O_2(OH)_2SO_3 \cdot H_2O$) gibt mit vielen Kationen gefärbte Lösungen oder Niederschläge (GERMUTH und MITCHELL).

Mit Cu-Salzen geben 0,3 cm³ einer 0,025%igen Lösung und einige Tropfen KOH einen roten Niederschlag, bzw. eine Färbung.

Empfindlichkeit: 2,55 γ in 10 cm³ (KARAOGLANOV).

Grenzkonzentration: 1 : 3920000 ($10^{-6,6}$).

f) Mit Fuchsin-Schwefligsäurelösung.

Mit Na_2SO_3 reduzierte Fuchsinlösung wird durch Cu-Salzlösungen gerötet (PFEIFFER und KADLETZ).

Erfassungsgrenze: 0,001 γ.

Die Reaktion ist nicht spezifisch (WÖBER).

33. Nachweis mit Urobilin.

Wird eine neutrale Kupfersalzlösung mit einigen Tropfen einer 0,1%igen Lösung von Urobilin, $C_{32}H_{40}N_4O_2$, in 60%igem Alkohol versetzt, so entsteht eine rosa bis purpurrote Färbung.

Empfindlichkeit: 0,1 γ Cu in 1 cm³ (BERTRAND und DE SAINT RAT).

Grenzkonzentration: 1 : 100000 (10^{-5}).

Eine Verschärfung dieses Nachweises kann durch Ausschütteln der Lösung mit Chloroform erfolgen (SAGASTUME und OLIVA).

Die Reaktion ist sehr spezifisch; keines der üblichen Kationen gibt eine ähnliche Reaktion. Zinksalze rufen eine grüne Fluoreszenz hervor. Fe(II)-Salze geben keine Reaktion, verstärken aber die Farbe des Kupfernachweises (BERTRAND und DE SAINT RAT).

Eine gleiche Reaktion wird nur noch von Hg gegeben (SAGASTUME und OLIVA).

34. Nachweis mit Hämatoxylin.

Ein Extrakt des Blauholzes bzw. eine alkoholische Lösung von Hämatoxylin ergibt mit Cu-Salzen eine violett-rote (WILDENSTEIN) bzw. eine blaue Färbung (BRADLEY).

Empfindlichkeit: 1 : 100000000 (10^{-8}) (BRADLEY).

Das Reagens gibt mit nahezu allen Schwermetallen gefärbte Verbindungen.

35. Nachweis mit Kolophonium.

Nach ROSENTHALER (d) kann der Nachweis von Kolophonium mit Kupferacetat in Umkehrung auch zum Kupfernachweis benutzt werden. Als Reagens wird eine 1%ige Lösung von Kolophonium in Petroläther oder Toluol verwandt.

Zu 1 cm^3 der zu prüfenden Lösung, welche Na-acetat enthält, wird 1 cm^3 der Reagenslösung hinzugefügt und gut durchgeschüttelt. Bei der Anwesenheit von Kupfer tritt eine deutliche Grünfärbung auf.

Empfindlichkeit: 6 γ Cu im cm^3.

Grenzkonzentration: 1 : 167000 ($10^{-5,2}$).

Die Empfindlichkeit kann noch gesteigert werden, wenn man die Lösung eindunsten läßt und den zurückgebliebenen Film beobachtet.

Störungen: Es stören Fe^{3+}, Al und Mn.

Anmerkung: Das benutzte Kolophonium ist vorher mit Kupferacetat auf seine Eignung zu prüfen.

36. Nachweis durch Oxydation von Cystein und Glutathion.

Die Oxydation von Cystein und reduziertem Glutathion mit H_2O_2 wird durch Cu- und Fe-Ionen sowie Thioharnstoff katalysiert.

Zu 1 cm^3 einer 1%igen salzsauren Cysteinlösung bzw. einigen cm^3 einer 2%igen Lösung von SH-Glutathion wird die Cu-haltige Lösung gegeben, auf 5 cm^3 aufgefüllt, und es werden 0,5 cm^3 0,44 n H_2O_2 hinzugefügt. Die Oxydation wird im Polarimeter verfolgt und mit einer Cu-freien Lösung verglichen.

Erfassungsgrenze: 1 γ (PIRIE).

Es stört Fe-Ion; bei Gegenwart von Phosphat wird die Fe-Katalyse beim Cystein gehindert, die von Cu dagegen nicht.

37. Nachweis mit Kakothelin.

5 cm^3 der neutralen oder nur schwach sauren Probelösung werden mit einigen Tropfen einer neutralen 0,1 m Eisen(III)-chloridlösung und so lange tropfenweise mit einer n Thiosulfatlösung versetzt, bis die vorübergehend auftretende Violettfärbung ausbleibt. Dann gibt man 1—2 cm^3 Formalinlösung (35—40%ig) und 2 Tropfen einer 5%igen Kakothelinlösung (Nitroverbindung von Brucin unbekannter Struktur) hinzu und verdünnt mit 5n Schwefelsäure bis zum doppelten Volumen. Cu^{2+} ergibt eine Violettfärbung (LANG).

Empfindlichkeit: 10 γ in 5 cm^3.

Methylenblau reagiert analog.

38. Nachweis mit Thiocarbin.

Das durch das Kochen von Natriumthiosulfat, $Na_2S_2O_3$ mit Glyzerin entstehende, nicht isolierte Reaktionsprodukt, von STEIGMANN (b) „Thiocarbin" genannt, bildet mit Ag, Cu, Au, Hg, Cd und Pb farbige sehr schwer lösliche Niederschläge.

39. Nachweis mit Thioderivaten des Salicylaldehyds.

Schwefelabkömmlinge des Salicylaldehydäthylendiamins bilden in Chloroform lösliche Metallkomplexe; das Cu-Salz ist dunkelorange.

Empfindlichkeit: 0,4 γ im cm^3 (BECK).

Viele andere Kationen stören.

40. Nachweis mit Thiohydantoinderivaten.

HN—C=O
S=C C=NOH
N
H

Cu-Salze geben mit der wässerigen Lösung des Kaliumsalzes von 5-Isonitroso-2-thiohydantoin einen dunkel-rotbraunen Niederschlag (DUBSKY und VRBOVA).

Viele andere Kationen geben ebenfalls Fällungen.

Für einige Kondensationsprodukte des 2-Thiohydantoins liegen folgende Angaben vor (DUBSKY und Mitarbeiter [b]):

Kondensiert mit	Farbe	Erfassungsgrenze	Grenzkonzentration
Nitrosodimethylanilin	schwarzviolett	0,15	1 : 33000 ($10^{-4,5}$)
Nitrosodiphenylamin	dunkelblau	0,6	1 : 33300 ($10^{-4,5}$)

Eine 2%ige alkoholische Lösung von Dimethyldithiohydantoin gibt in saurer wie ammoniakalischer Lösung eine gelborange bis braune Fällung (CALZALARI).

Erfassungsgrenze: 20 γ.

Störungen durch Ag^+ und Hg^{2+} können durch HCl bzw. $SnCl_2$ ausgeschaltet werden; andere Kationen stören nicht.

41. Nachweise mit Thiazol und verwandten Stoffen.

Anschließend an das Merkaptobenzthiazol (SPACU und KURAŠ) wurden systematisch die Imid- und Oxazole, auch substituierte Thiodiazole usw. untersucht.

N
C—SH
S

Alle Stoffe sind nicht spezifisch; die Salzbildungstendenz nimmt von den Thiazolen über die Imidazole zu den Oxazolen ab (KURAŠ).

Das NH_4-Salz des Dimerkaptothiodiazol, von DUBSKY und OKAČ Wismutiol I genannt, reagiert mit vielen Kationen insbesondere der zweiten analytischen Gruppe. Für die gelbbraunen Cu^{2+}-Verbindungen wird die *Grenzkonzentration* 1 : 600000 ($10^{-5,6}$) (RÂY und GUPTA) angegeben.

Auch das 4-Phenyl-derivat (Wismutiol II) ist nicht spezifischer (DUBSKY und OKAČ).

42. Nachweis mit 1,2-Dithiol-3-thionen.

Die Phenylderivate von 1,2-Dithiol-3-thion geben einen spezifischen Nachweis für Cu.

(4) H_2C—C=S
(5) H_2C S
S

Man bringt eine gesättigte ätherische Lösung des 4- bzw. 5-Phenylderivates auf Filtrierpapier und läßt trocknen. Fügt man einen Tropfen der wässerigen Probelösung hinzu, so entsteht bei der Anwesenheit von Cu^{++} eine schokoladenbraune, bei der Anwesenheit von geringen Spuren nur eine rosa Färbung (VORONKA und ČIPER).

Empfindlichkeit: 0,4 γ im cm^3.

Der Nachweis wird von keinem anderen Kation gegeben.

43. Biologische Nachweise.

Geringe Cu-Mengen hemmen den fermentativen Abbau der Stärke durch Diastase (EWERTH).

Man gibt in 7 Gläschen je einen Tropfen der Probelösung, zwei Tropfen Diastaselösung (1: 2 · 10^6) und 10 Tropfen Stärkelösung (1: 3000); die gleiche Anzahl Reagensgläschen wird als Kontrollprobe statt mit der Probelösung mit einem Tropfen destilliertem Wasser beschickt. Nach 1—1½ Stunden werden zu den

Gläschen zwei kleine Tropfen Jodlösung gegeben; Cu-haltige Lösungen werden blau gefärbt, die Vergleichslösungen bleiben farblos bzw. hellrot.

Erfassungsgrenze: 0,03 γ Cu bei völliger Hemmung, 0,001 γ und weniger bei noch merklicher Hemmung der Diastasewirkung (WÖBER).

Nach BAUMGARTEN und LUGER wird eine 1%ige Stärkelösung mit 3 Teilen Diastaselösung (1 : 5000) versetzt, und 4 cm^3 dieser Mischung werden zu der gleichen Menge Probelösung hinzugefügt. Als Kontrolle dient eine Probe mit destilliertem Wasser. Die Röhrchen werden in den Brutofen gebracht und nach vollständigem Abbau der Vergleichsprobe (½—1 Stunde) mit Jodlösung geprüft.

Empfindlichkeit. Vollständige Hemmung der Diastase bei 0,04 γ Cu in 4 cm^3, teilweise Hemmung ist noch zu beobachten bei 0,0004 γ in 4 cm^3.

Die Reaktion ist nicht spezifisch.

Das Wachstum und das Aussehen des Mycels und der Sporen von *Aspergillus niger* können zur Bestimmung von Kupferspuren im Boden benutzt werden (SMIT und MULDER).

Der Pilz wird nach Aussaat von Impfsporen auf kupferfreier Nährlösung beobachtet. Fehlen von jeglicher Kupfermenge verhindert vollständig das Wachstum, bei 0,05 γ in 40 cm^3 bildet sich ein steriles, weißes Mycel, 0,1 γ führen zur Ausbildung geringer Mengen gelber Sporen, mit zunehmender Kupfermenge werden diese dunkler, bei 3 γ ist eine normale Entwicklung von schwarzen Sporen innerhalb von 4 Tagen bei 30° zu beobachten.

§ 7. Mikrochemische Nachweise mit organischen Reagenzien.

A. Analytisch wichtige Reaktionen.

1. Nachweis mit Rubeanwasserstoff.

Der Nachweis mit Rubeanwasserstoff, Dithiooxamid, $H_2N \cdot CS \cdot CS \cdot NH_2$, kann bei der mikrochemischen Tüpfelprobe auf Papier spezifisch gestaltet werden.

Ein Tropfen der nahezu neutralen Probelösung wird auf das Tüpfelpapier gebracht, in Ammoniakdämpfe gehalten und mit einem Tropfen der frisch bereiteten Reagenslösung (½%ig in Alkohol) behandelt. Ein schwarzer Fleck oder Kreis zeigt Kupfer an.

Empfindlichkeit. 0,006 γ in 0,015 cm^3.

Grenzkonzentration: 1 : 2500000 ($10^{-6,4}$) (FEIGL [b]); nach „Tabellen" 2. Bericht nur 10^{-5}, bei 10^{-6} noch durch eine Vergleichsprobe erkennbar.

Störungen: Der Nachweis wird durch Pb, Bi, Cd, As, Sb, Sn, Au, Pt, Se, Te, Mo, W, V und Tl im 100fachen Überschuß nicht gestört.

Ni gibt einen violetten, Co einen dunkelbraunen Fleck, Hg^+ stört durch Reaktion mit NH_3; Ag^+ und Hg^{2+} geben braune Flecken und stören bei größerem Überschuß.

Die Störung durch Ag kann aufgehoben werden durch Zugabe einiger Kriställchen KBr zur essigsauren Probelösung, größere Mengen Au werden durch Reduktion mit KNO_2 entfernt. Die Störungen durch Ni und Co können durch Kapillarwirkung aufgehoben werden: Cu reagiert in essigsaurer Lösung momentan, während Co und Ni langsam und erst bei niederen Essigsäurekonzentrationen gefällt werden. Zum Nachweis von Cu neben Co und Ni wird ein Tropfen einer essigsauren Probelösung auf das mit Reagens imprägnierte Papier gebracht. In der Mitte bildet sich bei der Anwesenheit von Kupfer sofort ein dunkelgrüner bis schwarzer Fleck, während Co und Ni diffundieren und einen gefärbten Ring geben. Bei der Anwesenheit beider Metalle geben FEIGL und KAPULITZAS an:

Erfassungsgrenze: 0,05 γ Cu bei 20000fachem Überschuß an Ni.

Grenzkonzentration: 1: 1000000 (10^{-6}).

Erfassungsgrenze: 0,25 γ Cu bei 2000fachem Überschuß an Co.

Grenzkonzentration: 1: 200000 ($10^{-5,3}$).

Soll der Nachweis nur neben Co geführt werden, so verwendet man zweckmäßig statt der essigsauren eine neutrale Lösung.

Erfassungsgrenze: 0,05 γ Cu bei 20000fachem Überschuß an Co.

Grenzkonzentration: 1: 1000000 (10^{-6}).

Nach WEST verhindert eine wässerige 20%ige Lösung von Malonsäure die Störung durch Fe, Co und Ni, wässeriges 10%iges Äthylendiamin die Störung durch Ag. Man gibt nacheinander je einen Tropfen der Malonsäure, der Probe, des Äthylendiamins und der Reagenslösung auf das Testpapier.

Erfassungsgrenze: 0,3 γ.

Grenzkonzentration: 1: 100000 (10^{-5}).

Einen mikrochemischen Nachweis als Fadenreaktion (Erfassungsgrenze 0,002 γ und in der Kapillare (Erfassungsgrenze 0,002 γ) beschreibt RÂY; als Reagens wird eine Lösung von einigen Tropfen einer gesättigten Lösung von Rubeanwasserstoff in Isobutylalkohol verwendet.

2. Nachweis mit Antipyrin.

Cu^{2+}-Salze bilden mit Antipyrin (1-Phenyl-2,3-dimethylpyrazolon-5) bei Gegenwart von CNS-Ionen $[Cu(CNS)_4](CuAnt_4)$, das in Chloroform löslich ist (SOUCHAY).

HC = CCH$_3$
| |
OC NCH$_3$
\N/
|
C$_6$H$_5$

Ein Tropfen der neutralen Probelösung wird mit 3 Tropfen nHCl angesäuert, 3 Tropfen Chloroform, 1 Tropfen einer 10%igen wässerigen Antipyrinlösung und 1 Tropfen einer 5%igen KCNS-Lösung werden hinzugegeben. Bei Anwesenheit von kleinen Mengen Cu färbt sich die Chloroformschicht nach Umschütteln rotorange oder braunviolett (OKAČ).

Grenzkonzentration: 1 : 100000 (10^{-5})

Bei der Grenzkonzentration 10^{-6} wird die Reaktion zweifelhaft, aber bei weißem Untergrund ist die Farbe noch sichtbar.

Die Elemente Ag, Hg^{2+}, Pb, Bi, Cd, Sb, Sn, V, Al, Cr, Ce, Be, Tl^{+}, Zn, Mn, Ni, Ba, Sr, Ca und Mg stören weder in hundertfachem Überschuß, noch vermindern sie die Empfindlichkeit. Co stört durch eine Blaufärbung; Fe^{3+} gibt eine intensiv rote Farbe, die aber durch KF maskiert werden kann, wobei die Empfindlichkeit auf $10^{-4,7}$ herabgesetzt wird.

Die Anionen $[AuCl_4]$, $[PtCl_6]^{2-}$, MoO_4^{2-}, CrO_4^{2-}, $[Fe(CN)_6]^{4-}$ stören durch Bildung unlöslicher Niederschläge.

Nach KOLTHOFF und HAMER erhält man — ohne Ausschütteln mit $CHCl_3$ — eine violette Fällung.

Pyramidon gibt im schwach sauren Medium eine ähnliche Reaktion. Nach SOUCHAY handelt es sich hierbei um ein Oxydationsprodukt des Pyramidons.

B. Weitere Reaktionen.

1. Nachweis mit Xanthogenaten.

(Vorbemerkung unter § 6 B 1).

Das Tüpfelpapier wird mit einer alkoholischen Lösung der Xanthogenate getränkt, ein Tropfen der Probelösung hinzugefügt und über konzentrierte Salzsäure gehalten.

Xanthogenat des	Empfindlichkeit in 0,05 cm³	Grenzkonzentration
Äthyls	0,5	10^{-5}
Isoamyls	0,4	$10^{-5,1}$
Cetyls	0,25	$10^{-5,3}$
Myricyls	0,25	$10^{-5,3}$

Molybdänsäure stört den Nachweis.

Für die Tüpfelreaktion mit Cellulosexanthogenat (Viskose) gibt TAMCHYNA (b) an: *Erfassungsgrenze* 0,25 γ in 0,05 cm³, *Grenzkonzentration:* 1:400000 ($10^{-5,7}$) (Reagenslösung s. Anmerkung bei § 6 B1).

Störungen: Cu als Cyanidkomplex reagiert nicht; ähnliche Reaktionen geben: Pb (rot), Bi (braunrot) und Co (grünbraun).

2. Nachweis mit Benzoinoxim.

Ein Tropfen der schwach sauren Probelösung wird mit einem Tropfen einer 5%igen alkoholischen Benzoinoximlösung versetzt und über NH_3 gehalten. Eine grüne Färbung zeigt Kupfer an (FEIGL [c]).

Sind viele durch NH_3 fällbare Ionen vorhanden, so wird ein Tropfen Weinsteinlösung (10%ige Lösung von Kaliumhydrogentartrat) vor Zugeben der Reagenslösung hinzugefügt. Zum Nachweis kann auch Papier benutzt werden, das mit einer 5%igen Benzoinoximlösung getränkt und getrocknet ist (KISSER und LETTMAYR).

Erfassungsgrenze: 0,18 γ (FEIGL [b]).

Grenzkonzentration: 1: 500000 ($10^{-5,7}$).

Störungen: Durch Tartrat-Ionen wird die Empfindlichkeit herabgesetzt. Es stören größere Mengen von Ammoniumsalzen und starke Säuren, die abgeraucht werden müssen. Durch Nachweis in der Kapillare kann die

Erfassungsgrenze auf 0,004 γ (Grenzkonzentration: 1: 500000) herabgesetzt werden (THOMSON).

Bei der Ausführung als „Akroreaktion" ist die

Erfassungsgrenze: 0,0015 γ (SKALOS); **Grenzkonzentration:** 1: 333000 ($10^{-5,5}$).

3. Nachweis mit Benzidin.

Auf Filtrierpapier wird ein Tropfen der Probelösung und in die Mitte ein Tropfen der Benzidinlösung und ein Tropfen einer heiß gesättigten KBr-Lösung gebracht. Bei Anwesenheit von Kupfer entsteht ein blauer Fleck oder Ring.

Empfindlichkeit: 0,5 γ in 0,05 cm³ (FEIGL und NEUBER; FEIGL [b]).

Grenzkonzentration: 1: 75000 ($10^{-4,9}$); $10^{-4,7}$ (OKAČ und CELECHOWSKY).

Als Reagenslösung dient eine 10%ige Lösung von Benzidin in Essigester, welche mit Wasser auf das Zehnfache verdünnt wird; nach Durchschütteln wird vom Ungelösten abfiltriert.

TANANAEFF verwendet statt des KBr einen Tropfen gesättigter KCN-Lösung.

Nach KUHLBERG (a) ist statt KBr eine Rhodanidlösung zu verwenden, wodurch die Reaktion empfindlicher wird.

Empfindlichkeit: 0,18 γ in 0,03 cm^3.

Grenzkonzentration: 1: 170000 ($10^{-5,2}$).

Über eine Benzidin-Reaktion bei Gegenwart von HCN s. § 6 B 12 bei Guajakharz. Die Reaktion beruht, wie auch der Nachweis mit Benzidin, auf einer Oxydation des Amins durch zweiwertiges Kupfer.

Zu ½ cm^3 der Probe gibt man einen Tropfen $K_2Hg(CNS)_4$-Lösung (bereitet aus 38 g KSCN in 100 cm^3 H_2O und 62 g $Hg(CNS)_2$; filtrieren und auffüllen auf 400 cm^3) und einen Tropfen Benzidinacetatlösung (0,4 g Benzidin werden mit 4 cm^3 Eisessig erhitzt, mit 95 cm^3 heißem Wasser versetzt und filtriert); Cu^{2+} gibt eine blaue Farbe (SIERRA und SIERRA).

Grenzkonzentration: 1: 2000000 ($10^{-6,3}$).

Störungen: Cd^{2+} und Zn^{2+} geben Fällungen, die bei Anwesenheit von Cu violett sind. Mn^{2+}, Al^{3+}, Ni (in kleinen Konzentrationen), As^{3+} und Pb^{2+} stören nicht; Störungen durch Fe^{3+} und Co^{2+} werden mit NH_4HF_2 ausgeschaltet, von Bi^{3+} durch Na-Acetat, von Hg^{2+} und Ag^+ durch 20%ige KCNS-Lösung.

Oxydationsmittel geben ebenfalls eine Blaufärbung.

4. Nachweis mit o-Tolidin.

Verwendet man statt des Benzidins o-Tolidin, so wird die Reaktion empfindlicher, auch ist das Reagens stabiler (KUHLBERG [a]).

Ausführung: **a)** Bei Abwesenheit starker Oxydationsmittel.

Zu einem Tropfen der Prüflösung fügt man, um Störungen durch Fe(III) und Ag auszuschließen, einen Tropfen einer an NaF und NH_4Cl gesättigten Lösung. Ohne abzufiltrieren wird mit der Reagenslösung (0,1 g o-Tolidin und 0,5 g NH_4SCN in 5 cm^3 Aceton) auf dem Papier getüpfelt.

b) Bei Anwesenheit starker Oxydationsmittel.

0,2—0,5 cm^3 der zu untersuchenden Lösung werden mit 2—3 Tropfen n/2 Schwefelsäure und 0,2 cm^3 flüssigem Wismutamalgams versetzt, kräftig geschüttelt und abfiltriert. Zum Filtrat werden 1—2 Tropfen einer 10%igen Eisen-ammonium-alaunlösung und 2—3 Tropfen einer an NaF und CH_3-COONa gesättigten Lösung versetzt; dann wird die Reaktion ausgeführt.

Erfassungsgrenze: 0,003 γ.

Grenzkonzentration: 1: 5000000 ($10^{-6,7}$)

Störungen treten ein durch Ag, Hg(I), Fe(II), Fe(III), Tl(III), Ce(IV), Au(III), $PtCl_6^{2-}$ und große Mengen Mn.

Störungen durch Ag und Fe(III) werden durch NH_4Cl und NaF aufgehoben. Die Oxydationsmittel können durch Wismutamalgam zerstört werden, durch Fe(III) wird Cu(I) wieder oxydiert. Bei Gegenwart von viel Mn, das bei langer Wechselwirkung mit dem Reagens hellblaue Flecke bildet, ist ein Parallelversuch mit gesättigter Mangansulfatlösung durchzuführen.

5. Nachweis mit Diphenylthiocarbazon.

Der in § 6 B 7 beschriebene Nachweis ist auch als Tüpfelreaktion auf Papier oder auf der Platte durchzuführen.

Um die Braunfärbung deutlich erkennen zu können, muß eine stärkere Reagenslösung als beim Makronachweis verwendet werden (10 mg Dithizon in 100 cm^3 CCl_4).

Erfassungsgrenze: 0,2 γ in 0,05 cm^3 (FISCHER [b]).

6. Nachweis mit 1,2-Diaminoanthrachinon-3-sulfonsäure.

(vgl. § 6 B 9).

Ein Tropfen der Probelösung wird auf der Tüpfelplatte mit einem Tropfen der Reagenslösung (0,05 g Säure in 100 cm^3 Wasser) durchmischt und mit einem Tropfen n Natronlauge alkalisch gemacht. Ein Farbumschlag von rotviolett nach kornblumenblau zeigt Cu an (BALLABAN).

Erfassungsgrenze: 0,02 γ.

Grenzkonzentration: 1 : 2500000 ($10^{-6,4}$).

Es stören Co und Ni; NH_4-Salze setzen die Empfindlichkeit herab; Hg_2^{2+} stört in 800facher, Mg^{2+} in 200facher Menge (OKAČ und CELECHOWSKY).

Zum Tüpfeln werden Streifen mit obiger Lösung getränkt und bei Zimmertemperatur getrocknet. Das Papier ist gut haltbar. Zum Nachweis wird ein Tropfen Probelösung auf dem Papier unter gelindem Erwärmen nahezu eingedunstet und mit n Natronlauge zentral angetüpfelt, es entsteht auf dem rotvioletten Papier ein blauer Fleck oder ein blauer Ring.

Störungen: Durch Ammonsalze wird die Empfindlichkeit der Reaktion vermindert bzw. die Reaktion unterbleibt. Durch Abrauchen kann diese Störung behoben werden.

Nach MALATESTA und DI NOLA geben Co und Ni eine gleichartige Reaktion. Beim Tüpfeln stören außerdem Al^{3+} in 20facher, Mn in 200facher Menge (OKAČ und CELECHOWSKY). Zum Nachweis neben Nickel und Kobalt wird nach BALLABAN ein Tropfen der schwach sauren Probelösung auf Filtrierpapier eingedunstet (90—100°), mit SO_2-haltiger n KSCN-Lösung angetüpfelt und erneut getrocknet. Dadurch wird das Cu als Cu(I)-rhodanid fixiert. Das Papier wird 6—8mal gebadet und nochmals getrocknet und mit der alkalischen Reagenslösung (0,05 g Säure in 50 cm^3 H_2O und 50 cm^3 1 n NaOH) behandelt.

Das als Cu(I)-rhodanid vorliegende Cu bildet das blaue Komplexsalz.

7. Nachweis mit Hämatoxylin.

Eine Gelatineplatte, welche mit 1%iger Hämatoxylinlösung getränkt und dann getrocknet ist, gibt mit Cu-Salz einen violetten bis blauen Kern mit äußerem rotem Rand (75—250fache Vergrößerung).

Empfindlichkeit: 0,03 γ in 0,01 cm^3 reagieren nach 2—3 min (DUVAL).

Störungen: Ni, Co, Fe^{2+}, Fe^{3+}, Zn, Mn, Ce, UO_2, VO, Ti, Hg^+, Hg^{++}, Sn, Sb, Tl, Bi, Cd, Al, Cr, CrO_4, Be, Pt, Erdalkali- und Alkali-Ionen geben grüne oder graue Färbungen und stören nicht ernstlich.

Cu^+ gibt keine Reaktion.

Ag gibt eine feuerrote, Au eine violette Farbe, diese Ionen sollen aber die Erkennung von Cu in Mischungen nicht verhindern; mit NH_3 wird der Farbstoff dunkelviolett.

8. Nachweis mit FEIGL-Rhodanin.

Auf der Tüpfelplatte wird ein Tropfen der schwach sauren oder neutralen Probelösung mit einem Kriställchen Na_2SO_3 verrührt, und ein Tropfen der gesättigten alkoholischen Reagenslösung wird hinzugesetzt; eine Rotfärbung zeigt Kupfer an.

Erfassungsgrenze: 0,6 γ (FUNAKOSHI; FEIGL [b]).

Grenzkonzentration: 1 : 80000 ($10^{-4,9}$).

(Allgemeines und die Störungen siehe beim Makronachweis § 6 B 10.)

9. Nachweis mit Alizarinblau.

Alizarinblau kann als eine Kombination von Alizarin und 8-Oxychinolin angesehen werden (FEIGL und CALDAS). Es bildet ein in stark saurer Lösung unlösliches Cu-Salz.

Als Reagens wird eine gesättigte Lösung (0,2%) in Pyridin benutzt. Die Eigenfarbe des überschüssigen Farbstoffes kann durch Essigsäureanhydrid entfernt werden; das Cu-Salz wird hierbei nicht angegriffen.

O
O
HO
N
OH

Ausführung: Ein Probetropfen wird auf der Tüpfelplatte getrocknet und zu dem noch warmen Rückstand ein Tropfen der Reagenslösung hinzugefügt. Das Pyridin wird abgedampft, und 1—2 Tropfen Essigsäureanhydrid werden hinzugegeben. Bei Anwesenheit von Cu hinterbleibt ein blauer Rückstand, der fest an der Porzellanplatte haftet.

Erfassungsgrenze: 0,0025 γ.

Grenzkonzentration: 1 : 20000000 ($10^{-7,3}$).

Nur Ni gibt unter diesen Reaktionsbedingungen ebenfalls einen blauen Rückstand. Zur Unterscheidung von Ni wird Cu mit Kupferron gefällt und in dieser Form mit $CHCl_3$ extrahiert.

Zum Nachweis von Cu in Ni-Metall oder -Salzen verfährt man folgendermaßen. 0,1 g Ni oder Ni-Salz wird gelöst und auf etwa 100 cm^3 aufgefüllt; 1—2 Tropfen einer wässerigen 6%igen Kupferron-Lösung werden hinzugefügt, und mit etwa 5 cm^3 $CHCl_3$ wird das Kupferronat extrahiert. Die $CHCl_3$-Schicht wird eingedampft und der Nachweis wie oben durchgeführt.

0,000025% Cu in Ni können so noch erkannt werden.

10. Nachweis mit 2,2-Dichinoyl.

Allgemeines s. § 6 B14.

Zu einem Tropfen der Probelösung ($p_H > 3$) werden einige Kristalle salzsauren Hydroxylamins und drei Tropfen einer gesättigten äthylalkoholischen Reagenslösung gegeben; eine Purpurfarbe zeigt Cu an (HOSTE).

Grenzkonzentration: 1 : 1000000 (10^{-6}).

Die Reaktion ist spezifisch (vgl. § 6 B14).

Eine durch Hydroxylamin hervorgerufene Fällung soll vor der Zugabe der Reagenslösung abfiltriert werden, Fe(III) wird durch Tartrat-Ionen gebunden. Alle übrigen Kationen stören selbst in 5000fachem Übercshuß nicht, es sei denn durch ihre Eigenfarbe, dies gilt besonders für Co und Nd.

C. Weniger empfehlenswerte bzw. unsichere Reaktionen.

1. Nachweis mit organischen Basen.

Viele organische Basen sind wie das NH_3 zur Bildung von Amminkomplexen befähigt. Bei einigen Anionen werden kristalline Niederschläge gebildet. Doch reagieren viele Schwermetalle ähnlich wie Cu, so daß die folgenden Reaktionen wenig spezifisch sind, aber in reinen Salzlösungen zur Identifizierung herangezogen werden können.

a) mit Urotropin (Hexamethylentetram,in $C_6H_{12}N_4$).

Cu-Salze geben in schwach saurer Lösung mit einer 10%igen wässerigen Urotropinlösung und einer äquimolaren NH_4SCN-Lösung langsam grüngelbe Dendrite, Rechtecke oder Rauten.

Erfassungsgrenze: 0,2 γ (KORENMAN [d]).

In neutraler Lösung entsteht eine amorphe Fällung. GEILMANN benutzt festes Urotropin und eine 20 %ige NH_4CNS-Lösung. Es entstehen hellgelbe, schräg abgeschnittene Prismen mit schiefer Auslöschung. Wird NH_4SCN durch KJ ersetzt, so entstehen auch in saurer Lösung nur gelbbraune amorphe Niederschläge.

Erfassungsgrenze: 2 γ (KORENMAN [c]).

Verwendet man gesättigte Lösungen von Urotropinsulfat und von NH_4SCN, so entstehen hellgelbe bis rotbraune Kristalle.

Erfassungsgrenze: 0,05 γ (MARTINI [c]).

b) mit Anilin ($C_6H_5 \cdot NH_2$).

Zum Cu-haltigen Probetropfen wird NH_3 im Überschuß hinzugefügt und dann ein Tropfen Anilin und ein Tropfen einer gesättigten NH_4SCN-Lösung. Es entsteht ein grüner Kristallniederschlag (MARTINI [a]).

KORENMAN (e) verwendet als Reagenslösung eine Mischung aus gleichen Teilen Anilin und Wasser, der unter Schütteln so viel HCl zugesetzt wird, daß eine klare Lösung entsteht, die dann mit NH_4SCN gesättigt wird.

Ein Tropfen der Reagenslösung ergibt mit einem Tropfen der Probelösung gelbgrüne Dendrite oder lange Nadeln.

Erfassungsgrenze: 0,05 γ.

Nur Cd stört, nicht dagegen Zn, Mn, Co oder Ag (ein zunächst entstehender Niederschlag löst sich im Überschuß auf).

DWYER und MURPHY benutzen zum Nachweis das Anilinrhodanid; Mischungen von Anilin und NH_4SCN oder der getrennte Zusatz der beiden Komponenten ergeben geringere Empfindlichkeit. Es entsteht mit Cu-Salz ein feinkörniger Niederschlag von gelben Nadeln.

Empfindlichkeit: 0,014 γ im Tropfen.

Ein Tropfen der neutralen oder alkalischen Prüflösung wird zusammen mit einem Tropfen Anilin auf Filtrierpapier gebracht. Bei der Anwesenheit von Cu entsteht eine grüne Färbung (PYSCHKIN und LUKIN).

Empfindlichkeit: 0,025 γ Cu.

Grenzkonzentration: 1 : 40000.

c) mit Pyridin (C_5H_5N).

Der Probetropfen wird ammoniakalisch gemacht, dann je ein Tropfen einer gesättigten NH_4SCN-Lösung und Pyridin hinzugefügt. Cu-Salze geben eine grüne kristalline Fällung (MARTINI [a]).

Ein gut kristallisierendes Perchlorat beschreiben SHEAD und BAILEY.

Über das Rhodanid § 6 A4, Permanganat § 5 C2, Chromat § 5 C3.

d) mit Chinolin (C_9H_7N).

Ein Tropfen der salzsauren Chinolinlösung gibt bei Gegenwart von KJ mit Cu-Salzen dunkelbraune Kristalle (Rhomboeder und Stäbchen).

Erfassungsgrenze: 0,2 γ (KORENMAN [f,h]).

Chinolin und konzentrierte NH_4SCN-Lösung geben mit Cu-Salzen in neutraler Lösung einen grünen kristallinen Niederschlag (Rechtecke, Rhomben und Rosetten).

Erfassungsgrenze: 0,15 γ (KORENMAN [f,h]).

e) mit Isochinolin.

Reagens (nicht haltbar): gleiche Raumteile 0,4 n NH_4SCN und Isochinolinlösung (aus 26 g Base in 200 cm^3 n HCl auf 500 cm^3 aufgefüllt).

Je ein Tropfen Reagens und Probelösung ergeben hellgrüne Kristalle (SCHAEFFER [a]).

Grenzkonzentration: 1:15000 ($10^{-4,2}$).

Störungen: Auch mit anderen Ionen entstehen kristalline Fällungen, aber nicht von grüner Farbe.

Als Tüpfelreaktion wird auf Papier je ein Tropfen der Isochinolinlösung, der NH_4SCN-Lösung und nach Antrocknen ein Tropfen der angesäuerten Probelösung gebracht. Cu^{2+} ergibt eine gelbgrüne Farbe. Bei Gegenwart von Co ist das gelbgrüne Zentrum von einem blauen Ring umgeben (SCHAEFFER [b]).

f) mit Naphthylamin.

Auf der Tüpfelplatte werden 1—2 Tropfen 2n KSCN-Lösung mit zwei Tropfen β-Naphtylaminlösung (gesättigt in Alkohol) und einem Tropfen der Probelösung versetzt.

Cu gibt einen schokoladebraunen Niederschlag (SPACU [c]).

Erfassungsgrenze: 0,18 γ.

Grenzkonzentration: 1 : 80000 ($10^{-4,9}$).

Die meisten Kationen stören nicht, außer Au^{3+} (braune Fällung) und Fe^{3+} (Fällung von $Fe(OH)_3$.

Mit Na_2SO_4-Lösung anstelle von KSCN ist die Reaktion weniger empfindlich.

Erfassungsgrenze: 2 γ.

Führt man die Reaktion analogerweise mit Rhodanid und einigen Tropfen einer 4%igen alkoholischen α-Naphthylaminlösung aus, so entsteht durch Cu eine blauviolette Fällung bzw. Färbung (UBEDA und ALLOZA).

Grenzkonzentration: 1 : 300000 ($10^{-5,5}$).

Mit Hg^{2+} gibt es eine gelbe Fällung.

g) mit Acridin.

Zum Nachweis als Acridinkomplex, z. B. $Cu(SCN)_2H(C_{13}H_9N)$ wird als Reagens eine Lösung verwendet, die 0,4 m an Ammonrhodanidlösung und 0,02 m an salzsaurem Acridin ist.

Die zu untersuchende Lösung soll neutral reagieren.

Bei der Anwesenheit von Cu entsteht zunächst ein lichtbrauner, staubförmiger Niederschlag, in dem sich nach kurzer Zeit unter dem Mikroskop gut erkennbare dunkle Nadeln ausscheiden, diese Nadeln sind im allgemeinen wie die Stachel eines Igels angeordnet.

Erfassungsgrenze: 5 γ (LANGER).

Grenzkonzentration: 1 : 400 ($10^{-2,6}$).

Nach MARTINI (b) verfährt man folgendermaßen:

Ein Tropfen der zu untersuchenden Lösung wird eingedampft und mit einem Tropfen flüssiger Vaseline abgedeckt, anschließend werden je ein Tropfen einer 5%igen KSCN-Lösung und einer 1%igen Acridinhydrochloridlösung hinzugefügt.

Erfassungsgrenze: 0,1 γ.

Störungen: Außer Cu geben auch Fe, Co, Zn und Hg(II), Cd, Bi, UO_2 schwerlösliche Acridinkomplexe.

Unter Umständen reagieren auch J, Br, Cl (LANGER).

h) mit Cinchonin.

FEIGL und NEUBER geben einen empfindlichen Nachweis von Cu neben Bi, Pb und Hg.

Wird auf einem mit Cinchonin + NaJ getränktem Filtrierpapier ein Tropfen der zu prüfenden Lösung gebracht, so entsteht ein weißer Kreis, welcher das Hg enthält, ein orangefarbener Ring von Bi, ein gelber Kreis von PbJ_2 und eine braune Zone von Jod, welches durch das Kupfer ausgeschieden wird. Die Breite der einzelnen Zonen ist konzentrationsabhängig.

Grenzverhältnis: pro Tropfen Bi : Cu : Pb : Hg = 1 : 84 : 53 : 30.

i) mit Coramin.

Ein Tropfen der zu prüfenden Lösung wird auf dem Objektträger mit einem Mikrotropfen Coramin, Nicotinsäurediäthylamid, $NC_5H_4CON(C_2H_5)_2$, und einem Tropfen einer 5%igen wässerigen KSCN-Lösung versetzt. Der entstehende weiße Niederschlag löst sich auf Zusatz von NH_3 auf; beim Reiben mit einem Glasstab bilden sich weiße, zu Garben gebündelte oder einzelne prismatische Kristalle mit schiefer Auslöschung (MARTINI [b]).

O
C
N
$N(C_2H_5)_2$

Erfassungsgrenze: 0,4 γ.

Störungen: Co gibt eine ähnliche Reaktion; Zn, Cd und Sn reagieren nicht.

2. Nachweis mit Anilin und Wasserstoffperoxyd.

Nach MASUI geben Lösungen von Kupfersalzen, die einige Tropfen einer wässerigen 1%igen Anilinlösung enthalten (p_H = 4,4—6,2), beim Zusatz von 20—30%igem H_2O_2 eine charakteristische Färbung.

Erfassungsgrenze: 0,04 γ Kupfer.

Störungen: Eine gleiche Reaktion gibt Fe(II), es wird durch Oxydation zu Eisen(III) ausgeschaltet. Ebenfalls Färbungen geben auch Cer und Titan, sie werden durch NaF maskiert.

3. Nachweis mit Cyanursäure.

Reagens: 0,5 g Cyanursäure $(CNOH)_3$, 10 cm³ NH_3-Lösung und 20 cm³ H_2O werden durch Umschütteln und evtl. leichtes Erwärmen gelöst und dann mit weiteren 20 cm³ H_2O versetzt. Ein Tropfen der Probelösung oder des eingedampften Rückstandes oder ein Kriställchen werden mit einem Tropfen der Reagenslösung zusammengebracht; es entstehen Kristalle (evtl. beim Reiben) außer mit Cu auch mit Tl, Cd, Zn, Ba und Sr (DENIGÈS [e]).

Nach BEHRENS-KLEY ist der Nachweis in ammoniakalischer Lösung mit Cyanursäure empfindlicher als der mit gelbem Blutlaugensalz; es bilden sich fast farblose, scharf ausgebildete Rauten von Kupfer-ammonium-cyanurat.

4. Nachweis mit Bernsteinsäure.

Gibt man zu einem Tropfen 1%iger $CuCl_2$-Lösung einen kleinen Tropfen einer gesättigten Bernsteinsäurelösung und etwas Ammoniak, entstehen feine, längliche, grüne Prismen, einzeln oder zu Sternchen vereinigt.

MARTINI bezeichnet die Reaktion als spezifisch.

5. Nachweis mit Diäthyl-dithiocarbamat.

Tüpfelt man Cu-Salze mit Natrium-diäthyldithiocarbamat, so erhält man eine Braunfärbung.

Erfassungsgrenze: 0,2 γ (FEIGL [b]).

CLARKE und HERMANCE fixieren das Reagens als Zn-Salz.

Es wird das Papier mit Reagens getränkt und nach dem Trocknen kurz in einer Zn-Salzlösung gebadet. Unter Benutzung einer Kapillarbürette ist die

Erfassungsgrenze: 0,002 γ.

Es stören Fe und UO_2.

6. Nachweis mit 1-Phenylsemicarbazid.

Beim Tüpfeln von Cu^{2+}-Salzlösung mit 1-Phenylsemicarbazid, $C_6H_5NHNHCONH_2$, auf Platte oder Papier ergibt sich eine weinrote bis rosa Färbung (ANGELIS und FORTUNIO).

Erfassungsgrenze: 1 γ.

7. Nachweis mit Diphenylcarbohydrazid.

Zu einem Tropfen der neutralen oder schwach sauren Probelösung gibt man 0,1—0,2 cm^3 Reagenslösung (0,1 g Diphenylcarbazid, $(C_6H_5NH \cdot NH)_2CO$, in 50 cm^3 Alkohol und 50 cm^3 Benzol). Nach dem Umschütteln trennt man durch Hinzufügen von Wasser das Benzol ab, bei der Anwesenheit von Cu^{2+} ist es rotviolett gefärbt (KNOP und MALCHER).

Grenzkonzentration: 1 : 1000000 (10^{-6}).

Es stören Oxydationsmittel, ferner Hg^{2+}, Co^{2+}, Ca, Fe^{3+} (durch NaF zu unterdrücken), Bi, Sb^{3+}, Sn^{2+}, Sn^{4+}.

8. Nachweis mit Diphenylcarbazon.

Auf ein mit Diphenylcarbazonlösung (0,2% in Methanol) imprägniertes und getrocknetes Papier wird ein Tropfen der neutralen bis schwach sauren Lösung gebracht. Ein roter Fleck zeigt Kupfer an (KRUMHOLZ und HÖNEL).

Erfassungsgrenze: (neutral) 0,005 γ, (sauer) 2,5 γ.

Auf der Tüpfelplatte ist der Nachweis unempfindlicher.

Für andere Carbazone wird angegeben:

	neutral	sauer	
Diphenyl.	0,005 γ	2,5 γ	rot
Di-α-naphthol . .	0,02 γ	—	grünviolett
Di-β-naphthol . .	0,003 γ	0,6 γ	violett
Di-o-nitrophenyl .	0,002 γ	1,0 γ	violett
Di-m-nitrophenyl .	0,002 γ	0,05 γ	rot
Di-p-nitrophenyl .	0,0015 γ	1,0 γ	blauviolett

Der Nachweis wird unter anderem von Hg, Cd, Fe, CrO_4 und MoO_4 gestört.

9. Nachweis mit Kupferron.

Gibt man zu einer ammoniakalischen Lösung eines Kupfersalzes Kupferron (Ammonium-phenylnitrosohydroxylamin), $C_6H_5N(=NO)ONH_4$, so entstehen sternchenförmige Kristalle von grünlichgrauer Farbe (MARTINI [e]).

Cd, UO_2, Ba, Sr und Ca geben ebenfalls kristalline Fällungen.

Statt des Phenyl-Derivates ist auch das Ammonium-nitrosonaphthylhydroxylamin („Neokupferron") zum Nachweis vorgeschlagen (BAUDISCH und HOLMES).

10. Nachweis mit Anthranilsäure.

Cu-Salze geben mit Anthranilsäure, $H_2NC_6H_4COOH$ (5%ige Lösung), eine aus Sechsecken und Prismen bestehende kristalline Fällung (SCHEINTSIS [a]).

Auch Ag, Pd, Zn und Mg reagieren in ähnlicher Weise.

11. Nachweis mit Pikrinsäure.

Wird ein Tropfen der zu prüfenden Lösung mit einem Tropfen Reagens (aus zwei Teilen gesättigter Pikrinsäurelösung und einem Teil 10%igem NH_3) versetzt, so entstehen bei der Anwesenheit von Cu grüngelbe sechseckige Kristalle (KORENMAN [i]).

Erfassungsgrenze: 0,05 γ Cu.

Störungen: Viele Kationen geben ebenfalls kristalline Fällungen.

Fügt man kochende ammoniakalische Ammoniumpikratlösung tropfenweise zu einer ammoniakalischen Lösung, die den Tetrammin-kupfer(II)-komplex enthält, so entsteht eine Fällung, bei verdünnten Lösungen (0,001—0,002 molar) etwas verzögert.

Die Kristalle sind hellgelb und anisotrop mit einem charakteristischen Winkel von 133°.

Grenzkonzentration: 1 : 20000 ($10^{-4,3}$).

Analoge Pikrate der Amminkomplexe anderer Metalle sind nicht bekannt (SHEAD).

Bei Gegenwart von Thioharnstoff fällt aus neutraler oder schwach saurer Lösung das Pikrat, $[Cu(CSN_2H_4)_3](C_6H_2(NO_3)_2)$, in Form feiner Kristallbüschel aus (JACIMIRSKIJ und ASTASEVA).

Erfassungsgrenze: 0,069 γ.

Grenzkonzentration: 1 : 43000 ($10^{-4,6}$).

12. Nachweis mit Hexanitrodiphenylamin.

Hexanitrodiphenylamin, auch Dipicrylamin oder Aurantia genannt, gibt mit vielen Kationen, darunter auch Cu, Fällungen (SHEINTSIS [b]).

Das Reagens ist für den Nachweis von K^+ von Bedeutung. (FREDIANI und GAMBLE).

13. Nachweis mit Phenolphthalin.

LECOQ modifiziert den Nachweis mit dem KASTLE-MEYER-Reagens, § 6 C18. Die Reagenslösung wird mit dem gleichen Volumen Alkohol verdünnt, zu fünf Tropfen dieser Lösung gibt man einen Tropfen Formaldehydlösung (3%).

Empfindlichkeit: 0,05 γ Cu in einem Tropfen Rosafärbung.

Reagens wie beim Makronachweis § 6 C18.

Zu einem Tropfen der neutralen Probelösung werden fünf Tropfen 6n Ammoniak-, fünf Tropfen 5n Ammoniumchlorid- und vier Tropfen Reagenslösung hinzugefügt. Tritt keine Rotfärbung auf, so sind Oxydationsmittel abwesend. Man fügt drei Tropfen einer 1%igen KCN-Lösung hinzu; bei Anwesenheit von Cu tritt Rosa- bis Rotfärbung auf (OKAC und CELECHOWSKY).

Grenzkonzentration: 1 : 1200000 ($10^{-6,1}$).

14. Nachweis mit Phenolphthalein.

Wird das $Cu(OH)_2$ mit Alkali im Überschuß gefällt, filtriert und der Rückstand mit einer 1%igen alkoholischen Lösung von Phenolphthalein getüpfelt und mit einigen Tropfen Wasser der Alkohol entfernt, so erhält man eine blaue Farbe (SACHS).

Auch andere Metalloxyde werden gefärbt, allerdings nicht blau.

15. Nachweis mit Tetrabromphenolphthalein.

Gibt man einen Tropfen der zu untersuchenden Lösung auf Filtrierpapier und fügt einen Tropfen einer 0,2%igen wässerigen Lösung von Tetrabromphenolphthalein-natrium hinzu, so erscheint bei Anwesenheit von Kupfer sofort ein ockergelber Fleck, welcher bei Raumtemperatur und über der Mikroflamme ohne wesentliche Veränderung getrocknet werden kann. Bei sehr verdünnten Lösungen entsteht ein helles Bild.

Empfindlichkeit: 0,25 γ Cu in 0,025 cm^3 (KOCSIS und HORVAI).

Grenzkonzentration: 1:100000 (10^{-5}).

Störungen: Fe^{+++} und Al geben ein ähnliches Bild, von den Anionen stören die folgenden: OH, CO_3, CN, CrO_4, $Fe(CN)_6$, $Fe(CN)_6^{4-}$ und Jodid; nicht gestört wird die Reaktion durch viele Kationen, auch nicht durch Hg^+ und Hg^{++}, obwohl das Reagens mit diesen beiden Ionen Fällungen ergibt.

16. Nachweis mit Luminol.

Etwa 0,5 γ Probelösung wird mit 0,5 cm^3 der Reagenslösung, 4 cm^3 Wasser und 0,5 cm^3 Wasserstoffperoxydlösung (3%) versetzt; ein kurzes Aufleuchten zeigt Cu an (STEIGMANN [c]).

Reagenslösung: 0,5 g Luminol, 3-Aminophthalsäurehydrazid, werden in 70 cm^3 Alkohol und 35 cm^3 NH_3 (d = 0,880) gelöst, dann 40 cm^3 Wasser, 10 g NH_4Cl und 2 g Borax hinzugefügt.

Erfassungsgrenze: 0,13 γ.

Grenzkonzentration: 1 : 2500000 ($10^{-6,4}$).

Es stört Fe^{2+}, welches gleichfalls aufleuchtet.

17. Nachweis mit Aminophenolen und Aminobenzoesäuren.

Läßt man einen Tropfen einer 0,2%igen alkoholischen Lösung von p-Aminophenol, $H_2NC_6H_4OH$, auf Filtrierpapier mit einem Tropfen der Probelösung völlig eintrocknen, so entsteht ein hellbrauner Ring mit einer graublauen Mitte (KOSCIS und Mitarbeiter).

An der Grenzkonzentration ist der Fleck olivgrün mit einem hellbraunen Rand.

Empfindlichkeit: 1 γ Cu in 0,025 cm^3.

Grenzkonzentration: 1 : 25000.

Mit der m-Aminobenzoesäure entsteht unter denselben Ausführungsbedingungen und der gleichen Empfindlichkeit ein gelbgrüner Fleck.

Für p-Aminobenzoesäure ist die *Erfassungsgrenze:* 10 γ.

Nach AUGUSTI (d) verfährt man folgendermaßen:

Zu einem Tropfen Prüflösung wird auf einer Tüpfelplatte ein Tropfen einer 2%igen alkoholischen Lösung von salzsaurem p-Aminophenol hinzugegeben. Cu^{++} zeigt sich durch eine violette Fällung bzw. Färbung an.

Empfindlichkeit: 0,2 γ in einem Tropfen.

Grenzkonzentration: 1 : 160000.

Störung wie bei § 6 C 22.

18. Nachweis mit Phenetidin.

Man gibt zu 0,1 cm³ der Probelösung im Mikrotiegel 0,1 cm³ salzsaures p-Phenetidin, $H_2N \cdot C_6H_4 \cdot OC_2H_5$ und H_2O_2, und füllt auf 0,5 cm³ auf; beim Erwärmen auf dem Wasserbad erscheint bei Anwesenheit von Cu in 1—5 Minuten eine violette Färbung; eine Blindprobe wird nur blaßrosa (SZEBELLEDY und AJTAI).

Erfassungsgrenze: 0,01 γ.

Grenzkonzentration: 1 : 50000000 ($10^{-7,7}$).

19. Nachweis mit Tetramethyl-p-phenylendiamin.

Cu(II)-Ionen geben beim Tüpfeln mit einer acetonischen Lösung (0,02%) von N, N, N′, N′-Tetramethyl-p-phenylendiamin, $(CH_3)_2N \cdot C_6H_4C_6H_4 \cdot N(CH_3)_2$, eine Blaufärbung (KUHLBERG [b]).

Erfassungsgrenze: 0,08 γ Cu.

Grenzkonzentration: 1 : 50000 ($10^{-4,7}$).

Eine gleichartige Reaktion geben Ag, Hg^+, Hg^{2+} und Fe^{3+}.

20. Nachweis mit 2,7-Diaminodiphenylenoxyd.

Ein Tropfen der Reagenslösung (0,375 g Amin in 50 cm³ heißer 10%iger Essigsäure) wird mit der Probelösung getüpfelt und gibt wie Benzidin eine blaue Färbung bzw. Fällung (CULLINANE und CHARD).

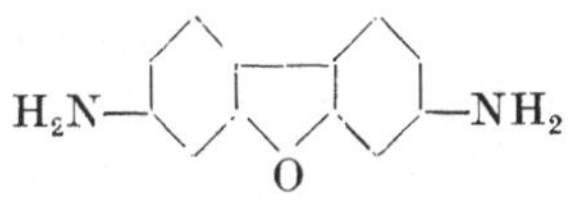

Die Reaktion ist nicht weniger empfindlich als die mit Benzidin. Außer mit Cu gibt es die Reaktion mit Fe^{3+}, Pt^{4+}, Au, Ag, Tl^{3+}, Ce^{4+}, $CrO^2{}_4^-$, $Fe(CN)_6^{3-}$, VO_3^-, JO_4^-, J, Mn^{2+}, MnO_2, $S_2O_8^{2-}$, BiO_3^-.

21. Nachweis mit Traubenzucker.

Die Umkehrung der Fehlingschen Reaktion benutzt AUGUSTI (c) zum mikrochemischen Kupfernachweis.

Ein Tropfen der Probelösung wird mit einem Tropfen Seignettesalzlösung (§ 6 B 11) und einer 1%igen Traubenzuckerlösung versetzt. Man erhitzt auf einem Wasserbad, Cu zeigt sich durch eine mehr oder minder intensive Rosa-Farbe an.

Empfindlichkeit: 3 γ im Tropfen (= 0,05 cm³).

22. Nachweis mit Aluminon.

Gibt man auf ein mit acetonischer Aluminonlösung (Ammoniumsalz der Aurintricarbonsäure, $C_{22}H_{23}O_9N_3$) getränktes Papier einen Tropfen einer neutralen oder sauren Probelösung, so entsteht mit zweiwertigen Cu-Salzen eine tiefrote Farbe. (PYSCHKIN und LUKIN).

Erfassungsgrenze: 0,05 γ.

Grenzkonzentration: 1 : 20000 ($10^{-4,3}$).

23. Nachweis mit Nitrosonaphtholsulfonsäure.

Ein Tropfen der neutralen Probelösung wird auf der Tüpfelplatte mit einem Tropfen einer 1%igen Lösung von 2-Nitroso-1-naphthol-4-sulfonsäure versetzt. Cu läßt die gelbe Farbe nach Orange umschlagen. An der Grenze wird eine Blindprobe empfohlen (SARVER sowie OKAČ und CELECHOVSKY).

Grenzkonzentration: 1 : 100000 (10^{-5}).

Störungen durch Co, Ni, Fe^{2+} und Fe^{3+}, letzteres kann durch Fluorid maskiert werden.

24. Nachweis mit Oxin.

Ein Tropfen Probelösung wird mit einer alkalischen Oxinlösung (10%ige Oxinlösung in 30%iger Essigsäure wird mit soviel Kalilauge erhitzt, daß ein entstehender Niederschlag sich auflöst) versetzt, viele Kationen geben kristalline Fällungen (ROSENTHALER [e]).

Grenzkonzentration: für Cu-Salz 1 : 10000 (10^{-5}).

Auf Filtrierpapier wird ein Tropfen gesättigter Oxinlösung (in 80%iger Essigsäure) und ein Tropfen der Probelösung gebracht. Das Cu-Salz fällt aus; gibt man noch einen Tropfen der Oxinlösung und einen einer 25%igen KCN-Lösung hinzu, so färbt sich der Fleck himbeerrot (KOMAROWSKY und POLUEKTOW).

Empfindlichkeit: 0,4 in 0,04 cm^3.

Grenzkonzentration: 1 : 100000 (10^{-5}).

Die Reaktion ist spezifisch bei Abwesenheit von oxydierenden Substanzen; solche Kationen stören, die stark gefärbte Oxinate bilden; UO_2^{2+} und Fe^{3+} können mit NH_3 entfernt werden. Die Färbung beruht auf einer Reaktion des Dicyans mit Oxin.

SAUL und CRAWFORD sowie SCHOORL beschreiben einen Nachweis mit Chinosol, angeblich oxychinolinsulfonsaures Kalium, aber wohl nur eine Mischung von Oxin und Kaliumsulfat. Cu-Salze sollen in ammoniakalischer Lösung gelbflockige, aus Nadelbüscheln bestehende Kristalle ergeben.

Empfindlichkeit: 1 γ im cm^3.

Nach GRIEBEL ist dieses eine Reaktion des Oxins.

Mit Oxin (im Schmelzfluß).

Überdeckt man eine Probe auf einem Objektträger mit Oxin und erhitzt auf einem Heiztisch eines Polarisationsmikroskopes bis zum Schmelzen, so treten charakteristische Kristallformen auf, die sowohl von Kationen als auch Anionen abhängen können. Mit Cu(II) und Cu(I)-Salzen gibt es je nach Temperatur verschiedene Kristalle, die durch Form, Farbe und Auslöschung zu erkennen sind (WEST und GRANATELLI).

25. Nachweis mit Pikrolonsäure.

Ein Tropfen einer 0,5%igen Pikrolonsäurelösung in 50%igem Alkohol gibt mit Kupfersalzen gelbe Nadeln mit paralleler Auslöschung (EISENBERG und KEENAN).

```
       H
O2N—C——C—CH3
    |    ||
 O=C    N
     \  /
      N
      |
   C6H4 · NO2
```

Die Reaktion soll empfindlich sein, doch wird durch andere Kationen der Charakter der Kristalle geändert. Ebenfalls Kristallfällungen geben Sr, Zn und NH_4. Nach BERISSO gibt Pikrolonsäure (0,7%ig in 50%igem Alkohol) mit Cu, Pb, Co, Zn, Mn, Fe(II), Ca und Sr Kristallfällungen, die aber wenig charakteristisch sind.

Für Cu gilt als

Grenzkonzentration: 1 : 100000 (10^{-5}).

26. Nachweis mit Hydroxylphenylfluorenon.

Zu einem Tropfen der neutralen Probelösung gibt man einen Tropfen KF-Lösung (5 g KF in 5 cm^3 Wasser und 0,4 cm^3 6 n HCl), einen Tropfen H_2O_2-Weinsteinlösung (5 g Weinstein in 20 cm^3 10%igem H_2O_2) und einen Tropfen Reagenslösung (0,1% o-Hydroxyphenylfluorenon in 94%igem Alkohol gelöst und schwach mit HCl angesäuert). Nur Cu gibt einen purpurfarbenen Niederschlag, der langsam in violett übergeht.

Grenzkonzentration: 1 : 30000 ($10^{-4,5}$) (GILLIS, CLAEYS und HOSTE).

27. Nachweis mit 2-Isatinoxim.

Man tränkt Papier mit einer 0,1%igen wässerigen Lösung von β-Isatinoxim, die 30 g Na-acetat in 100 cm³ enthält und trocknet. Man tüpfelt mit einer etwa neutralen Probelösung. Cu gibt einen braunen Fleck.

Erfassungsgrenze: 0,5 γ (HOVORKA und DIVIŠ).

Diese Reaktion wird empfindlicher, wenn man das Papier nach dem Tüpfeln in NH_3-Dämpfe hält. Bei der Anwesenheit von Cu entsteht dann ein violetter Fleck bzw. Ring.

C=NOH
C=O
N
H

Erfassungsgrenze: 0,1 γ Cu.

In Gegenwart der tausendfachen Menge aller anderen Metalle, mit Ausnahme von Co, ist das Kupfer wie folgt nachzuweisen: Ein Tropfen Probelösung wird mit festem $KHCO_3$ neutralisiert und ein Tropfen kalt gesättigter Seignettesalzlösung, sowie ein Tropfen einer konzentrierten KJ-Lösung hinzugefügt und dann auf dem Isatinoximacetat-Papier getüpfelt. Der Tupfen wird anschließend mit gesättigter Tartratlösung gewaschen, bei Anwesenheit von Cu entsteht ein violetter Ring.

Erfassungsgrenze: 0,1 γ Cu.

Mit einer 1%igen Lösung in 50%igem Alkohol geben Cu(II)-Salze eine olivgrüne, Cu(I)-Salze eine orangerote Fällung, andere Kationen reagieren ebenfalls (HOVORKA und SYKORA [b]).

Der Methyläther des 2-Isatoxims (0,002% in CCL_4) reagiert mit Cu^{2+}-Salzen in schwach saurer Lösung.

Grenzkonzentration: 1 : 1000000000 (10^{-9}) (DIVIŠ).

Störungen: Nur Fe^{3+}, Hg^{2+} und Hg^{+} stören; Fe kann durch Seignettesalz, Hg durch KJ maskiert werden.

28. Nachweis durch Fluoreszenzanalyse.

Das von Cu^{2+}-Salzen in neutraler oder schwach saurer Lösung aus KJ freigemachte Jod vernichtet die Fluoreszenz im ultravioletten Licht von Naphthoflavon (GOTŌ).

Empfindlichkeit: 0,5 γ in 0,05 cm³.

Grenzkonzentration: 1 : 100000 (10^{-5}).

Es stören Pt^{4+}, Au^{3+}, SeO_3^{2-} und andere Oxydationsmittel.

Die rote Fluoreszenzfarbe von Cochenille schlägt bei Gegenwart von Cu^{2+}-Ionen in alkalischer Lösung nach Blauweiß um (GOTŌ).

Empfindlichkeit: 0,1 γ in 0,05 cm³.

Grenzkonzentration: 1 : 500000 ($10^{-5,7}$).

Es stören vor allem Pb^{2+}, Pt^{4+}, Au^{3+}.

§ 8. Nachweise in einigen besonderen Fällen.

Für den Kupfernachweis in Substanzen aller Art sind viele Arbeitsvorschriften angegeben. Im allgemeinen handelt es sich allerdings nicht um den qualitativen Nachweis, sondern um eine quantitative Bestimmung bzw. halbquantitative Schätzung des Kupfers. Dabei sind sowohl für den Nachweis kleinster Mengen des Elementes in größeren Mengen Begleitstoffen („Spurensuche“) als auch für den Nachweis des Kupfers in Mikroproben die physikalisch chemischen Verfahren, insbesondere die Spektroskopie weitgehend herangezogen.

Von den rein chemischen Verfahren ist vor allem die extraktive Anreicherung mit Dithizon viel verwendet. Organische Substanz wird entweder durch Glühen verascht oder mit Schwefel-Salpetersäure, mit oder ohne Perchlorsäure, zerstört.

Zum spezifischen Nachweis sind die vorangehenden Reaktionen herangezogen. Im folgenden sind einige spezielle Angaben zum Cu-Nachweis auf mikrochemischem Wege nach FEIGL (b) wiedergegeben.

Nachweis von Kupfer in Legierungen.

Einige kleine Späne der Probe werden in zwei Tropfen verdünnter HNO_3, bei Goldlegierungen in Königswasser, gelöst. Die Lösung wird getrocknet und der Rückstand durch leichtes Erwärmen mit einigen Tropfen verdünnter Essigsäure behandelt. Diese Lösung wird mit Rubeanwasserstoff nach § 7 A1 geprüft.

Zink- und Cadmiumlegierungen werden nach dem Lösen, Eindampfen und Aufnehmen mit Wasser durch Hinzufügen eines Überschusses von $(NH_4)_2Hg(SCN)_4$ geprüft (§ 5A1). Weniger als 0,001% Cu in Cadmium- und 0,002% in Zink-Legierungen können bei Anwendung von etwa 1 g Legierung erkannt werden.

Ein Nachweis in Ni-Legierungen und Ni-Salzen mit Alizarinblau ist in § 7 B9 beschrieben.

Man zieht die zu prüfende Legierung über eine Strichplatte, löst mittels Glasfaden in einem Tropfen HNO_3 oder Königswasser und dampft vorsichtig zur Trockne. Ein Streifen Papier, das mit einer Lösung von Diaminoanthrachinonsulfosäure (§ 7 B6) präpariert ist, wird mit n NaOH befeuchtet und gegen die noch lauwarme Porzellanplatte gedrückt. Nach 30 Sekunden erscheint schon bei Anwesenheit von Cu ein blauerAbdruck, wenige hundertstel % können erkannt werden.

Nachweis von Kupfer in Nahrungsmitteln und pharmazeutischen Produkten.

Wegen der toxischen Wirkung größerer Cu-Mengen ist der Nachweis von Cu in Lebensmitteln und pharmazeutischen Produkten wichtig; erst Gehalte von weniger als 0,001% scheinen ungefährlich zu sein. Als Schnellmethode wird der Nachweis als Kupfer-zink-quecksilberrhodanid (§ 5 A1) empfohlen (FEIGL).

0,2—1 g Substanz wird in einem kleinen Porzellantiegel verascht, mit zwei Tropfen konz. HNO_3 abgeraucht und bis zum Verschwinden der Kohle geglüht. Die Asche wird mit einem Tropfen konz. HCl abgeraucht, der Rückstand vorsichtig mit einem weiteren Tropfen HCl erwärmt, mit 2 cm^3 Wasser aufgenommen und in ein Reagensglas übergeführt. Man setzt etwa 50 mg NH_4F hinzu, um die Störung durch stets vorhandenes Fe auszuschalten. Der Nachweis erfolgt nach § 4 A3 oder § 5 A1. Durch Vergleich mit der Farbe der Fällung mit bekannten Cu-Mengen kann der Gehalt abgeschätzt werden (FEIGL und KRUMHOLZ).

Nachweis von Kupfer in Wasser.

Wenn man 10—100 cm^3 Wasser mit einer kleinen Menge Calciumfluorid oder Talkum schüttelt, so werden alle Spuren von Cu adsorbiert; das Wasser wird vollständig kupferfrei (§ 4 A4).

Das Adsorbens wird nach § 5 A4 geprüft. Als Vergleich dient CaF_2, das mit Cu-freiem Wasser geschüttelt und dann abgetrennt ist (PAVELKA).

FEIGL und CALDAS empfehlen die Abscheidung mit Kupferron und Nachweis mit Alizarinblau.

100 cm^3 Wasser werden mit einem Tropfen wässeriger 6%iger Kupferronlösung (§ 7 C6) versetzt und mit 5 cm^3 Chloroform extrahiert. Der Rückstand aus der Chloroformschicht wird nach § 7 B9 auf Cu geprüft.

Ohne besondere Vorbereitung kann der Nachweis von Cu mit der Fe(III)-Thiosulfat-Reaktion (§ 5 A4) geführt werden. Kleine feste Teilchen der Probe (1—3 mg) geben auf der Tüpfelplatte den Nachweis.

Literatur.

ALBERT, PH., M. CARON u. G. CHAUDRON: C. r. 233, 1108 (1951). — ALEXANDER, W.: Analyst 72, 56 (1947); CA 1947, 3018. — ALIAMET, M.: Bl. [2] 47, 754 (1887). — ALSTODT, B. S., u. A. A. BENEDETTI-PICHLER: Ind. eng. Chem. Anal. Ed. 11, 294 (1939). — DE ANGELIS, G., u. M. FORTUNIO: Ann. Chimica 40, 95 (1950); C 1951 I, 765. — AUGUSTI, S.: (a) Mikrochim. Acta 2, 53 (1937); (b) Mikrochem. 22, 139 (1937); (c) Mikrochem. 22, 329 (1937); (d) Mikrochem. 17, 118 (1925). — AUGUSTI, S., u. V. PASCALINO: Mikrochem. 22, 159 (1937).

BACH, A.: C. r. 128, 363 (1899). — BALLABAN, H. E.: Mikrochem. 27, 57 (1939). — BALZ, G.: Angew. Chem. 51, 365 (1938). — BATSCHA, B.: Z. phys. chem. Unterr. 45, 117 (1932). — BAUDISCH, O., u. S. HOLMES: Fr. 119, 241 (1940). — BAUDISCH, O., u. S. ROTHSCHILD: B 48, 1660 (1915). — BAUMGARTEN, A., u. A. LUGER: Wien. Klin. Wochenschrift 30 (1917) Nr. 39 nach WÖBER. — BAUMANN, R.: Metallurgie 3, 416 (1906). — BECK, G.: Mikrochem. 33, 188 (1947). — BECKENRIDGE, I. G., R. W. LEWIS, u. L. A. QUICK: Canadian J. Res. Sect. B. 17, 258 (1939), C 1940 I, 2352. — BEHRENS, H., u. P. D. C. KLEY: Mikrochem. Analyse, Leipzig u. Hamburg 1915. — BENEDETTI-PICHLER, A. A., u. W. F. SPIKES: (a) Introduction to the microtechnique of inorganic qualitative analysis, New York 1935; (b) Mikrochem. 15, 288 (1924). — BERG, R.: J. pr. Ch. 115, 180 (1927). — BERG, R., u. F. BECKER: Fr. 119, 81 (1940). — BERG, R., u. W. ROEBLING: B. 68, 403 (1935); Ang. Chem. 48, 430 (1935). — BERISSO, B.: Publ. inst. investigaciones microquim. 7, 53 (1943), CA 1946, 6016. — BERL, E., u. B. SCHMITT: Kolloid-Z. 65, 264 (1938). — BERTIAUX, L.: Bl. [5] 13, 101 (1946). — BERTRAND, G., u. L. DE ST. RAT: Mikrochim. Acta 1, 5 (1937). — BIEFELD, L. P.: J. chem. Educat. 18, 525 (1941); C 1942 I, 1915. — BIEFELD, L. P., u. D. E. HOWE: Ind. eng. Chem. Anal. Ed. 11, 250 (1939). — BOTTOMLEY, W.: Analyst 75, 501 (1950); Fr. 134, 202 (1951/52). — BÖTTGER, W.: Berl-Lunge Bd. I, Berlin (1931). — BOYD, TH., E. F. DEGERING u. R. N. SHREVE: Ind. eng. Chem. Anal. Ed. 10, 606 (1938). — BRADLEY, H. C.: Am. J. Sci. [4] 22, 326 (1906); C 1906 II, 1873. — BRALY, M. A.: Bl. Soc. France Mineral 46, 54 (1923); C 1924 I, 1068. — BRECKPOT, R.: Agricultura, Bl. trim. Assoc. Etud. Inst. Agron. Univ. Mai 1935. — BROCKMANN, C. I.: J. chem. Educat. 16, 133 (1939); C 1939 II, 479.

CALLAN, TH., u. I. A. R. HENDERSON: Analyst 54, 650 (1929); C 1930 II, 2923. — CALZARI, C.: Boll. soc. adriat. sci. Trieste 45, 100 (1950); CA 1951, 10125. — CANDEA, C., u. L. I. SAUCIUC: Bl. Soc. Romania 14, 69 (1932); C 1933 I, 973; Bl. sci. Ecola Timisvavra 5, 106 (1934); C 1935 II, 2594. — CARLSON, M. T., u. E. L. GUNN: Anal. Chem. 22, 1118 (1950). — CAROBBI, G., u. R. PIERUCCINI: Mem. Accad. Ital. 14, 161 (1943). — CASTRO, R., u. I. M. PHELINE: Spectrochim. Acta 3, 18 (1944). — CHAMOT, E. M., u. C. W. MASON: Handbook of Chemical Microscopy New York 2. Aufl. 1948. — CHIRNOAGÀ, E.: Fr. 104, 356 (1936). — CLARK, A. R.: I. chem. Educat. 12, 242 (1935); C 1935 II, 2094. — CLARKE, S. G., u. E. JONES: Analyst 54, 333 (1929); C 1929 II, 1186. — CLARKE, B. L., u. H. W. HERMANCE: Ind. eng. Chem. Anal. Ed. 9, 292 (1937). — COULIETTE, I. H.: J. opt. Soc. Am. 37, 609 (1947). — CRESPOLANI, E.: Boll. chim. farm. 78, 459 (1939), C 1940 I, 103. — CRESTI, L.: B 10, 1099 (1897). — CULLINANE, N. M., u. S. I. CHARD: Analyst 73, 95 (1948); CA 1948, 3278.

DARRAH, B. D., J. A. C. MCCLELLAND u. D. M. SMITH: Polarographic and spectrographic Analysis of High Purity Zink and Zinc Alloys for Die Casting, London 1945, 753. — DENIGÈS, G.: (a) Bl [4] 51, 1096 (1932); (b) C. r. 194, 895 (1932); (c) Bl. trav. soc. pharm. Bordeaux 70, 101 (1932), C 1933 I, 2145; (d) desgl. 77, 148 (1939), C 1941 I, 1577; (e) desgl. 83, 57 (1945), CA 1946, 3069. — DICK, J., u. L. J. PUGSLEY: Canad. J. Res. (Section F) 28, 199 (1950). — DIVIŠ, L.: Chem. Listy 46, 660 (1952); CA 47, 1535 (1953). — DRANEY, I. I., L. K. YANOWSKI u. M. CEFOLA: Mikrochem. 35, 238 (1950). — DUBSKY, J. V., u. Mitarbeiter: (a) Mikrochem. 28, 146 (1940); (b) Mikrochem. 25, 124 (1938). — DUBSKY, J. V., u. V. BENCKO: Fr. 94, 19 (1933). — DUBSKY, J. V., u. A. OKAČ: Chem. Obzor 9, 171 (1935), C 1935 I, 1707. — DUBSKY, J. V., und J. VRBOVA: Mikrochem. 30, 123 (1942). — DUCLOUX, E. H.: Mikrochem. 2, 108 (1924). — DUVAL, C.: C. r. 211, 280 (1940). — DWYER, F. P., u. R. K. MURPHY: Austr. chem. Inst. 4, 334 (1937), C 1938 I, 383. — DYSON, G. M.: J. chem. Soc. 1937, 1358.

EDDY, C. E., T. H. LABY u. A. H. TURNER: Proc. Roy. Soc. London Ser. A 124, 249 (1929). — EECKHOUT, J.: Anal. chim. Acta 3, 377 (1949). — EFROS, S. M.: Betriebslab. 16, 1428 (1950), CA 1950, 10137. — EICHLER, H.: Fr. 96, 22 (1934). — EISENBERG, W. K., u. E. W. KEENANN: J. assoc. off. Agr. chem. 27, 458 (1944), CA 1944, 6337. — EMICH, F.: Lehrbuch d. Mikrochem., München (1926). — EMICH, F., u. A. DONAU: A 351, 426 (1907). — EPHRAIM, F.: (a) B 64, 1210 (1931); (b) B 63, 1928 (1930). — EWERTH nach WÖBER.

FEIGL, F.: (a) Mikrochem. 7, 10 (1929); (b) Qualitative Analyse mit Hilfe von Tüpfelreaktionen, New York, 4. Aufl. 1954; (c) B 56, 2032 (1923); Mikrochem. 1, 76 (1923). — FEIGL, F., u. A. CALDAS: Anal. chim. Acta 8, 117 (1953). — FEIGL, F., u. H. F. KAPULITZAS: Mikrochem. 8, 239 (1930). — FEIGL, F., u. F. NEUBER: Fr. 62, 369 (1923). — FEIGL, F., G. SICHER u. O. SINGER: B 58, 2294 (1925). — FEIGL, F., u. R. UZEL: Mikrochem. 19, 132 (1936). — FISCHER, H.: (a) Wiss. Veröffentl. Siemens Konzern 4, 158 (1925), Ang. Chem. 42, 1025;

1929). (b) Mikrochem. 8, 319 (1930); (c) Ang. Chem. **46**, 442 (1933); (d) Ang. Chem. **47**, 685 (1934). — FISCHER, H., u. G. LEOPOLDI: Chem. Ztg. **64**, 231 (1940). — FLAGG, I. F., u. N. H. FURMANN: Ind. eng. Chem. Anal. Ed. **12**, 529 (1946). — FLEMING, R.: Analyst **49**, 275 (1924), C **1924II**, 1613. — FLOOD, H.: Fr. **120**, 327 (1940). — FREDIANI, H. A., u. L. GAMBLE: Mikrochem. **29**, 22 (1941). — FRITZ, H.: Fr. **78**, 418 (1929). — FULTON, CH. C.: Am. J. pharm. **105**, 62 (1933), Fr. **96**, 279 (1934). — FUNAKOSHI, O.: Mem. Coll. Sci Kyoto Imp. Univ. Ser. A **12**, 155 (1929); C **1929II**, 1330.

GABRIEL, P.: Ind. eng. Chem. Anal. Ed. **6**, 420 (1934). — GEHAUF, B., u. J. GOLDENSON: Anal. Chem. **22**, 498 (1950). — GEILMANN, W.: Bilder zur qualitativen Mikroanalyse anorg. Stoffe, Leipzig 1934, 2. Aufl. Weinheim 1954. — GERLACH, W.: Spectrochim. Acta **1**, 168 (1939). — GERLACH, W., u. E. RIEDEL: (a) Chemische Emissionspektralanalyse Bd. III, 3. Aufl. Leipzig 1939; (b) Physikal. Z. **39**, 546 (1933), Metallwirtsch. **12**, 401 (1933). — GERLACH, W., u. K. RUTHARD: Z. anorg. Chem. **209**, 337 (1933). — GERMUTH, F. G., u. C. MITCHELL: Fr. **119**, 16 (1940). — GETTENS, R. I., u. G. L. STOUT zitiert bei AUGUSTI (a). — GILLIS, J., H. CLAEYS u. J. HOSTE: Medel. Konigl. Vlaam. Acad. Wetenschaften **9**, Nr. 11 (1947); CA **1948**, 3279. — GLANZUNOW, A.: Chim. Indust. Spec. Nr. **425**, (1929); Österr. Ch. Ztg. **41**, 217 (1938). — GOLDSCHMIDT, FR., u. B. R. DISHON: Anal. Chem. **20**, 373 (1948). — GOTŌ, H.: Sci. Rep. Tohoku Imp. Univ. Ser. I **29**, 204 (1940), C **1941I**, 1068. — GRIEBEL, C.: Pharm. Zentralbl. **62**, 455 (1921). — GRILLOT, G. F., u. J. B. KEELLY: Anal. Chem. **17**, 458 (1945). — GRÜNSTEIDL, E.: Mikrochem. **12**, 169 (1934). — GUTZEIT, G.: (a) Helv. **12**, 714 (1929); (b) desgl. **12**, 773. — GUTZEIT, G., u. R. MONNIER: Helv. **16**, 233, 478 (1933).

HAHN, F. L., u. G. LEIMBACH: B **55**, 3070 (1922). — v. HAMOS, L.: Nature **134**, 181 (1934). — HANAWALT, J. D., H. W. RINN u. L. K. FREVEL: Ind. eng. Chem. Anal. Ed. **10**, 457 (1938); dazu Card index von ASTM herausgegeben, Philadelphia. — HEYMAN, E., u. L. F. KORBY: Analyst **64**, 502 (1939); Fr. **121**, 217 (1941). — HOSTE, J.: Anal. chim. Acta **4**, 23 (1950). — HOVORKA, V., u. L. DIVIS: Coll. Czech. chem. Com. **15**, 589 (1950); Fr. **135**, 373 (1952). — HOVORKA, V., u. V. SYKORA: (a) Chem. Listy **33**, 275 (1939); C **1941 I**, 513; (b) Coll. Trav. chim. Czech **10**, 83, C **1938II**, 1821; (c) desgl. **11**, 70 (1939), C **1939 II**, 2122 (c).

IMBERT, H., R. IMBERT u. P. PILGRAIN: Bull. soc. chim. [4] **35**, 60 (1924).

JACIMIRSKIJ, K. B., u. A. A. ASTAŠEVA: J. anal. Chim. (russ.) **7**, 43 (1952), Fr. **138**, 432 (1953).

KARAOGLANOV, Z.: Fr. **119**, 42 (1940). — KASTLE, O. J,.H., u. O. M. SHADD: Am. chem. Journ. **26**, 527 (1901). — KING, D. T. P., u. W. J. HENDERSON: Phys. Rev. **56**, 1169 (1939). — KISSER, J., u. K. LETTMAYR: Mikrochem. **12**, 235 (1933). — KLOBB, T.: Bl. [3] **11**, 604 (1894), Cr. **118**, 1271 (1894). — KNOP, J., u. J. MALCHER: Chem. Obzor **14**, 209 (1939) nach OKAČ u. CELECHOWSKY. — KNORR, A.: A **238**, 197 (1887). — KOCSIS, E. A., u. R. HORVAI: Mikrochem. **29**, 44 (1941). — KOCSIS, E. A., u. Mitarbeiter: Mikrochem. **29**, 166 (1941). — KOLTHOFF, J. M.: (a) Am. Soc. **52**, 2222 (1930); (b) Fr. **65**, 427 (1922); (c) Mikrochem., Emich Festschrift 180 (1930). — KOLTHOFF, J. M., u. H. HAMER: Pharm. Weekbl. **61**, 1222 (1924); C **1925I**, 262. — KOLTHOFF, J. M., u. J. J. LINGANE: Mikrochem., Molisch-Festschrift 274 (1936). — KOMAROWSKY, A. S., u. N. S. POLUEKTOW: Fr. **96**, 23 (1934). — KONECNY, I.: Mikrochem. **35**, 384 (1950). — KONISHI, K., u. T. TSUGE: Bl. Agr. Chem. Soc. Japan **12**, 216 (1936). — KORENMAN, I. M.: (a) Fr. **95**, 44 (1933); (b) Mikrochem. **21**, 17 (1936); (c) Fr. **99** 402 (1934); (d) Pharm. Zentralh. **70**, 709 (1929); (e) desgl. **73**, 738 (1932); (f) desgl. **71**, 769 (1930); (g) desgl. **74**, 51 (1933); (h) Mikrochem. **9**, 223 (1938); (i) J. chim. Ind. (russ.) 8, 276 (1931), C **1931II**, 281. — KRAMER, G.: Mikroanalytische Nachweise anorganischer Ionen, Leipzig 1937. — KRUMHOLZ, P., u. F. HÖNEL: Mikrochim. Acta **2**, 177 (1937). — KUHLBERG, L.: (a) Mikrochem. **20**, 153 (1926); (b) Chem. Ser. A. **10**, 567 (1937), C **1938II**, 2592. — KUNZ, J.: Helv. **16**, 1044 (1933). — KURAŠ, M.: Chem. Obzor **18**, 177 (1943), C **1944I**, 39 und vorangehende Arbeiten.

LANG, R.: Fr. **128**, 167 (1948). — LANGER, A.: Mikrochem. **25**, 71 (1938). — LAVOYE, M.: J. pharm. Belg. **3**, 889 (1921); C **1922** II, 1154. — LECOQ, H.: Bull. soc. chim. Belge **54**, 182 (1945). LEDERER, M.: (a) Nature **162**, 776 (1948), dazu M. u. E. LEDERER, Chromatographie, New York 1953; (b) Anal. chim. Acta **3**, 476 (1949). — LEDERER, M., u. F. L. WARD: Anal. chim. Acta **6**, 355 (1952). — LEWIN, A. B.: Fr. **105**, 323 (1936). — LIBERALLI, C. H.: Rev. quim. farm. **3**, 153 (1938); CA **1939**, 4545. — LINGANE, J. J.: Am. Soc. **65**, 866 (1943). — LINSTEAD, R. P., F. H. BURSTALL, G. R. DAVIES u. R. A. WELLS: J. chem. Soc. **1950**, 516. — LINZ, A.: Ind. eng. Chem. Anal. Ed. **15**, 459 (1943). — LYLE, W. G., L. J. CURTMANN u. J. T. W. MARSHALL: Am. Soc. **37**, 1471 (1915).

MAHR, C.: Z. anorg. Chem. **225**, 386 (1935). — MALATESTA, G., u. E. DI NOLA: Boll. chim. farm. **52**, 819, 855 (1931); C **1914I**, 82. — MAQUENNE, L., u. E. DEMOUSSY: Bl. [4] **25**, 232 (1919). — MARK, H.: Die chemische Analyse mit Röntgenstrahlen in W. BÖTTGER, Physikalische Methoden der analytischen Chemie, Leipzig 1933. — MARTENS, R. I., u. R. E. GITHENS: Anal. Chem. **24**, 991 (1953). — MARTINI, A.: (a) Mikrochem. **7**, 30 (1929); (b) desgl. **30**, 195 (1942); (c) desgl. **6**, 28 (1928); (d) desgl. **23**, 159 (1938); (e) desgl. **30**, 201 (42). — MASUI, M.: J. pharm. soc. Japan **72**, 157 (1952); Fr. **138**, 127 (1953). — MATIEU, V.: C. r. (I RSIA) **1**, 71

(1949). — MEYER, X.: Münch. Med. Wochenschrift 50, 1492 (1903). — MILLER, CH. C.: J. chem. Soc. 1941, 786. — MONTEQUI, R.: An. Espan. 25, 52 (1927); C 1927I, 2453. — MORITZ, H.: Neues Jahrb. Mineral. Geol. (a) 66, 191 (1933). — MÜLLER, M.: Sprechsaal 1880, Nr. 30, 31; C 1880, 719, auch Fr. 20, 582 (1881). — MUNRO, L. A.: Canad. Chem. Metallurgy 17, 240 (1933), C 1934I, 1526.

NAITO, T., u. M. SUZUKI: J. pharm. Soc. Japan 56, 807 (1936) nach „Tabellen", 3. Bericht, Paris 1948. — NAITO, T., u. N. TAKAHASHI: J. pharm. Japan 72, 1495 (1952); CA 47, 1533 (1953). — NASARENKO, N. A.: J. angew. Chem. (russ.) 12, 15 (1939); C 1941I, 2000. — NICHOLS, M. N., u. S. K. COOPER: Am. Soc. 47, 1268 (1925). — NIESSNER, M.: Mikrochem. 12, 1 (1932). — VAN NIEUVENBURG, C. J., I. G. GILLIS u. P. WENGER: Reagenzien für qualitative anorganische Analyse, Basel 1945. — NOYES, A. A.: Qualitative chem. Analysis, New York 8. Aufl. 1920.

OERTEL, A. C.: Austr. J. appl. Sci 1, 152 (1950). — ORGAN, T. J., u. S. L. PARSONS: J. opt. Soc. Am. 38, 191 (1948). — OKAČ, A., u. J. CELECHOWSKY: Chem. Listy 45, 52 (1951), Fr. 137, 266 (1952). — OUDEMANS, A. C.: Fr. 6, 129 (1867).

PARRI, W.: (a) Giorn. farm. chim. 73, 177 (1924); C 1924II, 2190; (b) desgl. 73, 207 (1924), Fr. 70, 318 (1927). — PAVOLINI, T.: Ind. chim. 8, 692 (1933), C 1933II, 1399. — PAVOLINI, T., u. F. GAMBARIN: Anal. chim. Acta 3, 27, 180 (1949). — PFEIFFER, H., u. H. KADLETZ: Wien. Klin. Wochenschrift 30, 1221 (1917); C 1917II, 767. — PICOTTI, M., u. G. BALDASSI: Mikrochem. 30, 77 (1942). — PIRIE, N. W.: Biochem. J. 25, 1565 (1931). — POLLARD, F. H., J. F. MCONNIE u. H. M. STEVENS: J. chem. Soc. 1951, 771. — POLUEKTOW, N. S., u. W. A. NASARAENKO: Pharm. Zentralh. 75, 424 (1934). — POPOW, P.: J. chim. Ukraine 3, 153 (1924), C 1929I, 777. — POZNA, F., u. E. MIGRAY: Ann. chim. appl. 26, 78 (1936), C 1936II, 138. — PROBST, R.: Nauyn-Schmiedebergs Arch. exper. Pathol. u. Pharmak. 169, 119 (1953). — PYSCHKIN, N. J., u. Θ. M. LUKIN: J. anal. Chem. (russ.) 5, 319 (1950), CA 1950, 10579a.

RAKETT, W.: Fr. 96, 192 (1934). — RANE, M. B., u. K. KONDAIAH: J. Indian chem. Soc. 14, 46 (1937), C 1937II, 2873. — RÂY, P.: Fr. 79, 94 (1929). — RÂY, P., u. J. GUPTA: J. Indian chem. Soc. 12, 308 (1935), C 1935II, 3411. — RÂY, P., u. R. M. RÂY: Quart. J. Indian Chem. Soc. 3, 68 (1926), C 1926II, 2158. — RÂY, P., u. P. B. SARKAR: Mikroch. Emich-Festschrift 243 (1930). — ROSENTHALER, L.: (a) Pharm. Helv. Acta 19, 95 (1944), C 1944II, 983; (b) desgl. 14, 89 (1939), C 1939II, 1720; (c) Mikroch. 2, 121 (1924); (d) desgl. 21, 215 (1937); (e) desgl. 13, 317 (1933).

SACHS, A.: Am. Soc. 62, 3514 (1940). — SAGASTUME, C. A., u. V. OLIVA: Rev. fac. cienc. quim. La Plata 12, 43 (1937), C 1939I, 3424. — SARVER, L. A.: Ind. eng. Chem. Anal. Ed. 10, 378 (1938). — SAUL, J. E., u. D. CRAWFORD: Analyst 43, 348 (1918), Fr. 67, 299 (1925/26). — SCHAEFFER, H. F.: (a) Analyst 23, 1637 (1951); (b) desgl. 41, 57 (1952), CA 1952, 11017. — SCHENK, D.: Apoth. Zeitg. 28, 137 (1913), C. 1913I, 1233. — SCHLEICHER, A.: Z. El. Ch. 39, 2 (1933). — SCHMIDT, J., u. W. HINDERER: B 64, 1793 (1931). — SCHOORL, N.: Chem. Weekblad 56, 325 (1919). — SCHWAB, G. M., u. K. JOKERS: Angew. Chem. 50, 564 (1937); desgl. 52, 666 (1939). — SCOTT, A. W., u. J. T. ANDREWS: Am. Soc. 64, 2873 (1942). — SENSI, G., u. SEGHEZZO: Ann. chim. appl. 19, 392 (1929); C 1930I, 1335. — SHAKELDIAN, W.: J. Chim. appl. (russ.) 2, 475 (1929), C 1929II, 2230. — SHAPIRO, M. Y.: J. anal. Chim. (russ.) 4, 198 (1934), CA 1950, 2887. — SHAPIRO, M. Y., u. M. I. RUD.: J. appl. Chem. 11, 140 (1938); C 1938II, 3579. — SHEAD, A. C.: Mikrochem. 28, 229 (1940). — SHEAD, A. C., u. J. H. BAILEY: Mikrochem. 33, 1 (1947/48). — SHEINTSIS, O. G.: (a) Chem. J. Ser A 8, 596 (1938); C 1939I, 4507; (b) Betriebslab. 8, 1198 (1949), C 1942I, 2434. — SHIMADA, K.: J. Soc. Rubber Ind. Japan 10, 533, 748 (1937) durch „Tabellen" 3. Bericht, Paris 1948. — SIERRA, F., u. L. SCERRA: Anales Fisquim 43, 1169 (1947), CA 1948, 3279. — SISLEY, P., u. M. DAVID: Bl. [4] 47, 1188 (1930). — SKALOS, G.: Mikrochem. 31, 263 (1943). — SMIT, J., u. E. G. MULDER: Rec. 59, 623 (1940). — SMITH, D. M., u. Mitarbeiter: Siehe DARRAH. — VAN SOMMEREN, E. H.: J. Soc. chem. Ind. 55, 136 (1936). — SOUCHAY, P.: Bl. [5] 7, 797 (1940). — SPACU, G.: (a) Bul. Soc. Stiinte Cluy 1, 284 (1922), Fr. 64, 330 (1924); (b) Fr. 67, 31 (1925/26); (c) Bull. sect. Sci. rouman. 22, 162 (1939), C 1940I, 2206. — SPACU, G., u. M. KURAŠ: Bull. Soc. Stiinte Cluy 8, 243 (1935), C 1935II, 2984. — SPAKOWSKI, A. E., u. H. FREISER: Anal. Chem. 21, 986 (1949). — SSERGEJEW, A.: Ukrain. chim. J. 5, 227 (1930), C 1931I, 1794. — SSUPRUNOWITSCH, J. B.: Chem. J. Ser. A 8, 839 (1938) C 1939, II, 3074. — v. STACKELBERG, M., u. H. v. FREYHOLD: Z. El. 56, 564 (1927). — STAHL, W., u. M. STRAUMANIS: Fr. 128, 60 (1948). — STEARNS, E. I.: Ind. eng. chem. Anal. Ed. 14, 568 (1942). — STEIGMANN, A.: (a) J. Soc. chem. Ind. 66, 353 (1947), CA 1948, 1525; (b) A. Phot. Ind. 34, 499 (1936), C 1936II, 244; (c) Chem. Ind. 1941, 889; J. Soc. chem. Ind. 61, 36 (1942), C 1943I, 2117. — STRUBL, R.: Coll. Czech. chem. Com. 10, 466 (1938), C 1939 I, 4441. — SWARTOUT, J. A., nach G. E. BOYD: Anal. Chem. 21, 335 (1949). — SZEBELLÉDY, L.: Fr. 75, 167 (1928). — SZEBELLÉDY, L., u. M. AJTAI: Magyar. Chem. Folyvirat 44, 99 (1938); C 1939I, 1811.

TAMCHYNA, I. V.: (a) Mikrochem. 9, 229 (1931); (b) Mikrochem. 8, 308 (1930). — TANANAEFF, N. A.: Z. anorg. Chem. 140, 323 (1924); 170, 124 (1928). — TANANAEFF, N. A., N. P. RUSCHKA u. A. N. WERCHORUBOWA: J. anal. Chim. (russ.) 3, 270 (1949), C 1949II, 450. — TANANAEFF,

N. A., u. I. TANANAEFF: Mikrochem. **8**, 308 (1930), auch Z. anorg. Chem. **170**, 122 (1928). — TARTARINI, G.: G. **63**, 597 (1933). — THANHEISER, G., u. J. HEYES: Spektrochim. Acta **1**, 279 (1938). — THOMAS, P., u. G. CARPENTIER: C. r. **173**, 1082 (1921). — THOMSON, TH.: Mikrochim. Acta **2**, 280 (1937). — THOMSON, T. A.: Mikrochem. **21**, 209 (1937). — TIEDEMANN, B. G., u. B. W. OSIMOW: J. chim. appl. (russ.) **12**, 468 (1939); C **1940I**, 2834. — TORTI, P.: Bl. chim. farm. **78**, 381 (1939), C **1939II**, 3728.

UBEDA, F. B., u. R. ALLOZA: Anal. fis. quim. **37**, 350 (1943), CA **1943**, 48. — UBEDA, F. B., u. F. U. GONZALES: Anal. fis. quim. **43**, 1179 (1947), CA **1948**, 3289. — UHLENHUTH, R.: Ch. Z. **34**, 887 (1910).

VERMANDE, J.: Pharm. Weekbl. **55**, 1131 (1918); C **1918II**, 662. — VOŘIŠKOVA, M.: Coll. Czech. chem. Com. **11**, 580 (1939), C **1942I**, 3073. — VORONKA, M. G., u. F. P. ČIPER: J. anal. Chim. (russ.) **6**, 331 (1951); Fr. **136**, 378 (1952). — VORTMANN, G.: (a) Analysengang mit Natriumsulfid, Wien 1923; (b) Qualitative Analyse anorg. Verb. mit einfachsten Hilfsmitteln, Berlin 1933.

WAGNER, A.: Fr. **20**, 349 (1931). — WALDO, A. W.: Amer. Mineralogist **20**, 575 (1935), C **1935II**, 3803. — WALSH, A., u. D. M. SMITH: B. N. F. M. R. A. London 1945, S. 6. — WEST, PH. W.: Ind. eng. Chem. Anal. Ed. **17**, 740 (1945). — WEST, PH. W., u. L. GRANATELLI: Anal. Chem. **24**, 870 (1952). — WHITE, CH. H.: Eng. Mining J. Press. **117**, 564. — WHITMORE, W. F., u. F. SCHNEIDER: Mikrochem. **8**, 293 (1930). — WILDENSTEIN, R.: Fr. **2**, 9 (1863). — WINTER, N., bei DUBSKY (a). — WÖBER, A.: Österr. Chem. Ztg. **21**, 105 (1918).

YOE, J. H., u. L. G. OVERHOLSER: Ind. eng. Chem. Anal. Ed. **14**, 435 (1942).

ZAHND, H., u. R. SAPINKOPF: Analyst **37**, 14 (1948), CA **1948**, 4496. — ZEISE, C.: Pogg. Ann. **35**, 487 (1835).

Silber.

Ag, Atomgewicht 107,880, Ordnungszahl 47.

Von HANS BODE, Hamburg.

Mit 7 Abbildungen.

Inhaltsübersicht.

I. Vorkommen.

Silber kommt in der Natur gediegen, hauptsächlich aber in Verbindung mit den Chalkogeniden und Halogeniden vor, von denen der Silberglanz (Argentit), Ag_2S, die Rotgiltigerze, $3\,Ag_2S \cdot (As, Sb)_2S_3$, Fahlerze und das Hornsilbererz (Chlorargyrit), AgCl, erwähnt sein sollen. Daneben ist Silber in vielen Erzen, vor allem in den sulfidischen Erzen von Blei, Zink und Kupfer, vorhanden.

II. Übersicht über Verwendungszwecke.

Metallisches Silber wird viel für Schmuck- und Gebrauchsgegenstände, sowie für Münz- und elektrotechnische Zwecke verwendet.

Die Silberhalogenide finden in der Photographie Anwendung; lösliche Silbersalze, aber auch das kolloide Silber, haben eine ausgezeichnete keimtötende Wirkung. Von Bedeutung ist die Verwendung des Silbers für analytische Methoden.

III. Wertigkeit und allgemeines Verhalten der Verbindungen in analytischer Hinsicht.

Das Silber steht im Periodischen System in der Nebengruppe der ersten Familie; es ist in den einfachen Salzen fast nur einwertig, nur das recht beständige AgF_2 ist bekannt. In Komplexsalzen ist dagegen eine Reihe von Verbindungen mit zwei- und dreiwertigem Silber bekannt, von denen Tetrapyridinosilber(II)-persulfat, $[Ag(Py)_4]S_2O_8$, erwähnt werden soll, da es zum Nachweis von Silberionen vorgeschlagen ist.

Das einwertige Silber ist durch eine große Zahl von schwerlöslichen einfachen und komplexen, insbesondere innerkomplexen Salzen charakteristisch. Das Oxyd und Sulfid sind schwer löslich; das Hydroxyd ist unter den üblichen analytischen Bedingungen nicht stabil. Analytisch wichtig sind vor allem die schwerlöslichen Halogenide und die leichtlöslichen Amminsilber- und Cyanosilberkomplexe. Die schwerlöslichen innerkomplexen Verbindungen mit organischen Farbstoffen sind charakteristisch gefärbt.

IV. Übersicht über die erste analytische Gruppe und die Abtrennung des Silbers.

Im klassischen systematischen Analysengang auf Kationen nach ROSE-FRESENIUS wird das Silber mit dem Quecksilber(I), dem Blei und dem Thallium als erste analytische Gruppe in saurer Lösung mit Chlorid- oder nach NOYES und BRAY mit Bromidionen gefällt. Bei den vielen Vorschlägen für Analysengänge ohne Verwendung von Schwefelwasserstoff wird das Silber auch stets als Chlorid abgetrennt.

Wenn zur Identifizierung eine Trennung durchgeführt werden soll, werden Blei und Thallium durch Auskochen mit Wasser extrahiert; der verbleibende Rückstand wird mit NH_3 behandelt; Kalomel wird schwarz gefärbt, das Silber geht als Diamminkomplex in Lösung und kann daraus identifiziert werden.

Ist nur wenig AgCl im Gemisch mit Hg_2Cl_2 vorhanden, so kann es bei der Behandlung mit NH_3 eingeschlossen bleiben. In diesem Fall behandelt man nach THIEL den Chloridniederschlag mit Bromwasser; dabei geht das Quecksilber(I)-chlorid in Lösung, das AgCl dagegen nicht.

Der mikrochemische Analysengang von BENEDETTI-PICHLER und SPIKES ist dem von NOYES und BRAY analog. Es werden Silber und Quecksilber(I) mit verdünnter Salzsäure durch fraktionierte Fällung zunächst abgeschieden, das Hg_2Cl_2

wird in Königswasser gelöst und der etwaige Rückstand von AgCl durch Umkristallisieren aus NH_3 identifiziert. Das Blei wird erst durch konzentrierte Salzsäure abgeschieden. Im Analysengang mit Dithizon nach FISCHER und LEOPOLDI werden Cu, Ag, Hg, Au und Pd in mineralsaurer Lösung gefällt und damit von den weiteren Metallen abgetrennt.

Die moderne qualitative Analyse ist bestrebt, durch Einführung spezifischer und empfindlicher Reaktionen die Kennzeichnung der einzelnen Elemente nebeneinander durchzuführen. Deshalb ist die Erkennung von Ag neben Hg, Pb und Tl auch ohne besondere Trennung von Bedeutung. In der Mikroanalyse verzichtet man aber oft, besonders bei der Spurensuche, auf die Ausfällung der unlöslichen Chloride; man fällt das Silber mit der Schwefelwasserstoffgruppe aus und scheidet die Fällung mit gelbem Ammonsulfid nach der klassischen Methode. Bei dieser Arbeitsweise handelt es sich dann um den Nachweis von Ag, neben Hg, Cu, Pb, Bi und Cd sowie Pd. Für den Nachweis des Ag neben den Metallen der „Kupfergruppe" wird vor allem die Reaktion mit Ammoniumtrisulfatocerat(IV) empfohlen („Tabellen II") (§ 4 A3 und § 5 A4). Die Nachweise mit Metol (§ 7 A2) und Mangan(IV)-Salzen (§ 4 A2 und § 5 A3) werden durch einige Ionen gestört, nicht aber durch Blei, dieses stört dagegen den Nachweis mit Rubidiumchlorid (§ 5 A2).

V. Aufschlußverfahren.

Silber und Silberlegierungen mit unedleren Metallen, sowie das Silber aus Legierungen mit Goldgehalten unter 25% lösen sich in Salpetersäure.

Gealterte, sowie geschmolzene Silberhalogenide, einschließlich des Cyanids und Rhodanids, können durch Säuren nicht in Lösung gebracht werden. Sie können bisweilen durch Kochen mit Sodalösung, stets aber durch Schmelzen mit Soda aufgeschlossen werden.

Nach CALEY und BURFORD löst konzentrierte Jodwasserstoffsäure (D = 1,70), der 1—2%ige unterphosphorige Säure (50%) zugesetzt ist, die Silberhalogenide. Es gehen außerdem SnO_2, Erdalkali- und Bleisulfat, CaF_2 und wasserfreies $CrCl_3$ in Lösung. Ungelöst bleiben Silikate, sowie die Oxyde von Eisen und Aluminium.

Will man in einem unlöslichen Rückstand das Vorhandensein von Silberverbindungen prüfen, wird ein Stäubchen auf der Tüpfelplatte mit 1—2 Tropfen Reagenslösung angetüpfelt. Das Reagens bereitet man dadurch, daß frischgefälltes und gewaschenes $Ni(CN)_2$ mit einer zur Lösung unzureichenden Menge KCN-Lösung gekocht und dann filtriert wird. Zu einigen cm^3 dieser Lösung (haltbar) werden einige Tropfen Ammoniak und einige Tropfen einer gesättigten alkoholischen Diacetyldioximlösung gegeben (FEIGL [e]) (vgl. hierzu auch § 6 C3). Eine Rotfärbung deutet auf AgCl, AgBr, AgJ, AgCNS oder AgCN, das schwerlösliche AgJ reagiert am langsamsten.

VI. Nachweis von Silber in Legierungen und Überzügen.

Die Probe wird über unglasiertes Porzellan (Strichplatte) gezogen, der haarfeine Strich wird mit verdünnter HNO_3 behandelt und die Säure über einer Flamme verdampft. Filtrierpapier (S und S 5999), das mit verdünnter HNO_3 befeuchtet ist, wird gegen die warme Platte gedrückt. Nach einer Minute wird das Papier mit einer gesättigten (in Aceton) Rhodaninlösung (vgl. § 7 A 1) getüpfelt.

Störendes Hg kann durch Erhitzen des Striches oder des eingedampften Rückstandes entfernt werden.

VII. Über Reaktionen in der älteren Zeit (nach KOPP).

In der allerfrühesten Zeit waren nur die Nachweise auf trockenem Wege bekannt, die letzten Endes auf der Abtrennung des Silbers (und des Goldes) von den unedlen Metallen mit Blei durch Kupellation beruhen. Die Gold-Silbertrennung geschieht mit Schwefel oder Schwefelantimon. Diese Reaktionen sind heute als Lötrohrproben, I. A. CRAMER (1739) [Elementis artis docimasticae], erhalten.

Von den Reaktionen auf nassem Wege scheint die Ausfällung des Silbers durch Quecksilber schon früher beobachtet zu sein (arbor Dianae), so etwa bei PAUL ECK (15. Jahrhundert) [Clavis philosophorum] und PORTA (1567) [Magia naturalia] und ROBERT BOYLE (1675) [of the mechanical causes of chemical precipitation]. Sicher beschrieben ist auch die Fällung als Silberchlorid mit Kochsalzlösung von LIBAVIUS (1595) [Alchimia]. ROBERT BOYLE gibt für die Empfindlichkeit dieser Reaktion an, daß 1 Teil Salz in 3000 Teilen Wasser noch erkennbar ist. GLAUBER (1648) [Furnis novis philosophicis] kennt auch schon die Löslichkeit des Chlorids in Ammoniaklösung.

Nachweismethoden.

§ 1. Nachweis auf spektralanalytischem Wege[1].

Allgemeines.

Der spektralanalytische Silbernachweis ist unter Verwendung eines Quarzspektrographen durch die beiden ultravioletten Linien des vom Grundzustand des neutralen Atoms ausgehenden Dubletts mit den Wellenlängen $\lambda = 3280{,}7$ Å und $\lambda = 3382{,}9$ Å ohne besondere Schwierigkeiten möglich. Besonders die kurzwelligere der beiden Linien, die in unmittelbarer Nachbarschaft der beiden empfindlichsten Kupferlinien ($\lambda = 3247{,}5$ Å und $\lambda = 3274{,}0$ Å) liegt, ist, abgesehen von den unten aufgeführten Linien, ziemlich ungestört durch Koinzidenzen mit Linien anderer wichtiger Elemente. Die langwelligere Linie dagegen wird häufig durch die Untergrundschwärzung in der Gegend von $\lambda = 3400$ Å gestört.

Für den Ag-Nachweis eignen sich Abreißbogen und kondensierter Funken; der letztere mit etwas geringerer Empfindlichkeit.

Brauchbare Analysenlinien, sowie Koinzidenzen nach GERLACH-RIEDL: WA. GERLACH und RIEDL (a) geben für Silber folgende Analysenlinien an: $\lambda = 3382{,}9$ Å und $\lambda = 3280{,}7$ Å, von denen die letztgenannte die intensivere ist.

Koinzidenzen sind zu erwarten:

Bei $\lambda = 3382{,}9$ Å mit Bogenlinien von Molybdän, Nickel sowie mit Funkenlinien von Strontium und Titan. Außerdem kann die Linie durch Zusammenfallen mit einer schwachen Gold- oder einer Vanadium-Linie verbreitert erscheinen.

Bei $\lambda = 3280{,}7$ Å mit Bogenlinien von Rhodium und Zink, sowie mit einer Funkenlinie von Vanadium. Außerdem sind Störungen durch im Untergrund liegende Kupfer-, Zink-, Mangan- und Rhodium-Linien möglich.

Nachweisverfahren.

1. Nachweis in Lösungen.

Für den Silbernachweis in Lösungen besteht nach GERLACH und SCHWEITZER die Möglichkeit, die Flüssigkeit unmittelbar auf einer tellerförmigen vergoldeten

[1] Bearbeitet von J. VAN CALKER, Münster (Westf.).

Metallelektrode mit dem kondensierten Funken zu untersuchen. Das Verfahren eignet sich auch für kolloidale Lösungen und hat sich besonders für sehr verdünnte Silberchlorid-Lösungen bewährt. In einem anderen gebräuchlichen Verfahren wird die Lösung auf einer Graphitelektrode eingetrocknet und dann im Lichtbogen angeregt. Mit dieser Methode haben BREWER und BAKER den Silbernachweis in Mineralien führen und die Vergesellschaftung mit Indium studieren können. Auch MORITZ verwendet ein ähnliches Verfahren bei der Ag-Bestimmung in Erzen, wobei er für die Linienidentifizierung und die Intensitätsabschätzung Vergleichslösungen benutzt. In einem elektrolytischen Anreicherungsverfahren schlägt SCHLEICHER Silber aus Lösungen auf einem Kupferdrahtnetz nieder und verdampft anschließend im kondensierten Funken. Die Erfassungsgrenze beträgt hierbei 10—100 γ Ag. Auch LOPEZ DE AZCONA benutzt ein elektrolytisches Anreicherungsverfahren zur Bestimmung von Ag in Erzen unter Anregung mit dem Flammenbogen.

2. Nachweis in Metallen.

Der Ag-Nachweis in Metallen ist besonders einfach und mit hoher Empfindlichkeit möglich, wenn man die Proben unmittelbar als Elektroden verwenden kann. So weisen GERLACH und RIEDL (b) sowie GERLACH und RUTHARDT Silberspuren von weniger als 0,001% in Platin nach. Zur Anregung dient hierbei der Abreißbogen. BALZ (a) kann weniger als 0,001% Silber in Blei und mit dem hochfrequenzgezündeten Abreißbogen sowie (b) mit dem gesteuerten kondensierten Funken auch Silber in Zink nachweisen. BRECKPOT (a) stellt 10^{-4}% Ag als sekundäre Beimengung in Cu fest, und MANKIN bestimmt Ag in Au-Legierungen im Kohlebogen.

3. Nachweis in organischer Substanz.

Zur Untersuchung organischer Substanzen benutzt WA. GERLACH den Hochfrequenzfunken, mit dem der Silbernachweis in mikroskopischen Leberpräparaten ohne chemische Vorbehandlung gelingt. Zur Silberbestimmung in Blutproben verwenden GOLDMANN und ARMSTRONG den Kohlebogen, indem sie das Analysenmaterial auf den Elektroden unmittelbar eintrocknen lassen. Auch für andere organische Substanzen hat sich das Verfahren bewährt. So verwendet es BRECKPOT (b) zur Ag-Bestimmung in der Zuckerrübe und DICK zum Ag-Nachweis in Grapefruit-Säften.

4. Nachweisbare Grenzkonzentration.

Ohne genaue Festlegung der elektrischen Anordnung und insbesondere der Lichtstärke der optischen Apparatur ist es kaum möglich, eine feste Nachweisgrenze für Silber anzugeben. Mit dem kondensierten Funken läßt sich noch etwa 1 γ erfassen. Für den Abreißbogen liegt die Nachweisbarkeitsgrenze mit den oben angegebenen Vorbehalten etwa bei 0,1 γ. Dem entspricht auch die Angabe von KONISHI und TZUGE, die eine Nachweisempfindlichkeit im Lichtbogen von 10^{-4} mg Ag erreichen.

§ 2. Physikalisch-chemische Untersuchungsmethoden.

In diesem Abschnitt werden nur die auf Silber bezogenen, speziellen Methoden gebracht, die allgemeinen Bemerkungen zu diesem Abschnitt befinden sich beim Kupfer.

Polarographische Nachweise.

Der *polarographische* Nachweis des Silbers und die Bestimmung sind nach KOLTHOFF und LINGANE möglich, obwohl das Silber edler als das Quecksilber ist.

Eine polarographische Untersuchung über die Abscheidung vom Silber aus Komplexsalzlösung liegt von GRIESS und ROGERS vor; sie dient jedoch nicht für analytische Zwecke, sondern dazu, die Bedingungen der elektrochemischen Trennung des Silbers vom Palladium festzulegen.

Radiochemische Nachweise.

Radiochemische Nachweise für Silber sind bisher nicht ausgeführt. Die oben erwähnte elektrochemische Trennung des Ag von Pd dient zur Abtrennung von radioaktivem Ag, das durch Protonenstrahlung in einem (p, n)-Prozeß aus Palladium gebildet wurde. Ein anderer Weg für diese Trennung ist von LANGER beschrieben, der das mit Protonen bestrahlte Palladiumblech mit einer dünnen Schicht von inaktivem Silber elektrolytisch überzieht (aus ammoniakalischer Lösung abgeschieden), diese Silberschicht mit HNO_3 ablöst und auf diese Weise $AgNO_3$-Lösungen mit radioaktivem Silber erhält. Nach geraumer Zeit sind die kurzlebigen Isotopen verschwunden und nur die Aktivität des 105 Ag mit 45 Tagen Halbwertzeit liegt noch vor. Die Lösungen werden für radiochemische Titrationen benutzt.

Chromatographische Nachweise.

Für die *chromatographischen* Verfahren nach SCHWAB und Mitarbeiter, die sich der Al_2O_3-Säulen bedienen, sind beim Kupfer auch Angaben über das Silber gemacht worden.

Von den Methoden, welche sich der Papierchromatographie bedienen, seien folgende Verfahren mitgeteilt.

LEDERER gibt eine Vorschrift für die chromatographische Analyse von Au, Pt, Pd, Cu und Ag, welche beim Abschnitt Kupfer beschrieben ist.

Nach POLLARD und Mitarbeiter kann man auf die Trennung der einzelnen analytischen Gruppen verzichten. Man bedient sich hierbei zur Trennung der Kationen organischer Lösungsmittel, denen komplexbildende Stoffe zugesetzt sind.

Als charakteristisches Beispiel sei die Anwendung eines Butanol-Benzoylaceton-Gemisches zur Trennung beschrieben. Dabei wird nur das Verhalten des Ag-Ions und der diesen Weg begleitenden Stoffe angegeben.

Etwa 0,1 g der Substanz wird mit 2 cm^3 2n Salpetersäure gekocht. Durch Zentrifugieren wird von etwaigen Niederschlägen getrennt. Auf einen Streifen Papier (Whatman Nr. 1) von 40 cm Länge wird in etwa 8 cm Abstand vom oberen Rand ein Tropfen der Lösung gegeben. Wenn auf alle Ionen geprüft werden soll, wird noch ein zweiter Tropfen in einigem Abstand und ein dritter Tropfen einer mit HCl hergestellten Lösung hinzugebracht. Nach dem Eintrocknen wird der Papierstreifen in eine Wanne für Chromatographie gehängt und mit einem Butanol-Benzoylacetongemisch als flüssige Phase bis auf 5 cm vom unteren Rand auseinandergezogen. In einem Strom von warmer Luft wird getrocknet. Der auf Ag zu prüfende Streifen wird von den anderen getrennt. Bei der nachfolgenden Entwicklung des Chromatogramms ist es zweckmäßig, beim Besprühen mit den Reagenslösungen den Streifen nicht zu naß zu machen.

Mit dem Silber zusammen werden nachgewiesen (Gruppe A nach POLLARD): Pb, Ag, Hg, As, Sb.

Zunächst wird mit einer Lösung von Kaliumchromat besprüht (1 g in 100 cm^3 Wasser) und über konzentriertes NH_3 gehalten. Ein zunächst ziegelroter Fleck, der beim Behandeln mit NH_3 blaß gelb wird, zeigt Ag an. Ein hellgelber Fleck, der mit NH_3 orangefarben wird, zeigt Pb an, eine auftretende Schwärzung spricht für Hg_2^{2+}, obwohl der größte Teil beim Lösen mit HNO_3 oxydiert sein sollte; eine etwa auftretende blaue Farbe deutet Cu an. Braun werden Mn und Co. Auf die weiteren Prüfungen kann an dieser Stelle verzichtet werden.

Analoge Entwicklungen sind durchgeführt anstelle von Butanol-Benzoylaceton mit Kollidin-Wasser und Dioxan-Antipyrin.

Verwendet man beim *Elektrotüpfeln* ein mit Chromat getränktes Papier, so zeigt eine rote Farbe Silber an, die gelbe Farbe von Cd, Zn, Pb, Bi usw. stört diese Reaktion nicht.

Ein anderer allgemeiner Nachweis ist schon beim Kupfer angegeben.

Röntgenographische Nachweise.

Für den *röntgenographischen* Nachweis von Silber kommen die Linien in Frage:

$K\alpha_2$ 562,₇ $K\alpha_1$ 558,₃ $K\beta_1$ 496,⁰ $K\beta_2$ 486,₀

und unter Benutzung eines Vakuumspektrographen auch

$L\alpha_2$ 4153₈, $L\alpha_1$ 4145,₆ $L\beta_1$ 3926,₆.

Koinzidierende Linien sind folgende:

Tb$K\alpha_2$ (2. Ordnung) 565,₇ Il$K\beta_1$ 563,₀ (2. Ordnung)
Ru$K\beta_2$ 560,5 Tb$K\alpha_1$ (2. Ordnung) 556,₄ (2. Ordnung);
Tu$K\alpha_2$ (2. Ordnung) 497,₂ Cd$K\beta_2$ (2. Ordnung) 495,₂
Sn$K\alpha_2$ 494,₀ Tb$K\beta_1$ 491,₀ (2. Ordnung)
Sn$K\alpha_1$ 489,₆ Tu$K\alpha_1$ (2. Ordnung) 487,₀ Yb$K\alpha_2$ 481,₉ (2. Ordnung);
Il$L\beta_1$ (2. Ordnung) 4154,₀ Ba$L\gamma_4$ (2. Ordnung) 4143
Pr$L\gamma_{10}$ (2. Ordnung) 3924,₆ Nd$L\gamma_9$ (2. Ordnung) 3924,₄.

§ 3. Nachweis auf trockenem Wege.

1. Beschlagproben.

Erhitzt man die Probe mit der Oxydationsflamme auf der Kohle, so gibt Silber nahe der Probe einen schwachen rotbraunen Oxydationsbeschlag. Bei der Anwesenheit von wenig Blei neben Silber ist der Beschlag gelb, bei längerem Blasen dunkelrot umrandet. Der Beschlag ist auf weißer Unterlage gut sichtbar (Gipsplatte). Wenig Antimon neben Silber ergibt einen weißen Antimonoxydbeschlag, welcher sich bei längerem Blasen rötet. Bei der Anwesenheit von Blei und Antimon ist der Beschlag neben viel Silber karmesinrot (HENGLEIN). Diese roten Beschläge bestehen wahrscheinlich aus antimon- oder bleisaurem Silber.

2. Reduktion mit Soda auf der Kohle.

Werden Silberverbindungen mit der 2—3fachen Menge Soda auf der Kohle reduzierend erhitzt, so entsteht ein weißes dehnbares Metallkorn ohne einen Beschlag; Zinn und Blei geben ein ähnliches Korn.

3. Perlenprobe.

In der Oxydationsflamme ist die Boraxperle zunächst gelb, dann farblos, die Phosphorsalzperle schwach gelblich, kalt opalfarben; in der Reduktionsflamme erscheinen die Perlen bei kurzem Blasen bisweilen grau und trüb. Die Perlen werden am besten durch Befeuchten mit einer ammoniakalischen Silberchloridlösung hergestellt. Nach DONAU (a) ist die Boraxperle gelb bei der Anwesenheit von 0,18 γ Ag; in der erkalteten Phosphorsalzperle ist die gelbe Farbe bei 0,2 mg Ag noch zu erkennen (DONAU [b]).

§ 4. Makrochemischer Nachweis mit anorganischen Reagenzien.

Vorbemerkungen. Für den Nachweis des Silbers auf nassem Wege sind sehr viele Reaktionen vorgeschlagen worden. Im folgenden sollen nur solche Reagenzien aufgezählt werden, die für ausgesprochen analytische Zwecke verwandt werden. Das bedeutet, daß solche Untersuchungen nur gestreift werden können, die sich zum Ziele gesetzt haben, silberaffine Gruppen in organischen Reagenzien zu erkennen, wie dieses bei den Arbeiten von DUBSKY (a, b, c), HOVORKA und SYKORA (a), sowie von KURAŠ vorliegt.

Eine zunächst schematische, grobe Einteilung wird durch die Verwendung von anorganischen und organischen Reagenzien gegeben; diese Aufteilung besitzt insofern eine gewisse Berechtigung, als sie im allgemeinen gleichbedeutend ist mit der Unterscheidung der Reaktionsprodukte als einfache oder komplexe Salze im Gegensatz zu den innerkomplexen Verbindungen. Beide Gruppen werden noch unterteilt in makrochemische Nachweise (ausgeführt mit dem Makro- oder Mikroreagensglas) und mikrochemische Nachweise auf dem Objektträger mit Benutzung des Mikroskops oder durch Tüpfelreaktionen (auf Papier bzw. Platte). Innerhalb der einzelnen Abschnitte findet die Unterteilung in analytisch wichtige, weitere und wenig empfehlenswerte oder unsichere Reaktionen statt. Bei der großen Zahl der Reaktionen ist die Bewertung naturgemäß sehr schwierig. Allgemeine Richtlinien für die Untersuchungen bis 1948 können die „Tabellen der Reagenzien für anorganische Analyse“ (1. und 3. Bericht) geben, ergänzt durch den 2. und 4. Bericht der „Internationalen Kommission für neue analytische Reaktionen und Reagenzien“ und eine Arbeit von WENGER und DUCKERT (a).

Es sei noch vorausgeschickt, daß in den zu untersuchenden Lösungen ausschließlich das einwertige Silberion vorliegt.

A. Analytisch wichtige Reaktionen.

1. Nachweis als Chlorid.

Den inversen Nachweis von Kochsalz mit Silbersalzlösung kannte bereits ROBERT BOYLE (1627—91) [nach KOPP], der über die Empfindlichkeit des Reagenses eine erste Angabe macht, nämlich, daß 1 Teil Salz in 3000 Teilen Wasser erkannt werden kann.

Zum Silbernachweis ist die Fällung als Silberchlorid oft beschrieben. Der Nachweis kann in neutraler, besser aber in saurer Lösung mit Salzsäure oder deren löslichen Salzen durchgeführt werden. Mit RbCl oder CsCl entstehen Fällungen der Zusammensetzung $2MeCl \cdot AgCl$, doch findet diese Reaktion makrochemisch keine Verwendung (§ 5, A2).

Ausführung. Zur neutralen oder schwach sauren Lösung fügt man so lange tropfenweise verdünnte Salzsäure hinzu, wie ein Niederschlag entsteht, bzw. man gibt zur schwach sauren Lösung einige Tropfen einer Chloridlösung. Bei elektrolytfreien Silbersalzlösungen bleibt das AgCl oft kolloid in Lösung; deshalb empfiehlt KARAOGLANOV, außerdem noch einige Tropfen einer KNO_3-Lösung hinzuzusetzen.

Empfindlichkeit: In 5 cm^3 lassen sich nachweisen nach BÖTTGER (a) 6,5 γ; nach BÖTTGER (b) 2,4 γ ohne, bzw. 0,6 γ mit Vergleichslösung; nach den „Tabellen, 1. Bericht“ 0,6 γ. Nach KARAOGLANOV sind bei Gegenwart von 0,2%iger KNO_3-Lösung in 5 cm^3 noch 3,3 γ nach 24stündigem Stehen zu erfassen.

Grenzkonzentration: 1 : 8000000 („Tabellen“) ($10^{-6,9}$);
1 : 1500000 (KARAOGLANOV) ($10^{-6,2}$).

Störungen können durch die Kationen der Salzsäuregruppe, Pb, Hg_2^{2+} und Tl, eintreten, die ebenfalls Fällungen ergeben; zur Unterscheidung von diesen schwerlöslichen Chloriden ist das Silberchlorid in Ammoniak löslich. Beim Ansäuern oder Verdunsten der Lösung fällt das Silberchlorid wieder aus.

2. Nachweis durch katalytische Reduktion von Mn(IV)-Salzen.

Nach LANG zeigen braune Mn(III)- bzw. Mn(IV)-Salzlösungen in salzsaurer Lösung bei Zimmertemperatur keine oder allenfalls eine sehr geringe Chlorentwicklung. Durch Spuren von Silberionen werden die braunen Lösungen rasch unter Entwicklung von Chlor entfärbt. Die Reaktion wurde von FEIGL und FRÄNKEL zum Nachweis des Silbers als Tüpfelprobe ausgearbeitet (§ 5, A 3). WENGER und DUCKERT (a) geben die Bedingungen für den makroanalytischen Nachweis im Reagensglas an. Der Reaktionsmechanismus ist nicht bekannt; nach LANG handelt es sich um eine heterogene Katalyse; FEIGL vermutet eine Wirksamkeit von $H[AgCl_2]$.

Ausführung. Bereitung der Mn(III)- bzw. Mn(IV)-Lösung: 0,6 g $MnSO_4$ werden in 60 cm³ destilliertem Wasser und 20 cm³ konzentrierter HCl gelöst, 10 cm³ einer n/10 $KMnO_4$-Lösung hinzugefügt und gut umgeschüttelt. Von dieser Lösung werden jeweils 15 cm³ mit 50 cm³ HCl (1 : 3 bzw. 10 n) verdünnt. Man gibt je 5 cm³ in zwei Reagensgläser und fügt zu dem einen die gleiche Menge Wasser und zu dem anderen die Probelösung hinzu. Je nach der Silbermenge erfolgt eine mehr oder minder schnelle Entfärbung. Die fertige Lösung ist nicht haltbar.

Empfindlichkeit: 5 γ in 5 cm³.

Grenzkonzentration: 1 : 1000000 (10^{-6}).

Störungen werden verursacht durch reduzierende Stoffe, insbesondere durch die Ionen Hg_2^{2+}, Cu^+, As^{3+}, Sb^{3+}, Sn^{2+}, TeO_3^{2-}, V^{3+} und Fe^{2+}, die eine gleichartige Reaktion geben. Rh, Pd und Ir stören ebenfalls. Dagegen beeinflussen die Reaktionen nicht: Hg^{2+}, Pb, Cu^{2+}, Bi, Cd, As^{5+}, Sb^{5+}, Sn^{4+}, Au, Pt, Se, Mo, W, Al, Fe^{3+}, U, Ce, La, Th, Zr, Be, Ti, Zn, Mn, Co, Ni, sowie die Erdalkalien und Alkalien. Nähere Angaben über die Änderung der Empfindlichkeit folgen bei der mikrochemischen Ausführung (§ 5, A, 3).

Nach KOLTHOFF und LIVINGSTONE wirkt Pd stärker katalytisch als Silber.

3. Nachweis durch katalytische Reduktion von Ce(IV)-Salzen.

Hierfür gelten dieselben Vorbemerkungen wie bei der vorangehenden Reaktion. Die gelbe Farbe der Ce(IV)-Salzlösungen wird katalytisch durch AgCl zum Verschwinden gebracht.

Ausführung: Bereitung der Ce(IV)-Lösung nach FEIGL und FRÄNKEL: 0,25 g Ce(IV)-ammoniumnitrat, $(NH_4)_2[Ce(NO_3)_6]$, werden in 10 cm³ verdünnter HNO_3 (10%ig) gelöst und auf 100 cm³ aufgefüllt. 3 Teile dieser Lösung werden mit 2 Teilen verdünnter HCl versetzt. Nach Hinzufügen von 1 Teil Probelösung wird auf eine eintretende Entfärbung geachtet, deren Geschwindigkeit mit einer Vergleichslösung verglichen wird. Nach WENGER und DUCKERT (a) wird eine 10%ige Ammoniumtrisulfatocerat(IV)-Lösung, $(NH_4)_2[Ce(SO_4)_3]$, in 10 n HCl benutzt. In zwei Mikroröhrchen wird je 1 cm³ der Lösung gegeben und die Probelösung bzw. Wasser als Vergleichslösung hinzugefügt.

Empfindlichkeit: 1 γ in 1 cm³.

Grenzkonzentration: 1 : 1000000 (10^{-6}).

Störungen treten nach WENGER und DUCKERT durch reduzierende Substanzen wie Fe^{2+}, Sn^{2+}, sowie Manganverbindungen auf. Nicht gestört, aber z. T.

weniger empfindlich wird die Reaktion durch Hg, Cu, Pb, Bi, Cd, As, Sb, Sn, Au, Pt, Te, Mo, W, Al, Fe^{3+}, Cr, U, Ce, La, Th, Tl, Zn, Co, Ni, sowie durch Erdalkalien und Alkalien. Nähere Angaben über die Änderung der Empfindlichkeit bei der mikroanalytischen Ausführung (§ 5, A 4). Pd stört sehr (KOLTHOFF und LIVINGSTONE).

B. Weitere Reaktionen.

1. Fällung mit Alkalilauge.

Mit Alkalilauge fällt braunes, im Überschuß nicht lösliches Ag_2O.

2. Fällung mit Ammoniak.

Mit wenig NH_3 fällt braunes Ag_2O, das sich im Überschuß leicht zu Diamminsilberion, $[Ag(NH_3)_2]^+$, löst.

3. Fällung mit Soda.

Mit Na_2CO_3 fällt gelblich-weißes Ag_2CO_3, das sich beim Kochen unter Bildung von braunem Ag_2O zersetzt.

4. Fällung als Sulfid.

Mit H_2S fällt aus saurer Lösung schwarzes Ag_2S, löslich in konzentrierter HNO_3. Für die Fällung mit Na_2S bei Gegenwart von Neutralsalz ist die *Empfindlichkeit*: 12,8 γ in 10 cm^3 (KARAOGLANOV).

5. Reaktion mit Cyaniden.

Lösliche Cyanide fällen weißes AgCN aus, das sich im Überschuß zum komplexen $[Ag(CN_2)]$ löst. Alle Silbersalze, mit Ausnahme von Ag_2S, geben diese Reaktion.

6. Reaktion mit Natriumthiosulfat.

$Na_2S_2O_3$ fällt aus neutraler Lösung einen weißen Niederschlag von $Ag_2S_2O_3$, der bei sofort erfolgender weiterer Zugabe von Thiosulfat sich zum komplexen $Na_5[Ag(S_2O_3)_3]$ löst. Das $Ag_2S_2O_3$, wie auch der Komplex, zersetzen sich langsam unter Bildung von Ag_2S, schneller beim Erwärmen oder Ansäuern.

7. Nachweis als Bromid.

Silbersalze bilden mit Bromidionen schwerlösliches Silberbromid, das schwieriger in NH_3 löslich ist als das Silberchlorid.

Zur Probelösung wird tropfenweise Bromwasserstoffsäure, bzw. nach Ansäuern mit verdünnter Salpetersäure, Alkalibromidlösung hinzugesetzt. Eine gelblichweiße Fällung zeigt Silber an. Da in elektrolytfreier Lösung die Fällung kolloid bleiben kann, wird nach KARAOGLANOV Kaliumnitratlösung hinzugefügt.

Empfindlichkeit: 0,5 γ in 5 cm^3 (GORSKI); nach KARAOGLANOV ist die Empfindlichkeit wie beim Nachweis mit Chlorid (§ 4, A 1).

Grenzkonzentration: 1 : 25000000 ($10^{-7,4}$) (Tabellen, 1. Bericht).

Störungen treten bei Anwesenheit von Blei, Quecksilber (I) und Thallium ein, die gleichartige Fällungen ergeben.

8. Nachweis als Jodid.

Silberjodid ist das am schwersten lösliche Silberhalogenid. Es löst sich nicht in Ammoniak und Thiosulfat, dagegen in Cyanidlösung.

Zu der sauren Probelösung werden einige Tropfen von Alkali- oder Ammoniumjodid hinzugefügt. Es fällt gelbes Silberjodid aus. Durch Neutralsalz wird etwa kolloid gelöstes Silberjodid zum Ausflocken gebracht (KARAOGLANOV).

Empfindlichkeit: 0,4 γ in 5 cm^3 (GORSKI und nach den „Tabellen“); in 5 cm^3 werden bei Gegenwart von 0,2%iger KNO_3-Lösung nach 24stündigem Stehen 1,6 γ erfaßt (KARAOGLANOV).

Grenzkonzentration: 1 : 12000000 ($10^{-7,1}$) (GORSKI)
1 : 3000000 ($10^{-6,5}$) (KARAOGLANOV).

Störungen durch Hg, Pb, Tl lassen sich durch Aufkochen bzw. Reagensüberschuß vermeiden.

Fällt man das AgJ gleichzeitig mit einer entstehenden Menge $BaSO_4$ ($BaCl_2$ + $(NH_4)_2SO_4$) aus, so dient das weiße $BaSO_4$ als Träger des AgJ (Süe).

Empfindlichkeit: 5 γ in 3,5 cm^3.

9. Nachweis durch katalytische Reduktion von Quecksilbersalzen.

a) Mit Quecksilber(II)-chlorid und Hypophosphit. Quecksilber(II)-chlorid wird durch Reduktionsmittel zum schwerlöslichen Quecksilber(I)-chlorid reduziert. Durch gewisse Reduktionsmittel und bei geeigneten Konzentrationen verläuft die Reaktion langsam, kann aber durch Silbersalze, wahrscheinlich infolge der Bildung von Keimen elementaren Silbers, beschleunigt werden. Durch Vergleich der Verfärbung mit einer silberfreien Kontrollprobe läßt sich diese Reaktion zu einem sehr empfindlichen, aber nicht sehr spezifischen Nachweis von Silber benutzen.

Die Reaktion mit Hypophosphit ist von HAHN aus der Methode unter b) entwickelt worden. Für ihr Gelingen ist die Abwesenheit aller Kristallisationskeime unbedingte Voraussetzung.

Ausführung: Lösung a: 11 g Sublimat werden heiß in 200 cm^3 Wasser gelöst und mit so viel Bromwasser versetzt, daß die Lösung eben gelb gefärbt ist. Die Lösung wird in einem Stehkolben, der mit einem übergestülpten Becherglas verschlossen ist, aufbewahrt, da sich bei Verwendung von Flaschen mit Schliffstopfen am Schliff Krusten bilden, die als Kristallkeime dienen könnten.

Lösung b: 50 cm^3 einer normalen Natriumhypophosphitlösung werden mit 3,4 cm^3 einer m/15 Phosphorsäure und 16,6 cm^3 einer m/15 primären Kaliumphosphatlösung auf 200 cm^3 verdünnt ($p_H = 3$).

Alle verwendeten Gefäße werden unter 2n Salzsäure aufbewahrt, die durch Brom deutlich gelb gefärbt ist. Dadurch werden sowohl alle adsorbierten Silberionen unter Bildung von $AgCl_2^-$, als auch etwa gebildetes Kalomel gelöst (2n Salpetersäure genügt nicht zur Reinigung). Nach dem Ausspülen werden die Gefäße mit der Öffnung nach unten zum Auslaufen auf Filtrierpapier gesetzt. Beim etwaigen Auswischen könnten Fäserchen als Keime zurückbleiben.

In zwei Bechergläser (50 cm^3 Inhalt) werden je 1 cm^3 der Sublimatlösung, in zwei weitere je 2 cm^3 der Hypophosphitlösung und 20 cm^3 der Probelösung bzw. 20 cm^3 reines Wasser eingefüllt. Beide Proben werden gleichzeitig in die Sublimatgläser gegeben und 2—3mal hin- und hergegossen. Dann werden die Lösungen in zwei mit den Mischungen ausgespülte Reagensgläser übergeführt, und im Nephelometer werden die auftretenden Trübungen beobachtet. An der Grenze der Nachweisbarkeit ist nach 3—4 Minuten ein Unterschied gut erkennbar, der nach 7—8 Minuten den Höchstwert erreicht. Die silberfreie Vergleichslösung bleibt im Trübungsgrad etwa 40—60 Sekunden hinter der silberhaltigen Probelösung zurück. Bei 5—10fach größerer Menge ist nach 12 Minuten der Trübungsunterschied auch ohne Hilfsmittel erkennbar.

Empfindlichkeit: 0,005 γ in 5 cm^3.

Grenzkonzentration: 1 : 1000000000 (10^{-9}).

Über **Störungen** durch andere Stoffe ist nichts bekannt.

b) Mit Quecksilber(I)-chlorid und Phenylhydrazin. Diese Reaktion, die von FEIGL (a) ausgearbeitet wurde, beruht auf der Beobachtung, daß die Reduktion des Kalomels durch Phenylhydrazin von Silberionen beschleunigt wird. Doch ist diese Arbeitsweise weniger als die Reaktion unter a) zu empfehlen, da das Phenylhydrazin durch Oxydation leicht verunreinigt ist.

Ausführung: Frisch gefälltes, gut ausgewaschenes Kalomel wird in wenig Wasser aufgeschlämmt und mit einer Lösung von Phenylhydrazin in Eisessig (1 : 2) versetzt. Man verteilt auf zwei Reagensgläser und versetzt den einen Teil mit der zu untersuchenden Lösung, den anderen mit Wasser und vergleicht die Verfärbung.

Empfindlichkeit: 0,08 γ in 5 cm^3 ergeben Graufärbung unmittelbar nach Zusatz; bei Bewertung von Farbunterschieden können nach 5—7 Minuten 0,025 γ in 5 cm^3 erfaßt werden.

Grenzkonzentration: 1 : 62000000 ($10^{-7,8}$) bzw. nach Wartezeit 1 : 200000000 ($10^{-8,3}$).

c) Mit Quecksilber(II)-nitrat und Zinn(II)-chlorid. Die langsame Reduktion einer salzsauren Quecksilber(II)-nitratlösung durch Zinn(II)-chlorid wird durch Silberionen ebenfalls katalytisch beschleunigt (TANANAEFF [a]).

Man gibt zu der zu untersuchenden Lösung einige Tropfen einer Quecksilber(II)-nitratlösung und dann einige Tropfen Zinn(II)-chloridlösung. An der Einfallstelle tritt bei Anwesenheit von Silber eine Schwarzfärbung auf.

10. Nachweis durch katalytische Oxydation von Mangan(II)-Salzen.

Die Reaktion beruht auf der Oxydation von Mangan(II)-ionen zu Permanganat durch die katalytische Wirkung von Silberionen in saurer Lösung.

Ausführung in schwach saurem Medium. Nach DENIGÈS werden 10 cm^3 der zu untersuchenden Lösung mit 0,7 cm^3 Schwefelsäure, 2 Tropfen einer Mangansulfatlösung (4 g/l) und 0,1 g Kaliumpersulfat versetzt und im Wasserbad erwärmt. Silberionen geben Anlaß zu einer Rosa- bzw. Rotfärbung.

Empfindlichkeit: 0,2 γ in 10 cm^3.

Grenzkonzentration: 1 : 50000000 ($10^{-7,7}$).

Störungen treten nicht auf bei Gegenwart von Cu, Fe, Ni und V. Hg in der 50fachen und Co in der 200fachen Menge geben eine gleichartige Oxydation.

Die Reaktion soll zum Nachweis von Silberspuren auf Metalloberflächen geeignet sein.

POPOW benutzt folgende Reagenslösung: 10 cm^3 0,4%ige $MnSO_4$-Lösung und 125 cm^3 2n H_2SO_4 werden auf 250 cm^3 mit Wasser aufgefüllt. 5 cm^3 dieser Lösung werden zu 5 cm^3 der Probelösung gegeben, 2—3 Minuten in siedendes Wasserbad gehalten, und dann wird 0,1 g $(NH_4)_2S_2O_8$ hinzugefügt.

Empfindlichkeit: 0,025 γ in 10 cm^3.

Ausführung in stark saurem Medium. KOLTHOFF und LIVINGSTONE geben folgende Vorschrift: 1 cm^3 einer $MnSO_4$-Lösung (0,1 g Mn im Liter) wird mit 4n Schwefelsäure auf 5 cm^3 verdünnt, und dann wird 1 cm^3 der Probelösung hinzugefügt. Man gibt 0,2—0,4 g $K_2S_2O_8$ hinzu und erwärmt auf dem Wasserbad. Bei Anwesenheit von Silber wird die Lösung rot.

Empfindlichkeit: Rotfärbung nach 2 Minuten durch 0,05 γ in 1 cm^3.

Grenzkonzentration: 1 : 20000000 ($10^{-7,3}$).

Störungen: OsO_4, Au(III), Pd, Co, Cu, Hg und viele andere Ionen katalysieren die Reaktion nicht, dagegen stören die Halogenide, Chloridionen sogar in Spuren.

Ausführung in schwach alkalischem Medium. 10 cm³ der zu untersuchenden Lösung werden mit 1 cm³ einer $MnCl_2$-Lösung (100 mg Mn/1), 50 mg MgO und 0,2—0,3 g $K_2S_2O_8$ versetzt. Nach 3—4 Minuten Kochen im Wasserbad läßt man absitzen (KOLTHOFF und LIVINGSTONE).

Empfindlichkeit: 3 γ Ag in 10 cm³.

Grenzkonzentration: 1: 3300000 ($10^{-6,5}$).

Störungen durch Ni, Co und Cl-Ionen.

Ausführung in stark alkalischem Medium. 10 cm³ der Probelösung werden mit 0,2 cm³ einer $MnSO_4$-Lösung (0,1 g Mn/l und 1 cm³ 4n NaOH versetzt, dann wird 0,2—0,4 g $K_2S_2O_8$ hinzugefügt und erhitzt. Nach ½ bis 1 Minute vergleicht man die Farbe mit einer silberfreien Probe (KOLTHOFF und LIVINGSTONE).

Empfindlichkeit: 5 γ in 10 cm³.

Grenzkonzentration: 1 : 2000000 ($10^{-6,3}$).

Störungen: Diese Ausführung wird durch Cl-Ionen nicht gestört; Cu, Pd und Co stören, Ni stört dagegen in kleineren Mengen nicht.

11. Nachweis als Tetrapyridinosilber(II)-Salz.

Das von BARBIERI aufgefundene Salz des zweiwertigen Silbers wird von WOLDAN zum Nachweis von Silber, insbesondere in Silikaten vorgeschlagen.

1 cm³ der zu prüfenden Lösung wird mit drei Tropfen Pyridin und 1 cm³ gesättigter Ammoniumpersulfatlösung versetzt; bei Gegenwart von Silberionen entsteht eine Gelbfärbung durch das Tetrapyridino-silber(II)-salz. Diese Färbung wird mit einer Vergleichslösung, die aus 1 cm³ destilliertem Wasser, drei Tropfen Pyridin und 1 cm³ Ammoniumpersulfat herzustellen ist (in der angegebenen Reihenfolge zusammenbringen und gut durchschütteln), verglichen. Silber ist nach einiger Zeit durch eine deutlich zitronengelbe Färbung gegenüber der farblosen Vergleichslösung zu erkennen. Nach stundenlangem Stehen verwischen sich die Farbunterschiede.

Empfindlichkeit: 1 γ in 1 cm³ nach 30 Minuten; 5 γ im cm³ nach 15 Minuten.

Grenzkonzentration: 1 : 1000000 (10^{-6} bzw. $10^{-5,3}$).

Störungen: Gelbfärbung bzw. Änderung der Eigenfarbe tritt nicht ein bei Au, Pt, Rh, Ru, Os, Mn, Cr, Ti, V, Zn und Mg in etwa 20fachem Überschuß, bei Cu, Al und Sb bei etwa 1 : 1000; auch Hg, Cd, Ni, Co, U und As stören nicht. Bei Ir (1 : 25) tritt eine vorübergehende Gelbfärbung auf. Sn bildet SnO_2, bei Pb (200 γ/cm³) tritt eine weiße Trübung auf. Nur bei Fe (10 γ/cm³) tritt sofort eine Gelbfärbung auf; diese Störung kann aber durch Zugabe von Kaliumhydrogenfluorid unterdrückt werden, doch wird auch die Empfindlichkeit der Silberreaktion herabgesetzt.

C. Weniger empfehlenswerte bzw. unsichere Reaktionen.

1. Nachweis als Rhodanid.

Der Nachweis als Silberrhodanid wurde von WENGER und GUTZEIT vorgeschlagen. Nach SCHERINGA kann die kristalline Ausscheidung von Silberrhodanid, die beim Verdünnen einer Auflösung von AgCl in 5%iger KSCN-Lösung entsteht, zum mikrochemischen Nachweis benutzt werden.

Nach KARAOGLANOV wird 1 cm³ 0,1n KSCN-Lösung zur Probelösung hinzugegeben; eine weiße, in Säuren leicht lösliche Fällung zeigt Silber an.

Empfindlichkeit: 16,2 γ in 10 cm³.

Grenzkonzentration: 1 : 600000 ($10^{-5,8}$).

2. Nachweis mit Kupfer(I)-rhodanid.

Kupfer(I)-rhodanid reagiert, wie OCCLESHAW zeigte, mit Silbersalzen unter Bildung eines Gemisches von Silberrhodanid und elementarem, braun gefärbtem Silber.

Ausführung: In einem Mikroreagensglas wird eine Aufschlämmung von CuSCN mit der Probelösung geschüttelt. Die Azidität der Lösung darf n/2 Salpetersäure oder n Schwefelsäure nicht übersteigen. Die Graufärbung wird in verdünnten Lösungen durch einen Überschuß von CuSCN verzögert. Durch Belichtung wird die Empfindlichkeit gesteigert.

Empfindlichkeit: 20 γ (bei Tageslicht) bzw. 5 γ (bei Sonnenlicht) in 0,5 cm^3.

Grenzkonzentration: 1 : 25000 ($10^{-4,4}$)
bzw. 1 : 100000 (10^{-5}).

Bleisalze *stören* nicht, Quecksilber kann durch sorgfältiges Fällen mit NH_3 gefällt und abfiltriert werden. (Nachweis durch Tüpfeln § 5, C9).

3. Nachweis als Chromat.

Silberchromat bildet in schwach salpeter- oder essigsaurer Lösung gelbe bis orangerote Kristalle, bei etwas größerer Azidität entstehen die Kristalle des gelbroten bis blutroten Silberdichromats. Die Löslichkeit beider Salze ist geringer als die der Silberhalogenide; in starken Säuren, wie auch Ammoniak, sind sie vollständig löslich. Da die Fällung nicht zur Bildung kolloider Lösungen neigt, sondern stets kristallin ausfällt, ist die Reaktion für mikroanalytische Nachweise von Bedeutung geworden (vgl. § 5, B1).

Empfindlichkeit: 260 γ in 10 cm^3 (KARAOGLANOV).

Grenzkonzentration: 1 : 38000 ($10^{-4,6}$).

Störungen treten durch Hg und Pb ein, Chlorionen müssen abwesend sein.

4. Nachweis mit Molybdat.

Aus neutralen Silbersalzlösungen fällt nach GASPAR Y ARNAL mit Natriummolybdat (5%) ein weißer Niederschlag von Silbermolybdat.

Störungen treten auf durch Cu, Pb, Bi, Al, UO_2, Fe, Th, Ca, Sr und Ba, dagegen kann die Reaktion bei Gegenwart von Hg(II), Co, Ni, Zn, Mn, Be, Mg, Alkalimetallen und Ammoniumionen durchgeführt werden.

5. Nachweis mit Phosphat und Arsenat.

Die Fällungen des gelben Silberphosphats in neutraler Lösung (EMICH [a]) und des rotbraunen Silberarsenats (GUTZEIT) in neutraler oder essigsaurer Lösung sind wenig spezifisch; Silberarsenat ist das einzige rote Arsenat.

6. Nachweis mit 12-Molybdato-phosphorsäure.

Die komplexe 12-Molybdato-phosphorsäure, $H_3 [P(Mo_3O_{10})_4]$ gibt mit Hg^+, Tl^+, Ag sowie Cs, Rb, K und NH_4 schwer lösliche Niederschläge. ILLINGWORTH und SANTOS benutzen eine konzentrierte Lösung der Säure als Reagens, während GASPAR Y ARNAL eine salpetersaure Lösung von Dinatriumphosphat und Natriummolybdat verwendet. Die Reaktion ist wichtig für die Alkalimetalle (vgl. dieses Handbuch Teil II, Band 1a), nicht dagegen für die einwertigen Metalle der 1. analytischen Gruppe.

7. Nachweis mit Natrium-tetrathiosulfato-cobaltat(II).

Eine methylalkoholische Lösung von $Na_6[Co(S_2O_3)_4]$ gibt nach CELSI mit Silbersalzen eine weiße, sich bald braunschwarz färbende Fällung. Mit Hg, Cu, Pb, UO_2, Ba und K entstehen ebenfalls Fällungen. Die Reaktion ist nur für den Nachweis von Kalium, das mit dem Reagens einen himmelblauen Niederschlag gibt, von Bedeutung (vgl. dieses Handbuch Teil II, Band 1a).

8. Nachweis durch Reduktionsreaktionen.

a) Mit Quecksilber. Wird zur schwach salpetersauren Lösung ein Tropfen Quecksilber gegeben, so treten bei Anwesenheit von Silber graue Kristallnadeln auf (SSERGEJEW).

Empfindlichkeit: 1000 γ in 5 cm^3.

Grenzkonzentration: 1 : 5000 ($10^{-3,7}$).

Störungen: Durch As, Sb, Sn und Bi wird die Reaktion gestört. Durch Hinzufügen von Kaliumjodid kann die Störung durch As und Sn, nicht dagegen von Sb und Bi beseitigt werden.

b) Mit Kupfer. Zum Nachweis von sehr geringen Silberspuren in Fixierbädern legt man einen Kupferstreifen (0,02 · 5 · 50 mm) in das Bad. Nach 24 Stunden löst man den gut abgespülten Streifen in halogenfreier Salpetersäure und fügt einige Tropfen verdünnter HCl hinzu. Eine Trübung tritt bei mehr als 2 mg Ag im Liter ein. (ARENS und BERGER.)

c) Mit Wasserstoffperoxyd. Wird verdünntes Wasserstoffperoxyd mit etwas Kali- oder Natronlauge und dann mit der Silbersalzlösung versetzt, so entsteht nach SALKOWSKI eine graue bis schwarze Fällung von elementarem Silber.

d) Mit Eisen(II)-sulfat. Werden Eisen(II)-sulfatlösung und einige Tropfen Ammoniak zu einer Silbersalzlösung hinzugefügt, so entsteht ein braunschwarzer Niederschlag (FRESENIUS); Au und Pd, sowie andere Reduktionsmittel, geben dieselbe Reaktion. Nach FRESENIUS-GEHRING verwendet man eine tartrathaltige ammoniakalische Eisen(II)-sulfatlösung, die aber völlig klar sein soll. Durch die Tartrationen wird das Fe(III)-hydroxyd in Lösung gehalten. Über Empfindlichkeit als Makroreaktion ist nichts bekannt.

e) Mit Chromitlösung. Wird die Probe mit einigen Tropfen Chrom(III)-nitratlösung und mit so viel Kalilauge versetzt, daß eine grüne Lösung, $K_3[Cr(OH)_6]$, entsteht, so tritt nach MALATESTA und DI NOLA eine bräunliche bis schwarze Fällung auf.

Empfindlichkeit: 5 γ in 5 cm^3.

Grenzkonzentration: 1 : 1000000 (10^{-6}).

§ 5. Mikrochemischer Nachweis mit anorganischen Reagenzien.

Die Ausführung mikrochemischer Reaktionen kann entweder durch Beobachtung einer Reaktion (Fällung oder Farbänderung) unter dem Mikroskop oder mit Hilfe von Tüpfelreaktionen auf Filtrierpapier bzw. auf einer Tüpfelplatte erfolgen. Oft sind für alle Ausführungsformen Arbeitsvorschriften und Angaben über die Empfindlichkeit gemacht worden.

A. Analytisch wichtige Reaktionen.

1. Nachweis als Silberchlorid.

Ausführung: Nach BEHRENS-KLEY wird das Silber zunächst auf dem Objektträger als Chlorid gefällt, der Niederschlag mit Wasser ausgewaschen und in einem Tropfen starken Ammoniaks gelöst. Falls sich nicht alles löst, wird der gelöste Anteil auf die Seite gezogen. Nach wenigen Minuten bilden sich infolge Verdampfen des Ammoniaks scharf geformte Kristalle von AgCl (Abb. 1.) Zur Ausbildung großer Kristalle wird nach dem Lösen in Ammoniak noch mit konzentriertem Ammoniak im Verhältnis 1 : 3 verdünnt (KRAMER), worauf man unter zwei übereinandergelegten Uhrgläsern langsam verdampfen läßt. Die Kristalle entstehen in Stäbchen- und Hexaederform, die allmählich grau anlaufen.

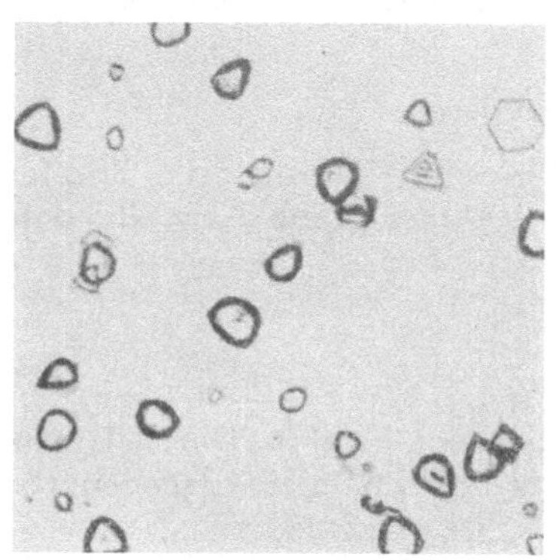

Abb. 1. Silberchlorid. Vergr. 125 (nach GEILMANN).

Empfindlichkeit: 0,1 γ in 0,03 cm^3 (KRAMER).

Grenzkonzentration: 1 : 300000 ($10^{-5,5}$).

Störungen werden vor allem durch die Elemente der 1. analytischen Gruppe verursacht.

Bleichlorid löst sich selbst nur wenig in Ammoniak, aber die AgCl-Kristalle werden zu kleinen Sternchen und baumartig ausgewachsenen Oktaederformen abgeändert. Bei Anwesenheit von Hg_2Cl_2 kann eine Verwechslung mit dem Aminoquecksilber(II)-chlorid eintreten, ferner entstehen statt der normalen Kristallform stark lichtbrechende, moosartige Sphaerolithe. Deshalb sind diese beiden Elemente vorher zu entfernen.

Blei wird im Reagensglas durch Schwefelsäure gefällt, nach Dekantieren wird der Überschuß der Schwefelsäure abgeraucht. Ein verbleibender Rest wird mit Königswasser behandelt, etwa gebildetes Quecksilber(II)-chlorid fortsublimiert. Alkalisalze, Chromate, Phosphate und Arsenate verursachen keine Störungen. Bei Anwesenheit von Zinkchlorid und Antimonchlorid entstehen große, sechsseitige Platten, Gold(III)-chlorid verursacht oktaedrische Skelette, Platin(IV)-chlorid kreuzförmige Rosetten, Ammoniummolybdat hindert stark, Zinn(IV)-chlorid macht die Reaktion gänzlich unbrauchbar (BEHRENS-KLEY).

KORENMAN (e) empfiehlt zum Umkristallisieren von AgCl, wie auch AgBr und AgJ, gesättigte Lösungen von $AgNO_3$, KJ oder KSCN, in denen sich die Ag-Halogenide leichter lösen als in NH_3.

Beim Einengen oder Verdünnen (bei KJ mit NH_3, bei $AgNO_3$ mit H_2O) bilden sich gut erkennbare Kristalle.

Findet das Kristallisieren von AgCl aus ammoniakalischer Lösung in Gegenwart von Methylenblau, Eosin oder Bismarckbraun statt, so werden diese Farbstoffe aufgenommen (BRUNSWIK).

2. Nachweis als Rubidium-silber-chlorid.

Silbersalze geben nach VERMANDE mit RbCl einen kristallinen, farblosen Niederschlag von 2 RbCl · AgCl.

Ausführung: Nach WENGER und DUCKERT (a) gibt man zu einem Tropfen der schwach salpetersauren Probelösung auf dem Objektträger einige Kristalle von Rubidiumchlorid. Beim vorsichtigen Einengen über einer Mikroflamme erscheinen nadelförmige Kristalle.

Empfindlichkeit: 0,1 γ in 0,01 cm^3.

Grenzkonzentration: 1 : 100000 (10^{-5}).

Nach GEILMANN wird zur Lösung von AgCl in starker HCl ein Körnchen RbCl gegeben und eingedampft. Neben derben kubischen Kristallen von RbCl sind die Nadeln von 2RbCl · AgCl zu erkennen (Abb. 2).

Erfassungsgrenze: 0,2—0,5 γ.

Störungen treten durch viele Kationen auf, die ebenfalls kristalline Fällungen ergeben. Doch wird die Empfindlichkeit nicht durch As, Au, Se und Co herabgesetzt, selbst wenn diese Ionen im 1000fachen Überschuß anwesend sind. Durch Hg, Cu, Cd, Os, Ir, Al, Fe, Cr, Ce^{3+}, Zr, Th, Zn, Mn, Ni und Erdalkalimetalle wird bei 100fachem Überschuß dieser Ionen die Grenzkonzentration auf 1 : 10000 herabgesetzt, durch V^{3+}, Ce^{4+} und MoO^{2-}_4 bei gleichem Mengenverhältnis sogar auf 1 : 3300. Nur die Ionen Pb, Sb, Sn, Rh, Pd, Te und Be bilden gleichartige Kristalle, so daß der Nachweis bei Gegenwart dieser Stoffe unmöglich ist. Ein gleiches gilt für Bi, Pt und Tl, die jedoch andersartige Kristalle ergeben.

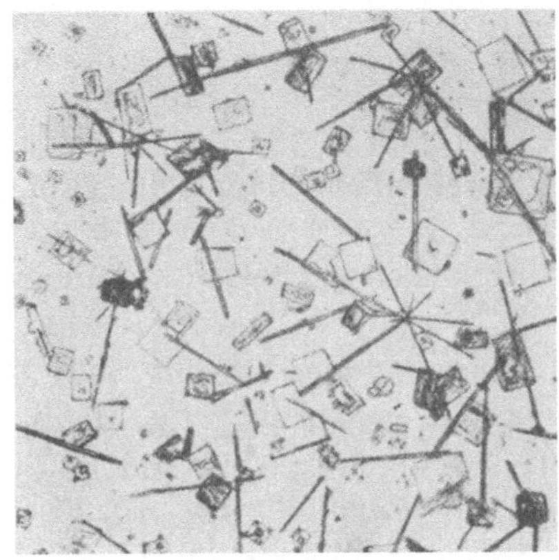

Abb. 2. Rubidium-Silberchlorid. Vergr. 70 (nach GEILMANN).

Bemerkung: VERMANDE sowie DUCLOUX beschreiben eine gleichartige Reaktion mit CsCl, doch ist diese nach WENGER und DUCKERT weniger empfindlich.

3. Nachweis durch katalytische Reduktion von Mn(IV)-Salzen.

Vorbemerkung und Bereitung der Lösung wie beim makroanalytischen Nachweis § 4, A 2.

Ausführung: nach WENGER und DUCKERT (a). Zwei Tropfen des Reagenses werden auf die Tüpfelplatte gebracht, ein Tropfen Probelösung wird hinzugefügt. Entfärbung der Lösung zeigt Ag-Ionen an. Bei Proben in der Nähe der Erfassungsgrenze wird die Geschwindigkeit der Entfärbung mit einer Kontrollösung (zwei Tropfen Reagens und ein Tropfen Wasser) verglichen.

Nach FEIGL und FRÄNKEL verfährt man zum Nachweis des Silbers in der 1. analytischen Gruppe folgendermaßen: Der Niederschlag der Chloride wird mit heißem Wasser ausgewaschen, vom Rückstand, bestehend aus den Chloriden von Ag^+, Hg_2^{2+} und Tl^+, wird ein Teil im Tiegelchen zur Entfernung von Hg_2Cl_2 und TlCl schwach geglüht und ein etwa verbleibender Rückstand im erkalteten Tiegel mit ein bis zwei Tropfen der Reagenslösung versetzt. Beim Vergleich mit einer Parallelprobe läßt sich an einer schnelleren Entfärbung die Anwesenheit von Silber erkennen.

Empfindlichkeit: 0,25 γ (nach FEIGL), 0,6 γ (nach WENGER) 1 γ in 0,03 cm^3 (KOLTHOFF und LIVINGSTONE).

Grenzkonzentration: 1 : 120000 ($10^{-5,1}$)
1 : 50000 ($10^{-4,7}$)
1 : 30000 ($10^{-4,5}$).

Über *Störungen* macht WENGER die folgenden Angaben: Bei 100fachem Überschuß tritt keine Änderung der Empfindlichkeit durch Hg, Cu, Pb, As, Sb und Ce^{3+} ein; durch Bi, Cd, Sn, Au, Pt, Se, Mo, W, Fe, Al, U und Th wird die Grenzkonzentration auf 1 : 10000 (10^{-4}) herabgesetzt. Es stören Rh, Pd und Ir, sowie alle reduzierenden Substanzen, insbesondere Hg^+, Cu^+, As^{3+}, Sb^{3+}, Sn^{2+}, V^{3+}, Fe^{2+} und TeO_3^{2-}.

4. Nachweis durch katalytische Reduktion von Ce(IV)-Salzen.

Vorbemerkung und Bereitung der Lösung wie beim makroanalytischen Nachweis § 4, A3.

Ausführung: a) Auf die Tüpfelplatte werden nach FEIGL und FRÄNKEL zwei Tropfen der Ce(IV)-nitratlösung gebracht und ein Tropfen der schwach salpetersauren Probelösung bzw. ein Tropfen Wasser hinzugegeben. WENGER benutzte eine Ce(IV)-sulfatlösung. Bei Gegenwart von Silberionen wird ein mehr oder minder schnelles Abklingen der gelbroten Farbe beobachtet. b) Zum Tüpfeln auf Papier wird von WENGER die Ce(IV)-sulfatlösung benutzt.

Empfindlichkeit: Mit der Tüpfelplatte 0,03 γ in 0,03 cm^3 (FEIGL), 1 γ (KOLTHOFF und LIVINGSTONE), bei Tüpfeln auf Papier 0,6 γ in 0,03 cm^3.

Grenzkonzentration: a) Tüpfelplatte 1 : 1000000 (10^{-6}); b) Tüpfelpapier 1 : 50000 ($10^{-4,7}$).

Über *Störungen* macht WENGER folgende Angaben:

Bis zu 3000fachem Überschuß tritt bei Cu, Pb, Bi, Cd, As, Sb, Sn, Te, U, Th, Tl, Zn, Co, Ni, Ca, Sr und Ba keine Änderung der Empfindlichkeit der Reaktion auf. Die Ionen von Hg, Au, Pt, Mo, W, Al, Fe^{3+}, Cr und Ce setzen bei 300fachem Überschuß die Empfindlichkeit auf 1 : 100000 (10^{-5}) herab. Für 100fachen Se-Überschuß geht diese auf 1:30000 ($10^{-4,5}$) zurück. Mangan stört immer, da eine braune Fällung entsteht, ebenso müssen reduzierende Stoffe abwesend sein, da diese eine Entfärbung bewirken. Nach KOLTHOFF und LIVINGSTONE verhält sich Pd wie Ag; Tl soll durch Bildung einer gelben Fällung und durch rasche Entfärbung stören. Über den Nachweis neben Tl siehe bei der Reaktion mit Mn(IV)-Salzen (FEIGL und FRÄNKEL).

B. Weitere Reaktionen.

1. Nachweis als Chromat.

Die Fällung des Silbers als Chromat Ag_2CrO_4 bzw. Dichromat $Ag_2Cr_2O_7$ ist stets kristallin und kann zum Nachweis des Silbers mit dem Mikroskop wie auch mit der Tüpfelmethode dienen. Der mikrochemische Nachweis als Chromat ist wichtiger und empfehlenswerter als der makrochemische (§ 4 C2). Aus Lösungen stärkerer Acidität entsteht das dunkler gefärbte Dichromat, während in schwach sauren Lösungen sich das heller gefärbte Chromat bildet.

Ausführung. a) Fällungsreaktion: Ein Tropfen der warmen, schwach salpetersauren Lösung wird auf einem Objektträger mit einer gesättigten Kaliumchromatlösung (BEHRENS) oder einer konzentrierten Lösung (BERISSO) bzw. einem Körnchen Kaliumdichromat (KRAMER) versetzt. Beim Erkalten kristallisiert das Silberdichromat in großen gelbroten bis blutroten Platten oder Rauten aus (Spitzer Winkel der Rauten 43° [BEHRENS-KLEY]). Nach KRAMER wird vorherrschend die Rechteckform gebildet; bei großem $K_2Cr_2O_7$-Überschuß entstehen blumenartige Gebilde (Abb. 3 und 4).

b) Tüpfelprobe: Man bringt einen Tropfen der Lösung auf Filtrierpapier, welches mit einer Kaliumchromatlösung angefeuchtet ist. Eine Färbung deutet auf Ag, Hg oder Cu. Bringt man einen Tropfen Ammoniak in die Mitte des Flecks, macht dann mit Essigsäure deutlich sauer, so erscheint ein braunroter Ring von Ag_2CrO_4. Das ebenfalls in Essigsäure unlösliche $PbCrO_4$ bleibt, da es im Ammoniak nicht löslich ist; in der Mitte des Flecks, im allgemeinen auch das $HgCrO_4$ (TANANAEFF [b]).

Empfindlichkeit: a) 0,15 γ in 0,03 cm^3 (KRAMER); b) 1,2 γ in 0,03 cm^3 (FEIGL [b]), 0,2 γ (BENEDETTI-PICHLER und SPIKES).

Grenzkonzentration: a) 1 : 20000 ($10^{-4,3}$); b) 1 : 25000 ($10^{-4,40}$).

Störungen können durch Blei- oder Quecksilberchromat verursacht werden. Bleichromat ist heller, immer gelb bis orangerot und erscheint in stark lichtbrechenden Stäbchen oder Rauten. Da es schwerer löslich ist als das Silbersalz, erscheint letzteres nur bei Überschuß von Chromat. Bei Gegenwart von viel Blei ist das Silber nicht mehr zu erkennen. Neben geringen Mengen Quecksilber(II)-chromat ist das Silberchromat durch seine dunkleren Kristalle zu erkennen. Bei großem Überschuß beider Ionen versagt auch hier der Nachweis (vgl. auch SCHOORL [b]). Auch durch Spuren von Cl-Ionen wird der Nachweis empfindlich gestört (KRAMER).

Abb. 3. Silberdichromat, Vergr. 60 (nach GEILMANN).

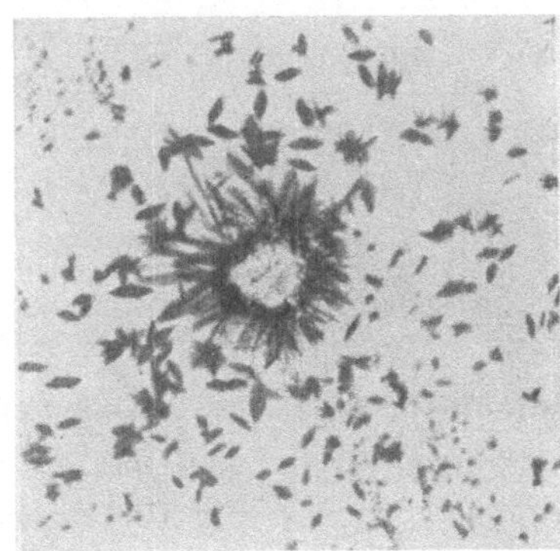

Abb. 4. Silberdichromat, am Kristall von $K_2Cr_2O_7$ ausgebildet (nach GEILMANN).

Nach CLARKE und HERMANCE fixiert man das Chromation als Zinkchromat auf dem Tüpfelpapier. Dieses wird mit K_2CrO_4-Lösung getränkt und nach dem Trocknen kurz in eine Zn-salzlösung getaucht. Beim Tüpfeln mit einer Kapillarbürette lassen sich kleinere Mengen als mit löslichen Reagenzien erkennen.

Erfassungsgrenze: 0,1 γ.

Bei der Ausführung als „Akroreaktion" ist die

Erfassungsgrenze: 0,34 γ (SKALOS).

Grenzkonzentration: 1 : 2470 ($10^{-3,4}$).

Der elektronenmikroskopische Nachweis von Fällungen, insbesondere auch von Ag_2CrO_4, ist von GULBRANSEN, PHELPS und LANGER untersucht.

Die **Grenzkonzentration** soll 10^{-8} bis 10^{-9} betragen.

2. Nachweis mit Gold(III)-halogeniden.

Nach EMICH (b) entstehen beim Zusammenbringen von Gold-, Silber- und Rubidiumchloridlösungen charakteristische Kristalle eines Tripelchlorids von der Formel $Rb_3(Ag_6, Au_2) Cl_9$ (BAYER), in dem sich Ag_3 und Au vertreten können. Die analytisch ermittelte Zusammensetzung schwankt um den Mittelwert: $6 RbCl \cdot 2 AgCl \cdot 3 AuCl_3 = Rb_6Ag_2Au_3Cl_{17}$ (s. u. a. auch WELLS und STEVANS sowie GEILMANN). Für das Cäsiumsalz konnte röntgenographisch die analytische Formel $Cs_2AgAuCl_6$ oder $CsAgCl_2 \cdot CsAuCl_4$ bestätigt werden (ELLIOT und PAULING).

Ausführung. Zu einem Tropfen der Prüflösung oder zu gefälltem AgCl gibt man einen Tropfen konzentrierte HCl, einen Tropfen Gold(III)-chloridlösung (1%) und ein Körnchen festes Rubidiumchlorid; es kristallisiert die Tripelverbindung in blutroten Prismen oder Nadeln, die gelegentlich zu Kreuzen oder Büscheln verwachsen sind, aus. Diese Reaktion tritt auch mit geschmolzenem AgCl ein (Abb. 5 und 6).

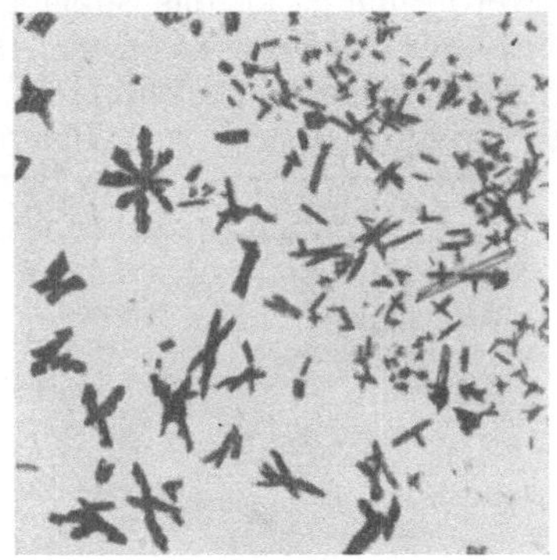

Abb. 5.
Rubidium-silber-goldchlorid (durch Einwirkung auf gefälltes AgCl), Vergr. 87 (nach GEILMANN).

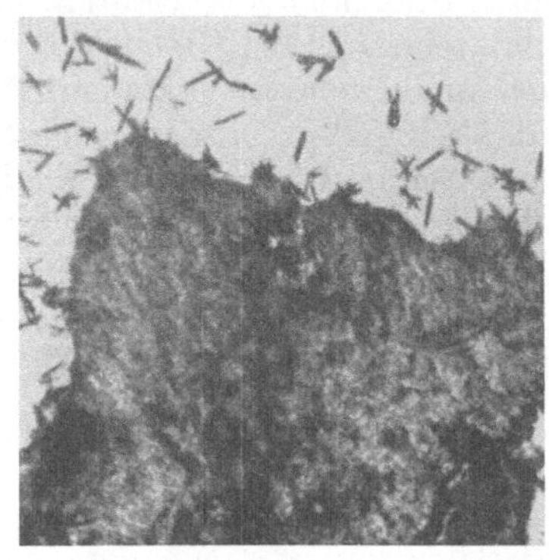

Abb. 6.
Rubidium-silber-goldchlorid (durch Einwirkung auf geschmolzenes AgCl), Vergr. 87 (n. GEILMANN).

Empfindlichkeit: 1 γ in 0,01 cm^3 (BAYER); 0,8 γ (MARTINI [a]).

Grenzkonzentration: 1 : 10000 (10^{-4}).

Störungen: Kupfer und Blei, sowie freie Salpeter- und Salzsäure (BAYER) beeinträchtigen die Reaktion nicht; Quecksilber(II)- und Wismut-Salze verändern den Habitus der Kristalle. Mit dieser Reaktion kann Silber noch neben der 1000-fachen Goldmenge nachgewiesen werden.

Anmerkung: Wird statt des Rubidiumchlorids das Caesiumchlorid benutzt, so entstehen nur winzig kleine Kristalle, die zum mikrochemischen Nachweis nicht sehr geeignet sind (BAYER). Die Verwendung der Bromide statt der Chloride bringt keine Vorteile, da die Kristalle stets nur klein und nicht so charakteristisch ausgebildet sind wie bei den Chloriden (SUSCHNIG).

Nach MARTINI (a) ist für das Bromid die *Erfassungsgrenze* 0,05 γ.

3. Nachweis mit Bromid.

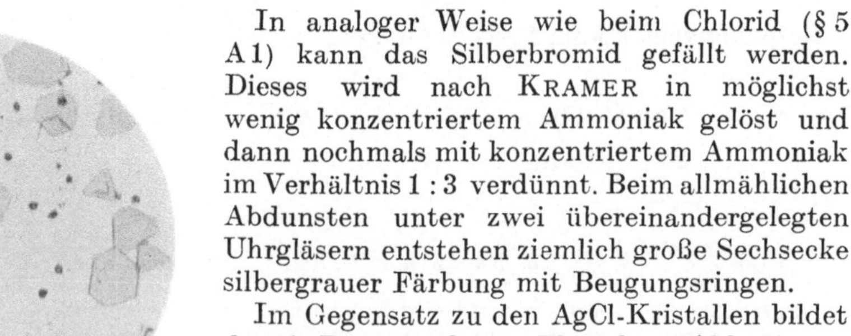

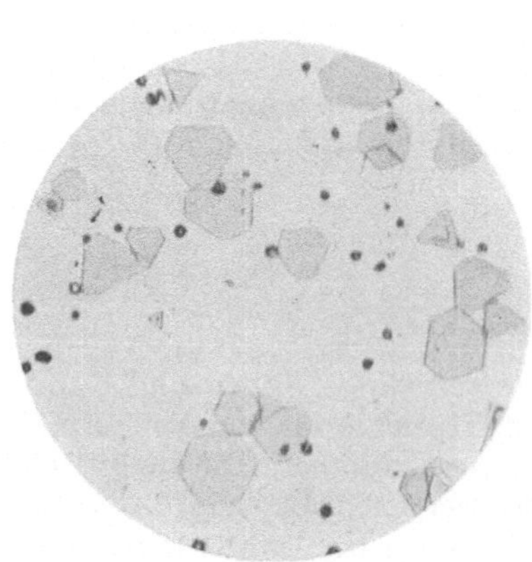

Abb. 7. Silberbromid, Vergr. 148 (nach KRAMER).

In analoger Weise wie beim Chlorid (§ 5 A 1) kann das Silberbromid gefällt werden. Dieses wird nach KRAMER in möglichst wenig konzentriertem Ammoniak gelöst und dann nochmals mit konzentriertem Ammoniak im Verhältnis 1 : 3 verdünnt. Beim allmählichen Abdunsten unter zwei übereinandergelegten Uhrgläsern entstehen ziemlich große Sechsecke silbergrauer Färbung mit Beugungsringen.

Im Gegensatz zu den AgCl-Kristallen bildet das AgBr ganz dünne Blättchen (Abb. 7).

Empfindlichkeit: 0,1 γ in 0,03 cm^3.

Grenzkonzentration: 1 : 300000 ($10^{-5,5}$).

Über eine andere Art des Umkristallisierens siehe bei AgCl (§ 5 A 1; KORENMAN [e]).

4. Nachweis als Jodid.

Eine Ausführungsform zum Nachweis als Jodid auf Gelatine gibt VEIL an.

5. Nachweis als Tetrapyridinosilber(II)-Salz.

Führt man die in § 4 B 11 angegebene Reaktion als „Akro- oder Eintropfenreaktion" aus, so ist die

Empfindlichkeit: 0,05 γ in 0,05 cm^3 (WOLDAN).

C. Wenig empfehlenswerte oder unsichere Reaktionen.

1. Nachweis als Azid.

Wird ein Tropfen der neutralen Prüflösung mit festem Natriumazid versetzt und der entstehende Niederschlag in Ammoniak (10%) gelöst, so entstehen beim Abdunsten des Ammoniaks auf dem Objektträger Täfelchen oder Nadeln (UZEL). Nach ROSENTHALER (b) entstehen Stäbchen von AgN_3, die vielfach gekreuzt sind.

Empfindlichkeit: 0,2 γ in 0,01 cm^3 (UZEL).

Grenzkonzentration: 1 : 50000 ($10^{-4,70}$).

Störungen: Auch Hg(I), Pb und Tl bilden ähnliche Kristalle; doch können die AgN_3-Kristalle erkannt werden (UZEL).

2. Nachweis mit Jodsäure.

Die amorphe Fällung als Silberjodat ist nach Lösen in Ammoniak und Eindampfen auf dem Objektträger zum Nachweis vorgeschlagen; es entstehen rhombische Kristalle (BOLLAND). Die Reaktion ist wenig empfindlich und wird durch viele Kationen gestört (WENGER und DUCKERT [a]).

3. Nachweis mit Schwefelsäure.

Wird eine Silbersalzlösung mit Schwefelsäure bei Gegenwart von Ammoniumsulfat auf dem Objektträger langsam eingedampft, so erscheinen Kristalle von Silbersulfat (HACKL).

Erfassungsgrenze: 10 γ.

4. Nachweis mit Molybdat.

Fügt man zu einem Tropfen einer Silbersalzlösung einen Tropfen einer gesättigten Lösung von Ammoniummolybdat, so erhält man eine amorphe, bald kristallin werdende Fällung (GRAF).

Grenzkonzentration: 1 : 1000 (10^{-3}).

Auch Hg^+-Salze geben eine kristalline, Pb-Salze nur eine amorphe Fällung.

5. Nachweis mit Zink.

Wird zu einem etwas eingeengten, salzsäurehaltigen Probetropfen ein kleines Stückchen Zink gegeben, bildet sich bei Anwesenheit von Ag wie auch Pb, Sn, Tl, In (Sb und Bi), ein stark verzweigter „Baum" von metallischem Glanz.

Andere Metalle geben abweichende Erscheinungen, die Reaktion wird aber nur als Vorprobe empfohlen (CHAMOT und MASON); nach GEILMANN ist die Probe nicht empfindlich, aber charakteristisch.

6. Nachweis als Arsenat.

Das von STRENG zum mikrochemischen Nachweis empfohlene Silberarsenat kristallisiert in drei- und vierstrahligen Kristallen; es ist in Essigsäure unlöslich und ist das einzige rotbraune Arsenat. Die Reaktion wird von vielen anderen Kationen überdeckt. Nach CHAMOT und MASON soll der Tropfen nicht vollständig neutralisiert sein; das Ag-Salz fällt als feiner, rötlicher, körniger Niederschlag aus, wird aber schnell rotbraun oder schwarz.

7. Nachweis mit Dithionat.

Versetzt man einen Tropfen einer Natriumdithionatlösung (1 : 20) $Na_2S_2O_6$ mit einem Tropfen der zu untersuchenden Lösung und fügt ein Kriställchen Urotropin hinzu, so erscheinen rechteckige Plättchen des Silbersalzes (RÂY und SARKAR).

Erfassungsgrenze: 0,065 γ.

Gestört wird der Nachweis durch Ni, Co, Mn, Ca und Mg, die abwesend sein müssen.

Über Nachweis mit Urotropin allein s. § 7 C2.

8. Nachweis mit Permanganat.

Man mischt einen Tropfen der Untersuchungslösung mit einem Tropfen Kaliumpermanganat und läßt 3—5 Minuten Pyridindämpfe darauf einwirken; es entstehen bei Anwesenheit von Silberionen dunkelviolette Nadeln. Wird statt des Pyridins ein Kriställchen Urotropin hinzugefügt, so beobachtet man violette unregelmäßige Kreuzchen und Sterne, bei langsamer Kristallisation und kleinen Ag-Mengen charakteristische und schmetterlingsartige Aggregate (POLUEKTOW und NASARENKO).

Erfassungsgrenze: 0,1 γ (mit Pyridin) oder 0,5 γ (mit Urotropin).

Die Reaktion mit Pyridin wird auch von Cu, Ni und Cd gegeben; Angaben über *Störungen* der Reaktion mit Urotropin fehlen.

9. Nachweis mit Uranylacetat.

Uranylacetat bildet in essigsaurer Lösung mit vielen Kationen schwerlösliche Doppel- und Tripelacetate (CHAMOT und BEDIENT).

Das Silbersalz bildet tetragonale Prismen, die aber wenig charakteristisch sind.

Daneben entstehen die schwer löslichen Kristalle des Ag-Acetats in Form von dünnen, sechsseitigen Platten oder Prismen.

Diese Reaktion wird vor allem zum Nachweis des Natriums (dieses Handbuch Teil II, Band 1a) verwendet.

10. Nachweis mit Brechweinstein.

Kalium-antimonyltartrat, mit und ohne Anwesenheit von Strontiumnitrat, gibt mit Silberionen kristalline Fällungen (STRENG). Pb gibt eine ähnliche Reaktion.

Das Silberantimonyltartrat, $Ag(SbO)C_4H_4O_6 \cdot H_2O$, bildet Rauten mit spitzem Winkel von 57° und Auslöschung in der Diagonalen (GEILMANN).

11. Nachweis mit Kupfer(I)-rhodanid.

Allgemeines s. § 4 C2.

Ausführung. Eine dünne Paste von frisch filtriertem CuSCN wird auf Filtrierpapier oder eine Tüpfelplatte gebracht und ein Tropfen der salpetersauren Probelösung hinzugefügt. Innerhalb weniger Sekunden entsteht eine braune Farbe, die nach grün umschlägt. Lichteinwirkung macht den Nachweis empfindlicher.

Empfindlichkeit: 2,2 γ (bei hellem Tageslicht oder bei Beobachtung mit einer 250 Watt-Lampe) bzw. 1,1 γ (Sonnenlicht) in 0,05 cm^3 (OCCLESHAW).

Grenzkonzentration: 1 : 22500 ($10^{-4,35}$) bzw. 1 : 45000 ($10^{-4,65}$).

Über **Störungen** gilt das bei der Ausführung im Mikroreagensglas Gesagte (§ 4 C2), allerdings darf die Salpetersäurekonzentration beim Tüpfeln bis 1,4 n betragen.

12. Nachweis mit Kupfersulfid und Ammoniak.

Fügt man zu einer Cu- und Ni-freien Lösung eine Aufschlemmung von CuS in NH_3, so tritt bei Gegenwart von Silberionen eine Blauviolettfärbung auf (TANANAEFF und SSOBOLEWA).

Empfindlichkeit: 5 γ in 1 cm^3.

Grenzkonzentration: 1 : 200000 ($10^{-5,3}$).

Störung: Hg gibt eine gleichartige Reaktion.

13. Nachweis als Silbersulfid.

a) Mit dem „Sulfidfaden".

Eine Faser wird abwechselnd in etwa 15%ige Lösungen von Natriumsulfid und Zinksulfat getaucht, stets abgepreßt, zum Schluß abgespült und getrocknet. Diese Faser kann nach EMICH und DONAU zum Nachweis von Metallsalzen benutzt werden.

Eine neutrale oder schwach saure Silberlösung färbt den Sulfidfaden braun bis schwarz (Beobachtung unter dem Mikroskop). Entfärbt man die Faser mit Natriumhypochlorit, so kann sie durch Einlegen in alkalische Traubenzuckerlösung oder in Zinn(II)-chloridlösung wieder geschwärzt werden. Salpetersäure bleicht wieder.

Erfassungsgrenze: Beobachtung der Sulfidfällung bei 0,003 γ.

Beobachtung durch Schwärzung nach Reduktion bei 0,005 γ.

Störungen können eintreten durch Bi, Cu, Hg, Pb, Pt, Co und Ni, die ebenfalls braune bis schwarze Färbungen ergeben.

b) Mit Zinksulfidpapier.

Anstelle der Faser empfiehlt KORENMAN (a) die Verwendung von Filtrierpapier, das jeweils 10—15 Minuten mit Zinksulfat-, Natriumsulfid- und nochmals mit Zinksulfatlösung (alle 10%ig) getränkt, abgespült und getrocknet wird. Besser als Filtrierpapier hat sich Bromsilberphotopapier bewährt, aus dem mit Natriumthiosulfat (10%) das Silbersalz ausgewaschen wird. Nach wiederholtem Waschen in Wasser wird es wie das Filtrierpapier behandelt. Das getrocknete Papier ist rein weiß. Auf das Zinksulfidpapier wird ein Tröpfchen (0,25 mm^3) mit einem Kapillarröhrchen aufgetragen. Silbersalze geben eine schwarze, gelbbraune oder auch nur gelbe Färbung.

Empfindlichkeit: 0,015 γ in 0,25 mm^3.

Grenzkonzentration: 1 : 17000 ($10^{-4,2}$).

Ähnliche Färbungen geben alle mit Schwefelwasserstoff fällbaren Metalle, wie auch Fe und Mn.

c) Nachweis mit Antimonsulfidpapier.

Ein durch abwechselndes Tränken mit Natriumthioantimonat und 2—5%iger HCl hergestelltes Antimonsulfidpapier reagiert nur mit Ag, Cu und Hg; nicht dagegen mit Pb, Cd, Sn, Fe, Ni, Co oder Zn.

SÜE fällt das Ag_2S gleichzeitig mit einer mehrfachen Menge $BaSO_4$ (aus $BaCl_2$ und $(NH_4)_2SO_4$) als Trägersubstanz aus.

14. Nachweis mit Kalium-tetrajodomerkurat(II).

Betupft man die Niederschläge von AgCl oder AgBr (nicht aber AgJ und Ag_2S) mit einer an HgJ_2 gesättigten KJ-Lösung, so werden diese orangerot gefärbt (BAKER und REEDY).

Erfassungsgrenze: 5 γ.

Gestört wird die Reaktion durch viele Stoffe wie Pb, Au, Cd, Se, Pd, Bi und Fe^{2+}, nicht dagegen durch Cu, Ce^{3+}, Hg, UO_2, Zn, Fe^{3+}, Ni und Co.

15. Nachweis mit Kalium-tetrarhodanatomerkurat(II).

Silbersalze geben mit $K_2[Hg(SCN)_4]$ eine weiße, körnige Fällung (CHAMOT und MASON).

Störungen: Pb, Mn, Zn und Cd geben ebenfalls farblose Kristalle; ebenso reagieren Co (blau), Cu (gelbgrün), Au (orangegelb) und Ni (gelblich, nur aus konzentrierter Lösung).

16. Nachweis durch Reduktionsreaktionen.

a) Mit Mangan(II)-nitrat.

Bei der Einwirkung von Silberionen auf Mangan(II)-Salze in alkalischer oder ammoniakalischer Lösung entsteht ein schwarzer Niederschlag von Silber (BALAREW). Von N. A. und I. TANANAEFF ist diese Reaktion als Tüpfelnachweis ausgearbeitet.

Auf Filtrierpapier wird ein Tropfen Salzsäure gebracht und der Tüpfelfleck mit einer Kapillare, die 0,025 cm^3 der Probelösung enthält, so berührt, daß nur ein Teil ausfließt. Dann wird ein zweites Tröpfchen HCl aufgebracht und wieder mit der Kapillare berührt. Durch dieses abwechselnde Aufbringen, das 3—5mal wiederholt werden soll, werden die meisten anderen Ionen ausgewaschen. Wird mit einem Tropfen Mangan(II)-nitratlösung und Natronlauge oder Ammoniak versetzt, so färbt sich der Fleck bei Anwesenheit von Ag schwarz.

Empfindlichkeit: 2 γ in 0,25 cm^3.

Störungen treten ein durch Oxydationsmittel und solche Metalle, die gefärbte Hydroxyde ergeben, sowie durch Hg(I) und Pd. Einwertiges Quecksilber (Schwarzfärbung mit NH_3) kann durch Betupfen mit Bromwasser oxydiert und dann, wie oben, ausgewaschen werden. Blei stört nicht.

b) Mit Zinn(II)-chlorid.

Die Reduktion von Silbersalzen durch Zinn(II)-chlorid kann zum Tüpfelnachweis benutzt werden.

Wird ein Tropfen der Untersuchungslösung stark ammoniakalisch gemacht und ein Tropfen des klaren Filtrats auf dem Filterpapier mit einem Tropfen Zinn(II)-chloridlösung versetzt, so deutet ein schwarzer Fleck auf Silber (TANANAEFF [b]).

Erfassungsgrenze: 1 γ (FEIGL [b]).

Die *Störung* durch Hg und Bi, die mit $SnCl_2$ in derselben Weise reagieren können, wird durch NH_3 ausgeschaltet. Ammoniumsalze dürfen nicht anwesend sein und sind durch Eindampfen und Glühen zu entfernen.

c) Mit Eisen(II)-sulfat.

Nach ROSSI und SOZZI gibt man ein bis zwei Tropfen einer 10%igen, schwefelsauren Eisen(II)-sulfatlösung ($p_H = 2$—3) auf Filtrierpapier und bezeichnet den Umriß mit einem Bleistift. Darauf gibt man einen Tropfen der stark ammoniakalisch gemachten Prüflösung hinzu. Silber verursacht einen schwarzen Fleck mit grünem, bald orangerotem Rand.

Grenzkonzentration: 1 : 200000 ($10^{-5,3}$).

Über **Störungen** liegen keine Angaben vor, doch dürften etwa dieselben Angaben wie bei der makrochemischen Ausführung (§ 4 C8d) zutreffen.

Diese Reaktion wird durch Au-Salze in einer Konzentration von $1 : 5 \cdot 10^{12}$ katalytisch beschleunigt (KRUMHOLZ und WATZEK).

17. Nachweis durch Auslöschung der Fluoreszenz.

Die gelbgrüne Fluoreszenz von Uranylsulfat in neutraler oder schwach salpetersaurer Lösung verschwindet auf Ag^{+}-Ionenzusatz (GOTÔ).

Empfindlichkeit: 1 γ in 0,05 cm^3.

Grenzkonzentration: 1 : 50000 ($10^{-4,7}$).

Hg^{2+}-, Bi und Cd-Ionen geben die Reaktion nicht, geringe Mengen Hg^{+}, Pb und Cu^{2+} stören nicht; Tl^{+} gibt die gleiche Reaktion.

§ 6. Makrochemischer Nachweis mit organischen Reagenzien.

Zum Nachweis von Silber sind viele organische Reagenzien vorgeschlagen worden, doch nur wenige haben sich bei ausreichender Empfindlichkeit als genügend spezifisch bzw. selektiv erwiesen. Durch geeignete Wahl des Reaktionsmediums läßt sich oft die Zahl der reagierenden Kationen durch Komplexsalzbildung oder durch Einstellung eines bestimmten p_H-Wertes steigern. Doch ist für Silber ein spezifisches Reagenz noch nicht gefunden.

Die Nachweise beruhen entweder auf einer Reduktion zum Silber oder auf der Bildung innerkomplexer Salze, die durch Farbe und Schwerlöslichkeit auffallen; seltener werden echte, ionogene Salze gebildet, bisweilen sind beide Formen nebeneinander bekannt. Nach DUBSKY und Mitarbeiter (a, b, c) müssen Moleküle, die zur Bildung innerkomplexer Salze fähig sein sollen, sowohl eine salzbildende Gruppe („aci-Gruppe"): —OH, —SH, —NH, >NOH, —COOH, $—SO_3H$ usw. als auch eine komplexbildende Gruppe („cyclo-Gruppe"), etwa >C = O, >C = S, $—NH_2$, >NOH, —NO, $—NO_2$ usw. besitzen. Eine spezifische silberaffine Gruppe ist die Atomgruppierung S = \C—NH—C<. Im allgemeinen liegen nur wenig systematische Untersuchungen vor, was sowohl die Selektivität wie den Beständigkeitsbereich unter den verschiedenen Bedingungen betrifft. In diesem Zusammenhange kann nur auf die Arbeit von H. FISCHER (b) hingewiesen werden.

Auch bei den organischen Reagenzien werden zunächst (§ 6) die Nachweise mit einem (Makro- bzw. Mikro-) Reagensglas und dann (§ 7) die mikrochemischen Fällungs- und Tüpfelreaktionen behandelt.

A. Analytisch wichtige Reaktionen.

1. Nachweis mit p-Dimethylaminobenzyliden-rhodanin.

Silbersalze geben mit Rhodanin (2-Thiocarbonyl-4-ketotetrahydrothiazol), sowie mit vielen seiner Kondensationsprodukte charakteristisch gefärbte Verbindungen (vgl. § 6 C26). Von diesen Derivaten hat sich das von FEIGL (b, e) vorgeschlagene 5-p-Dimethylaminobenzyliden-rhodanin besonders bewährt; es gibt in saurer, neutraler und ammoniakalischer Lösung einen purpurfarbenen Niederschlag. Bei sehr geringen Silbermengen bildet sich nur eine braunrote bis violette Farbe.

```
H—N—C=O
   |    |
S=C    C=CH · C6H4 · N(CH3)2
   \  /
    S
```

(4-p-Dimethylaminophenylmethylen)-2-thio-5-thiozolidon)

Ausführung: Für alle Ausführungsformen wird eine 0,03%ige Lösung in Alkohol oder Aceton verwendet. Über die Darstellung des Reagenses s. FEIGL (e).

Die neutrale oder schwach salpetersaure Probelösung (0,2 n) wird im Reagensglas mit einigen Tropfen der Reagenslösung versetzt. Ein rotvioletter Niederschlag zeigt Silber an.

Bei sehr kleinen Silbermengen oder wenn die Eigenfarbe des Reagenses stört, wird dieses mit Äther, Schwefelkohlenstoff oder Tetrachlorkohlenstoff ausgeschüttelt. Das in diesen Lösungsmitteln unlösliche Silbersalz sammelt sich als purpurn gefärbtes Häutchen an der Grenzschicht.

Empfindlichkeit: 1 γ in 5 cm^3.

Grenzkonzentration: 1 : 5000000 ($10^{-6,7}$).

Störungen treten auf bei Gegenwart von Hg, Cu, Pb, Bi, Au, Rh, Pd, Os und Pt, die eine ähnliche Reaktion geben. Einige nähere Angaben werden bei der Ausführung als Tüpfelreaktion (§ 7 A1) gemacht. Für quantitative Arbeiten wird auch das analog reagierende Diäthylamino-derivat benutzt (SANDELL und NEUMAYER).

Weitere Rhodaninderivate § 6 C26.

2. Nachweis mit Diphenylthiocarbazon.

Das Diphenylthiocarbazon, $C_6H_5N{:}N{\cdot}CS{\cdot}NHNH{\cdot}C_6H_5$, kurz Dithizon genannt, ist von FISCHER (a) zum Nachweis von Schwermetallen vorgeschlagen worden. Im allgemeinen wird das Reagens in Tetrachlorkohlenstofflösung angewendet. In saurer Lösung läßt Silber die grüne Farbe der Reagenslösung in die gelbe der Ketoverbindung (ebenfalls löslich in CCl_4) umschlagen, während in alkalischer Lösung sich die in Tetrachlorkohlenstoff unlösliche violette Silberverbindung der Enolform bildet.

Ausführung: Ein oder mehrere Tropfen werden mit einigen Tropfen der grünen Reagenslösung (0,002—0,004% in CCl_4) geschüttelt. Man verwendet hierfür zweckmäßig ein Mikroreagensglas mit eingeschliffenem Stopfen.

Sind von der Untersuchungslösung mehrere Kubikzentimeter verfügbar, so benutzt man größere Reagensgläser, ebenfalls mit eingeschliffenem Stopfen. Verwendet wird entweder eine saure, zweckmäßig acetatgepufferte Lösung oder eine 5%ige NaOH-haltige alkalische Lösung.

Empfindlichkeit: in saurer Lösung 0,04 γ, in alkalischer Lösung 0,3 γ in 0,05 cm^3 (FISCHER [c, d]).

Grenzkonzentration: sauer 1 : 1200000 ($10^{-6,1}$); alkalisch 1 : 1700000 ($10^{-5,2}$).

Diese Zahlen beziehen sich auf den Nachweis in wenigen Tropfen. Es lassen sich aber durch „extraktive Anreicherung" größere Grenzkonzentrationen erreichen.

Bei Gegenwart von NH_4Cl (2,5%) und NH_3 (2%) ist die Empfindlichkeit geringer: statt 0,3 γ nur 40 γ.

Störung: In saurer Lösung stören Hg, Au, Pb(II), Cu und Pd, in alkalischer Lösung nur Hg und Au. Bei einem p_H von 4 kann man alle störenden Elemente bis auf Hg durch Tarnung mit CN' maskieren, in 5%iger natronalkalischer Lösung reagiert das Ag^+ bevorzugt. Durch Oxydationsmittel wird das Reagens zerstört. Man kann die oxydierenden Stoffe durch Aufkochen mit Hydroxylammoniumchlorid entfernen (FISCHER).

Nach ALEXEJEW können Ag^+ und Hg^{2+} in Gegenwart von Tl, As^{5+}, Al, Mn^{2+}, Bi, Fe^{3+}, Pb, U, Cd, Ni, Co und Mo^{6+} nachgewiesen werden, wenn 10 cm^3 der Probelösung mit 30 cm^3 n/10 Natriumpyrophosphat und 3 cm^3 Dithizon versetzt werden. Silber- und Quecksilber(II)-salze geben eine rosa Färbung; *Erfassungsgrenze* 1 γ. Die angegebenen Stoffe stören infolge Komplexsalzbildung nicht, wenn die Mengen weniger als 200, 100, 20, 15, 10, 10, 10, 1,5, 1, 1, 0,05 und 0,05 mg betragen; As^{3+} Cu und Cr^{6+} stören stets bei dieser Ausführung.

Für Tüpfelverfahren auf Porzellan oder Papier eignet sich die Ag-Reaktion nicht (FISCHER [c]).

Anmerkung: Auch das Dinaphthylthiocarbazon bildet ein rotviolettes Ag-Salz (SSUPRUNOWITSCH), das in Wasser schwer, in CCl_4, $CHCl_3$ und CS_2 leicht löslich ist.

B. Weitere Reaktionen.

1. Nachweis mit Thionalid.

Nach BERG und ROEBLING ist das Thioglykolsäure-β-aminonaphtalid, $HS \cdot CH_2CONHC_{10}H_7$, kurz Thionalid genannt, zum Nachweis von Schwermetallen geeignet. Die Fällung ist für Silber sehr empfindlich, aber nicht spezifisch.

Ausführung: Die mineralsaure Lösung (0,2 n) wird heiß mit einer 1%igen alkoholischen oder eisessigsauren Reagenslösung versetzt. Bei Anwesenheit von Silber tritt eine gelbe Fällung ein.

Empfindlichkeit: 0,2 γ in 1 cm^3.

Grenzkonzentration: 1 : 5000000 ($10^{-6,7}$).

Störungen: Ebenfalls werden gefällt Cu, Au, Hg, Sn, As, Sb, Bi, Pt und Pd, zum Teil mit weitaus größerer Empfindlichkeit, dagegen werden von den Metallen der H_2S-Gruppe Cd, Pb und W nicht gefällt. In essigsaurer, neutraler oder alkalischer Lösung ist die Reaktion noch unspezifischer.

In tartrat- und cyanidhaltiger Lösung findet Reduktion zu Ag statt.

Bemerkung: Auch die Thioglykolsäure und das Anilid geben mit Schwermetallen charakteristische Fällungen:

Die Thioglykolsäure, $HS \cdot CH_2COOH$, fällt Kupfer, Silber und Gold in mineralsaurer Lösung, das Anilid der Säure, $HS \cdot CH_2CONHC_6H_5$, außerdem noch weitere Metalle. Diese beiden Stoffe besitzen aber für analytische Zwecke keine praktische Bedeutung (BERG und ROEBLING). Die *Grenzkonzentration* des Silbernachweises beträgt für die Säure 1 : 1000000 (10^{-6}), für das Anilid 1 : 3000000 ($10^{-6,5}$).

2. Nachweis mit Pyrimidin-derivaten.

Nach SHEPPARD und BRIGHAM ergibt das 2-Thio-5-keto-4-carbäthoxy-1,3-dihydropyrimidin in saurer Lösung mit Ag einen purpurn gefärbten Niederschlag bzw. eine Purpurfärbung.

Durchführung: Zu 10 cm^3 Probelösung werden ein Tropfen 4n HNO_3 und zwei Tropfen der Reagenslösung (0,03% in Aceton) gegeben.

$COOC_2H_5$
H |
N—CH
S=C< >C=O
N—CH_2
H

Empfindlichkeit: 2 γ in 10 cm^3.

Grenzkonzentration: 1 : 5000000 ($10^{-6,7}$).

In salpetersaurer Lösung entstehen ebenfalls Fällungen mit Au^{3+} und Hg_2^{2+} (rosa) und Pd^{2+} (hellrot); in schwach saurer oder neutraler Lösung ist das Reagens weniger selektiv (YOE und OVERHOLSER [a]).

3. Nachweis mit Thiobarbitursäurederivaten.

```
     S
     ‖
     C
    / \
  HN   NH
   |    |
 O=C    C=O
    \  /
     C
     H2
```

Die Thiobarbitursäure, Thioxazin genannt, ist ein gewisses Analogon zum Rhodanin und bildet ein p-Dimethylaminobenzylidenprodukt. Dieses sowie N-substituierte Allyl- und Phenylderivate verhalten sich wie das FEIGL-Rhodanin.

Bei der Durchführung der Reaktion im Mikroreagensglas wie beim Rhodanin (§ 6 A 1) ist die

Erfassungsgrenze: 0,2 γ (PAVOLINI und GAMBARIN).

Störungen: Ebenso reagieren Hg, Cu, Pd, Pt, Ir und Au. Pb stört erst bei einem 250000fachen Überschuß.

Störungen durch Hg, Pd, Pt und Au lassen sich durch Hinzufügen von 5%iger KCN-Lösung und anschließendes Ansäuern mit HNO_3 maskieren. Hg kann auch durch HCl maskiert werden. Die Empfindlichkeit sinkt hierbei. Cu(II)-Salze stören in saurer Lösung nicht.

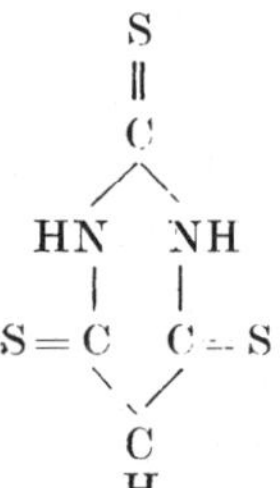

Mit dem p-Dimethylaminobenzalprodukt der Trithiobarbitursäure in der obigen Ausführungsform erhält man ein ockergelbes Häutchen.

Grenzkonzentration: 1 : 20000000 ($10^{-7,3}$).

Störungen: Zur Unterscheidung vom Cu wird eine zweite Probe mit H_3PO_3 erwärmt, das elementare Ag abfiltriert und die Reaktion erneut durchgeführt.

War nur Ag vorhanden, ist die Reaktion negativ.

Hg(I)- und Hg(II)-Salze werden durch HCl maskiert. Pd und Pt werden durch Reduktion entfernt; mit anderen Elementen gibt es keine ernsthaften Störungen.

4. Nachweis mit Methylenblau.

Das in Wasser unlösliche HgJ_2-Addukt des Methylenblaues, $(B \cdot HJ)_2HgJ_2$, reagiert mit Silber- und Quecksilberionen unter Bildung der unlöslichen Jodide, wodurch Methylenblau freigemacht wird und die wässerige Lösung färbt (BOUILLOUX).

Zur Herstellung des Reagenses wird 1%ige Methylenblaulösung mit einem kleinen Überschuß einer 1%igen Lösung von K_2HgJ_4 gefällt, abfiltriert, auf dem Filter mit einer sehr verdünnten Lösung von Methylenblau und dann mit verdünnter Essigsäure gewaschen, darauf 2—3 mal mit 40—50%iger Essigsäure dekantiert und als Suspension in schwacher Essigsäure aufbewahrt. Zu 3—4 cm³ der ungefähr neutralen Probelösung gibt man einen Tropfen Eisessig und fünf Tropfen der Suspension des Reagenses. Nach Umschütteln färbt sich die Lösung bei Anwesenheit von Ag und Hg blau.

Empfindlichkeit: 1 γ in 1 cm³.

Grenzkonzentration: 1 : 1000000 (10^{-6}).

Störung: Hg(II)-Salze geben die gleiche Reaktion, ebenso Hg(I), aber mit geringerer Empfindlichkeit, nicht dagegen Pb, Cu und Pd; einige Kationen (Ni, Co, Cr, UO_2 usw.) stören durch ihre Eigenfarbe. Ce(IV) stört wie die Anionen, die mit Methylenblau Fällungen ergeben (CrO_4^{2-}, $AuCl_4^-$, $PtCl_6^{2-}$, $Fe(CN)_6^{4-}$ usw.). Durch Freimachen von Jod stören konz. HNO_3, Fe(III) usw., außerdem H_2S, lösliche Sulfide und Halogenide, da sie das Ag-Ion fällen.

5. Nachweis durch Entfärbung von Jodstärke.

Die Blaufärbung von Stärke durch freies Jod tritt nur bei Gegenwart von Jodidionen ein. Werden diese durch Bildung unlöslicher Salze entfernt, so tritt Entfärbung der Jodstärke ein (KORENMAN [b]).

Ausführung: Man gibt zu 2 cm³ der neutralen oder schwach sauren Probelösung und zum Vergleich zu 2 cm³ Wasser mehrere Tropfen Stärkelösung (aus 3 cm³ n/100 KJ und 1 cm³ ½%iger Stärkelösung hergestellt) und versetzt die Vergleichslösung bis zum Auftreten der Blaufärbung tropfenweise mit 0,02%iger Jodlösung (etwa 5—8 Tropfen). Die gleiche Jodmenge ruft in der Untersuchungslösung keine oder eine schwächere Blaufärbung hervor.

Empfindlichkeit: 0,05 γ Silberionen im cm³ sprechen noch an; im sauren Medium (H_2SO_4, HNO_3) ist die Empfindlichkeit noch höher.

Grenzkonzentration: 1 : 20000000 ($10^{-7,3}$).

Störungen: Hg(I)- und Hg(II)-Ionen geben eine gleiche Reaktion. Sind Jodide und Chloride im Überschuß in der Untersuchungslösung vorhanden, so tritt selbst in Gegenwart von Ag- und Hg-Salzen die Blaufärbung auf. Ferner stören Reduktions- und Oxydationsmittel; $Bi(NO_3)_3$, $SbCl_3$ und Na_3AsO_3 können in höheren Konzentrationen die Blaufärbung verhindern.

Co^{2+}, Ni^{2+}, Mn^{2+}, Zn^{2+}, Fe^{3+}, Al^{3+}, UO_2^{2+}, Sn^{2+}, AsO_4^{3-}, Cd^{2+}, Cu^{2+} und Pb^{2+}-Salze stören dagegen nicht.

Nach SCHAPIRO (a) geben auch Au, Pd und Pt-Salze dieselbe Reaktion.

C. Weniger empfehlenswerte bzw. unsichere Reaktionen.

Diese Reaktionen sind so abgehandelt, daß von einfachen Reagenzien ausgehend, die Verwendung von aliphatischen, aromatischen zu heterocyklischen Stoffen erfolgt. Doch sind, um gewisse Zusammenhänge zu wahren, auch einige Abweichungen von dieser Anordnung vorgenommen. Die Reihenfolge der Reaktionen soll also nicht etwa eine Wertung der Brauchbarkeit enthalten.

1. Nachweis durch Reduktionsreaktionen.

Silbersalze lassen sich mit vielen organischen Stoffen reduzieren, wobei je nach der Konzentration des Silbers schwarze Fällungen oder kolloide Lösungen mit charakteristischen Färbungen entstehen. Diese Reaktionen sind aber wenig spezifisch. Für einige nachfolgende Reagenzien sind gewisse analytische Angaben gemacht bzw. sind die Reaktionsweisen angegeben.

a) Mit Tartraten.

Wird eine mit überschüssigem NH_3 hergestellte Silbersalzlösung mit Tartrationen versetzt und auf 70° erhitzt, so entsteht Silber, das sich als Spiegel an der Reagensglaswand abscheiden kann.

b) Mit Formaldehyd.

ARMANI und BARBONI benutzen eine alkalische Formalinlösung, HCOH, zur Reduktion von Gold- und Silbersalzen.

Nach VAN ATTA extrahiert man das gefällte Silberchlorid mit Ammoniak, setzt einige Tropfen Kalilauge (20%ig) und Formalinlösung hinzu.

Empfindlichkeit: 10 γ in 5 cm³ (A und B); 2,5 γ in 5 cm³ (v. A.).

c) Mit Kohlenhydraten und verwandten Stoffen.

Nach SALKOWSKI wird Silbernitrat sofort reduziert, wenn man die Lösung (10 cm³ 3%iges $AgNO_3$) zu 20 cm³ einer Traubenzuckerlösung (10%ig), die 5 cm³ Natronlauge (D 1,16) enthält, hinzufügt. Diese Reaktion ist von KOLLO zum Nachweis von Silber neben Blei und Quecksilber ausgewertet.

Nach WHITBY geben warme Lösungen von Silbersalzen, die mit Dextrin, Gummiarabicum, Glyzerin, Cellulose (als Filtrierpapier), Stärke oder Rohrzucker versetzt sind, nach dem Hinzufügen von Natronlauge eine gelbe bis schwarze Färbung.

Grenzkonzentration: 1 : 2000000 ($10^{-6,3}$).

Für die Reaktion mit Tannin gibt KARAOGLANOV folgendes an: 4 cm^3 der Silbersalzlösung werden mit 4,9 cm^3 Wasser, 1 cm^3 Tanninlösung (1%ig) und 0,1 cm^3 Sodalösung (1%ig) versetzt; es entsteht eine stabile rote, kolloide Lösung.

Empfindlichkeit: 2,6 γ in 10 cm^3.

Grenzkonzentration: 1 : 4000000 ($10^{-6,6}$).

In gleicher Weise wird von KARAOGLANOV eine Reihe von anderen Reduktionsmitteln untersucht, von denen noch Formaldehyd, Phenylhydrazin, Hydrochinon als geeignet bezeichnet werden.

Ein starkes Reduktionsmittel ist die Formamidinsulfinsäure, $C(NH_2)_2SO_2$ (BOESEKEN), die in ammoniakalischer Lösung außer Ag auch viele unedle Metallsalze, z. T. unter Spiegelbildung, reduziert.

2. Nachweis mit Sulfondiessigsäure.

Nach DUBSKY und Mitarbeiter (d) gibt die Sulfondiessigsäure, $SO_2(CH_2COOH)_2$, mit Silbersalzen eine kristalline Fällung. Quecksilber-, Blei- und Bariumsalze stören.

3. Nachweis mit Nickel-diacetyldioxym.

Als Reagens benutzt man nach UBBELOHDE eine gesättigte Lösung von Nickelcyanid in Kaliumcyanid, die freies Diacetyldioxim, $CH_3C(=NOH)C(=NOH)CH_3$, enthält. Es wird eine 5%ige Kaliumcyanidlösung mit dem gleichen Volumen Alkohol verdünnt und mit festem, überschüssigem Nickeldiacetyldioxym versetzt. Nach Aufkochen und längerem Stehen wird filtriert. Als Reagens wird diese Lösung auf das Zehnfache mit Wasser verdünnt. Werden zu 1 cm^3 der Prüflösung 3 cm^3 der Reagenslösung hinzugefügt, so tritt bei Anwesenheit solcher Metalle, deren Cyanide in geringerem Maße als das des Nickels sekundär elektrolytisch dissoziiert sind, ein Niederschlag des hellroten Nickelsalzes auf. Saure Lösungen sind mit Natriumhydrogencarbonat abzustumpfen.

Empfindlichkeit: 10 γ im cm^3.

Grenzkonzentration: 1 : 100000 (10^{-5}).

Die gleichen Reaktionen geben Quecksilber-, Kadmium- und Goldsalze, ebenfalls Nickelsalze, jedoch mit etwas anderer Färbung. Mit Eisen- und Aluminiumsalzen werden in 0,01 n und stärkeren Lösungen gelatinöse Niederschläge erhalten.

4. Nachweis mit Thiocarbin.

Durch Kochen von Natriumthiosulfat, $Na_2S_2O_3$, mit Glyzerin entsteht nach STEIGMANN (a) ein nicht isoliertes Reaktionsprodukt, welches „Thiocarbin“ genannt wird. Es bildet in wässeriger und ätherischer Lösung mit Ag, Cu, Au, Hg, Cd und Pb farbige, sehr schwer lösliche Niederschläge. Der Niederschlag mit Ag ist gelborange und läßt sich mit CCl_4 ausschütteln.

5. Nachweis mit Dithiokohlensäurederivaten.

Schüttelt man Schwefelkohlenstoff mit konz. Ammoniak, so entsteht eine recht beständige Lösung von Ammoniumdithiocarbamat, $(NH_2)S{=}C{-}SNH_4$. Diese Lösung gibt nach PARRI (a), wie auch GUTZEIT, mit vielen Schwermetallen Fällungen. In neutraler oder schwach alkalischer Lösung geben Silbersalze einen schwarzen Niederschlag; die überstehende Lösung ist rot gefärbt, bei Zusatz von Essigsäure tritt Entfärbung ein. Von den üblichen Metallsalzen ist nur die Silberfällung schwarz.

Nach DUBSKY (b) entsteht bei dieser Darstellung des Reagenses auch das Trithiocarbonat, das diese Reaktion gibt.

6. Nachweis mit Triäthanolamin.

Triäthanolamin, $(HOC_2H_4)_3N$, (in 20%iger Lösung) ergibt mit Silber eine gelbbraune, amorphe Fällung, welche im Überschuß löslich ist. Läßt man die Fällung stehen, entsteht ein Silberspiegel, rascher beim Erhitzen oder beim Schütteln mit einer 4%igen Formaldehydlösung (JAFFE).

Grenzkonzentration: 1 : 10000 (10^{-4}).

Viele andere Kationen geben Fällungen mit dem Reagens; die Bildung eines Spiegels wird nur noch beim Au beobachtet.

7. Nachweis mit Diphenylcarbohydrazid.

Silbersalze geben mit Diphenylcarbazid (in Benzin), $C_6H_5NHNH \cdot CO \cdot NHNHC_6H_5$, nach CAZENEUVE eine blauviolette Färbung. Ebenfalls Färbungen ergeben viele Kationen (Hg, Cu, Cd, Pb, Ni, Co, Mn, Mg, Zn, Fe^{3+}); andere Kationen sind z. T. nur wenig vom Silbersalz zu unterscheiden (insbesondere bei Pb, Ni, Mn, Mg und Zn) (GUTZEIT).

Das Iminoderivat, $C_6H_5NH \cdot NHC(=NH)CHN \cdot NHC_6H_5$, gibt mit Ag-Salzen in saurer Lösung eine schwarzviolette Fällung (DUBSKY [b]).

8. Nachweis mit Diphenylthiocarbohydrazid.

Silbersalze geben mit Diphenylthiocarbazid, $C_6H_5NHNH \cdot CS \cdot NHNHC_6H_5$, (5% in Alkohol) eine Fällung (PARRI [b]). In neutraler Lösung ist der Niederschlag rot, die Farbe geht langsam in braun über. Durch Hinzufügen von Kalilauge nimmt der Niederschlag eine blauschwarze Farbe an, durch Ammoniak wird er rotschwarz.

Viele andere Kationen (Pb, Bi, Co, Cu, Cd, Ni, Zn, Al, Ca, As, Sb, Cr, Hg) geben gleicherweise Fällungen (GUTZEIT).

9. Nachweis mit Diphenyl-semicarbazid.

Von MILLER ist die Verwendung von Diphenyl-semicarbazid, $C_6H_5NH \cdot CO \cdot N(C_6H_5) \cdot NH_2$, vorgeschlagen.

10. Nachweis mit Thiocarbamid-derivaten.

Thioharnstoff gibt mit Ag-Salzen in neutraler Lösung eine lohfarbene, in ammoniakalischer Lösung eine schwarze Fällung.

Viele andere Kationen reagieren ebenfalls (YOE und OVERHOLSER [b]).

Durch Substitution ist weder Erhöhung der Empfindlichkeit noch der Spezifität zu erreichen.

Das Phenylderivat gibt nach YOE und OVERHOLSER (b) im sauren Medium eine weiße Fällung, im ammoniakalischen Medium eine schwarze.

Gibt man zu 1 cm^3 der Probelösung fünf Tropfen einer 2%igen, alkoholischen Lösung von Phenylthioharnstoff, $NH_2 \cdot C(=S) \cdot NHC_6H_5$, so entsteht mit Silbersalzen ein gelber Niederschlag, bei geringen Konzentrationen nur eine gefärbte Trübung (SCHAPIRO und RUD).

Grenzkonzentration: 1 : 100000 (10^{-5}).

Ebenfalls entstehen Fällungen mit Hg^+ (grauschwarz), Au^{3+}, Pt^{4+} und Pd^{2+} (gelb), Cu^{2+} (weiß); die anderen Kationen sollen nicht stören.

Mit Pikrat und Thioharnstoff fällt in neutraler oder schwach saurer Lösung der Niederschlag $[Ag(CS(NH_2)_2)_2]$ $(C_6H_2(NO_2)_3)$ aus, der im Überschuß von Thioharnstoff löslich ist (JACIMIRSKIJ und ASTAŠEVA).

Erfassungsgrenze: 0,0027 γ.

Grenzkonzentration: 1 : 1500000 ($10^{-6,2}$).

Cu^{2+} stört diese Reaktion.

Mit Tetranitrodiamminkobaltat(III)-Ion ist die Reaktion weniger empfindlich.

Erfassungsgrenze: 0,43 γ.

11. Nachweis mit Thiosemicarbazid-derivaten.

Nach SCOTT und ANDREWS zeigen 1-Allyl-4-phenyl-thiosemicarbazid, $C_6H_5NH \cdot CS \cdot NHNHC_3H_5$, und seine Nitroprodukte charakteristische Farbreaktionen mit Silbersalzen.

Zu 5 cm^3 der Probelösung werden 8 Tropfen einer gesättigten alkoholischen Lösung gegeben.

	Fällung	Empfindlichkeit (in 1 cm^3)
ohne	NO_2 weiß	—
o	NO_2 rot	100 γ (Fällung)
p	NO_2 karminrot	10 γ (hellrot nach Stehen)

Untersucht sind auch die Reaktionen mit Hg^{2+} und Cu^{2+}.

Einige *Allyl-thiosemicarbazone* sind von SCOTT und MCCALL untersucht, aber ohne analytische Bedeutung.

12. Nachweis mit Dicyanguanidin.

Ag-Salze geben im sauren Medium mit einer wässerigen Lösung vom Kaliumsalz des Dicyanguanidins, NC—N(K)—C(NH)NHCN, eine weiße amorphe Fällung (DRANEY, YANOWSKI und CEFOLA).

Störungen: Ebenfalls Niederschläge gibt das Reagens mit Cu (grün), Hg^+, Hg^{2+} (weiß), $PtCl_6^{2-}$, Pd^{2+}, Au^{3+} (gelb), Fe(III)-Salze geben eine rote Farbe, die weiteren Kationen stören nicht.

13. Nachweis mit Thioderivaten des Salicylaldehyds.

Schwefelabkömmlinge des Salicylaldehydäthylendiamins bilden in Chloroform lösliche Metallkomplexe; das Ag-Salz ist braun und wird mit NH_3 schwarzbraun (BECK).

14. Nachweis mit 1-Nitroso-2-oxynaphthalindisulfonsäure.

NaO_3S—[Naphthalinring]—SO_3Na, —OH, NO

1-Nitroso-2-oxynaphthalindisulfonsaures Natrium (Nitroso-R-Salz) gibt mit Silber- sowie Blei-, Barium- und Calziumsalzen gefärbte, beständige Verbindungen. Mit Silbersalzen erhält man zitronengelbe Nadeln (BERNARDI und SCHWARZ).

15. Nachweis mit Resorcin.

Nach SCHAPIRO (b) fügt man zu einem cm^3 der Prüflösung, 1 cm^3 1%ige NaOH- oder KOH-Lösung und 1 cm^3 1%ige Resorcinlösung, schüttelt um und vergleicht nach etwa 5—6 Minuten mit einer Kontrollprobe (mit dest. Wasser). Bei Anwesenheit von Ag ergibt sich eine tiefer gefärbte grüne Lösung, als der Vergleich.

Erfassungsgrenze: 0,04 γ.

Grenzkonzentration: 1 : 25000000 ($10^{-7,4}$).

Cu gibt mit der gleichen Empfindlichkeit die Reaktion. Mg, Be, Al, Zn, Cd, Se, Te, VO_3, MoO_4, AsO_4, PO_4, Mn, Bi, Zr, UO_2, Nb, Ta, Ni, Co, Sn, Sb und WO_4 stören nicht, ebenso nicht Fe im Überschuß 500 : 1.

16. Nachweis mit Pinacyanoljodid.

Das Addukt von HgJ_2 an Pinacyanoljodid (1,1'-Diäthyl-2,2'-carbocyaninjodid) wird durch Spuren von Ag^+- und Hg^{2+} unter Bildung des intensiv blauen Pinacyanols zersetzt (WASSILJEWA).

Reagens: 0,0192 g des Jodids werden in 1 Liter 80%igem Alkohol gelöst 0,1082 g HgJ_2 werden in einigen cm^3 Alkohol oder etwa ½ Liter Wasser gelöst und auf 1 Liter aufgefüllt. Vor dem Gebrauch werden gleiche Teile der beiden Lösungen gemischt.

—CH=CH—CH= N N C_2H_5 C_2H_5 + J^-

1—2 cm^3 der Reagenslösung geben mit der Prüflösung bei Anwesenheit von Ag Blaufärbung.

Empfindlichkeit: 1,5 γ in 0,1 cm^3.

Grenzkonzentration: 1 : 70000 ($10^{-4,85}$).

Bei Vermeidung eines Überschusses der Reagenzlösung und Alkoholzusatz (zu 2 cm^3 der Probelösung ½ cm^3 Alkohol und einige Tropfen Reagenslösung) lassen sich 0,2 γ Ag in 2 cm^3 nachweisen.

Grenzkonzentration: 1 : 10000000 (10^{-7}).

Eine gleichartige Reaktion gibt Hg^{2+}; Cl' und CNS' vermindern die Empfindlichkeit, J' und Br' verhindern die Reaktion. Fe reagiert mit dem Farbstoff (Aufhebung der Störung durch NaF); die meisten Ionen stören nicht.

17. Nachweis mit Indo-oxim.

Das Chinolinchinon-(5,8)[8-Oxychinoyl-(5)-amid]-(5), kurz Indo-oxim genannt, gibt mit Ag-Salzen eine blaue Färbung bzw. Fällung (BERG und BECKER). 5 cm^3 der Probelösung, die 0,5 cm^3 2n Essigsäure und 1 cm^3 konz. Na-acetatlösung enthält, werden mit 2—3 Tropfen einer 0,05%igen alkoholischen Indo-oximlösung versetzt. Eine Ag-freie Blindprobe bleibt rot.

Empfindlichkeit: 0,1 γ in 1 cm^3.

Grenzkonzentration: 1 : 10000000 (10^{-7}), viele andere Kationen reagieren ebenfalls.

18. Nachweis mit Fluorescein.

Zum Nachweis von Silbersalzen mit Fluorescein wird das Reagens (gesättigte Lösung in wässerigem Methanol) in die zu prüfende Lösung gegeben. Anschließend wird tropfenweise mit einer 4n Sodalösung versetzt. Es erfolgt Adsorption an Ag_2CO_3. Eine gleichartige Reaktion geben Hg^+, Hg^{2+}, Sn^{2+}, Sn^{4+}; gefärbte Kationen stören den Nachweis ebenfalls, ebenso wie Alkali- und Ammoniumsalze in höherer Konzentration (TENNY und LONG).

O C O C HO O OH

19. Nachweis mit Alizarinsulfonsäure.

Eine ½%ige Lösung von Na-Alizarinsulfonat ergibt mit den Salzlösungen vieler Metalle Färbungen bzw. gefärbte Niederschläge. Mit Silbersalzen entsteht eine dunkelbraune Färbung, die in 1%iger Essigsäure löslich ist. Die meisten anderen Metallsalze ergeben gelbe oder hellrote Niederschläge (GERMUTH und MITCHELL).

O OH —OH —SO_3Na O

20. Nachweis mit Resorufin.

N

O= O OH

Gibt man zu einer schwach sauren Silbersalzlösung einige Tropfen Reagenslösung (0,2 g Resorufin in 5 cm³ 2n NH_3 + 100 cm³ H_2O), so entsteht ein violetter Niederschlag. Die Reaktion ist nicht spezifisch. Eisen(II) stört die Reaktion und muß vorher zu dreiwertigem Eisen oxydiert werden. Ebenso gibt das Reagens Niederschläge mit Cu˙˙, Cd˙˙, Fe˙˙˙, Al˙˙˙, Cr˙˙˙, Ni˙˙, Zn˙˙, Ba˙˙, Sr˙˙ und in ammonsalzfreien Lösungen auch mit Pb˙˙ und Mg˙˙ (EICHLER).

21. Nachweis mit β-Isatoxim.

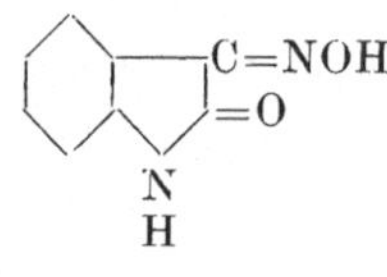

Mit einer 1%igen Lösung von β-Isatoxim in 50% Alkohol bei Gegenwart von Natriumacetat ergibt Silber eine rote Fällung. Der entstandene Niederschlag ist in Essigsäure und NH_3 leicht löslich. Gestört wird die Reaktion durch Tl, Hg˙, Hg˙˙, Fe˙˙, Cu˙, Cu˙˙, Ni, Co und UO_2, welche ebenfalls Fällungen ergeben (HOVORKA und SYKORA [b]).

22. Nachweis mit Titangelb.

Das Reagens (100 cm³ 0,1%ige Titangelblösung mit 50 cm³ Piperidin) ändert durch Ag^+-Ionen die Farbe von rot nach gelb (STEIGMANN [b]). Auch Hg- und Cd-Ionen reagieren in gleicher Weise.

23. Nachweis mit Pyrazalonderivaten.

H_3C—C—CH_2
‖ |
N C=O
N
|
C_6H_5

1-Phenyl-3-methyl-5-pyrazalon bildet mit Ag-, Cu- und Co-Ionen Salze (KNORR). Nach WINTER erfolgt hierbei die Bindung des Metalls an den Kohlenstoff, das Ag-Salz ist rosa-grauweiß. Dieser Nachweis ist auch für zweiwertiges Silber geeignet.

Eine Reihe von Isonitroso-derivaten des Pyrazalons sind von HOVORKA und SYKORA (c) untersucht; die Reaktionen sind jedoch nicht spezifisch für Silberionen.

24. Nachweis mit Thiohydantoin und seinen Derivaten.

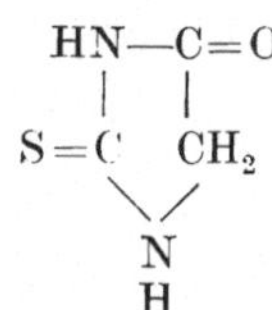

Das 2-Thiohydantoin gibt in schwach saurer Lösung mit Silbersalzen eine violette Färbung (DUBSKY [c]), ebenso das 5-Isonitrosoderivat (DUBSKY und VRBOVÁ).

Für einige Kondensationsprodukte des Thiohydantoins liegen folgende Angaben vor:

Kondensiert mit:	Farbe	Empfindlichkeit (γ)	Grenzkonzentration
Dimethylaminobenzaldehyd	orange	0,9	1 : 28000 ($10^{-4,4}$).
Nitrosodiphenylamin	violett	0,2	1 : 100000 (10^{-5})
Nitrosodimethylanilin	violett	1,2	1 : 38000 ($10^{-4,6}$).

Alle diese Stoffe reagieren auch mit Hg- und Cu-Salzen, einige auch noch mit anderen Ionen.

25. Nachweis mit Pseudo-thiohydantoin.

HN—C=O
| |
HN=C CH_2
S

Pseudo-thiohydantoin ergibt nach REITMAYER und VROBA nur eine blaßgelbe Fällung.

Das Isonitroso-pseudothiohydantoin gibt ein rotbraunes Salz (DUBSKY [b]).

Erfassungsgrenze: 17 γ.

Grenzkonzentration: 1 : 1940 ($10^{-3,3}$).

26. Nachweis mit Rhodanin und seinen Derivaten.

Nach FEIGL (b) bilden das Ag, Cu und Hg mit dem Rhodanin, 2-Thiocarbonyl-4-ketotetrahydrothiazol, in verdünnter salpetersaurer Lösung Niederschläge. Im alkalischen Milieu werden nahezu alle Kationen als Merkaptosalze ausgefällt.

Das Rhodaninsalz des Silbers ist gelbweiß.

HN—C=O | | S=C CH$_2$ \/ S

Empfindlichkeit: 13 γ im cm^3 (TAMCHYNA).

Grenzkonzentration: 1 : 75000 ($10^{-4,9}$).

Über einige Kondensationsprodukte des Rhodanins mit Karbonylverbindungen (TAMCHYNA):

Das Iso-nitroso-rhodanin gibt in saurer Lösung mit Ag- und Hg-Ionen gelbe, schwerlösliche Niederschläge (Empfindlichkeit größer als bei AgCl (FEIGL [d]). Das Isonitroso-N-phenyl-rhodanin gibt in alkoholischer Lösung eine labile gelbbraune Silberverbindung, die beim Schütteln in eine rotorange Form übergeht (GRÄNACHER). Rhodanin mit p-Nitroso-dimethylanilin kondensiert, ergibt nach ŠINDELÀR mit Ag einen rotvioletten Niederschlag.

Erfassungsgrenze: 50 γ.

Grenzkonzentration: 1 : 1800 ($10^{-3,3}$).

Das p-Dimethylaminobenzyliden-derivat s. § 6 A1 bzw. § 7 A1.

27. Nachweis mit Thiazol-derivaten.

Das p-Dimethylaminostyryl-β-naphthothiazol (0,1%ige alkoholische Lösung) reagiert bei Gegenwart von KSCN mit Ag-Salzen sowie vielen anderen Kationen (KRUMHOLZ und KRUMHOLZ).

$(CH_3)_2N \cdot C_6H_4 \cdot CH{=}CH—C—S$ ‖ | N—

Grenzkonzentration: 1 : 200000 ($10^{-5,3}$).

Das 2-Merkaptothiazol-5-on ist isomer zum Rhodanin und bildet wie dieses ein p-Dimethylaminobenzalderivat. Es besitzt keine Vorteile gegenüber dem FEIGLschen Rhodanin. Das Reagens wird in 0,05%iger alkoholischer Lösung verwendet. Bei der Durchführung des Nachweises wie beim FEIGL-Rhodanin (§ 6 A1) ist die

HN—CH$_2$ | | S=C C=O \/ S

Empfindlichkeit: 0,5 γ in 5 cm^3 (PEDLEY).

Bei den Untersuchungen zur Kenntnis von silberaffinen Gruppen sind von KURAŠ eine Reihe von Thiazol-, Imidazol- und Oxazolderivaten untersucht, die aber wenig spezifisch sind.

28. Biologischer Nachweis.

Lebende Zellen können als Indikatoren für die Ionen von Schwermetallen dienen (GOETZ und GOETZ).

Untersucht ist vor allem die Einwirkung von Ag$^+$-Ionen auf *Sacch. cerevisiae*. Durch geeignete Färbemethoden lassen sich die von den Ionen beeinflußten, abgestorbenen Zellen von den lebenden Zellen unterscheiden. Jede Zelle kann bis zu 10^9 Ag-Ionen absorbieren.

Erfassungsgrenze: 1 γ Ag.

§ 7. Mikrochemischer Nachweis mit organischen Reagenzien.

Die mikrochemischen Nachweise werden im allgemeinen als Tüpfel- oder als Fällungsreaktionen ausgeführt.

Bei der Ausführung als Tüpfelreaktion wird Filtrierpapier (empfohlen wird meistens Tüpfelpapier von Schleicher und Schüll Nr. 589 oder 601 bzw. Whatman 120) oder eine Tüpfelplatte verwendet. Die Fällungsreaktionen finden auf Objektträgern statt und werden unter dem Mikroskop beobachtet.

A. Analytisch wichtige Reaktionen.

1. Nachweis mit p-Dimethylaminobenzyliden-rhodanin.

Ausführung: **Reagenslösung:** gesättigte acetonische Lösung.

a) Filtrierpapier wird mit der Reagenslösung getränkt und getrocknet, dann wird ein Tropfen der schwach salpetersauren Lösung aufgebracht. Bei Anwesenheit von Silber schlägt die gelbbraune Eigenfarbe in rotviolett um. Bei Mengen in der Nähe der Erfassungsgrenze wird zweckmäßig eine Vergleichsprobe angestellt.

b) Zum Nachweis auf der Tüpfelplatte verfährt man nach FEIGL (b) wie beim Tüpfeln auf Papier.

J. VAN NIEUWENBURG gibt folgende Vorschrift: Der Silberchlorid-Niederschlag wird auf einer Tüpfelplatte mit verdünnter Salpetersäure und einem Tropfen der Lösung von Rhodanin in Aceton behandelt. Es entsteht eine rote Farbe. Eine Spur von Amylalkohol verbessert die Reaktion. Ist die Silbermenge so gering, daß die gelbe Farbe der Reagenslösung stört, so wird mit Aceton ausgeschüttelt.

c) Nach ETTISCH und TAMCHYNA ist es möglich, den empfindlichen Silbernachweis mit p-Dimethylaminobenzyliden-rhodanin über einen Adsorptionsvorgang derart zu verschärfen, daß das Silber noch in einer Verdünnung von 1 : 40000000 einwandfrei zu erkennen ist. Gearbeitet wird mit einer Kollodiummembran, welche mit Albumin oder Glykokoll beladen wird.

Für den Silbernachweis geht man nun folgendermaßen vor: Ein Stück der Membran von etwa 0,5 cm^2 wird 24 Stunden oder länger in die zu untersuchende Silberlösung gelegt. Nach erfolgter Adsorption spült man die Membran mit destilliertem Wasser gut ab, gibt in ein Reagensglas etwa 0,5 cm^3 H_2O und setzt jetzt einen Tropfen des Silberreagenses (gesättigte alkoholische Lösung) und einen Tropfen Salpetersäure hinzu. Bei Gegenwart kleinster Silbermengen färbt sich die Membran schwach rot, bei Abwesenheit von Silber ist sie gelb gefärbt. Die gelbe Eigenfarbe des Reagenses kann man zum größten Teil mit Aceton wieder auswaschen.

JIRKOVSKY sättigt Gelatine mit acetonischer Rhodaninlösung und streicht diese Folien auf Glas.

Empfindlichkeit: a) Auf Papier: 0,02 γ in 0,03 cm^3 (FEIGL [b]), desgl. mit einer Kapillarbürette 0,004 γ (CLARKE und HERMANCE); b) auf der Platte: 0,1 γ in 0,03 cm^3 (WENGER und DUCKERT [a]); c) 0,25 γ in 10 cm^3 (ETTISCH und TAMCHYNA).

Grenzkonzentration: a) 1 : 2500000 ($10^{-6,4}$); b) 1 : 300000 ($10^{-5,5}$); c) 1 : 40000000 ($10^{-7,6}$).

Störungen: Gleichartige Reaktionen geben Hg, Cu, Pb, Bi, Au, Rh, Pd, Os und Pt. Dagegen wird die Empfindlichkeit durch Cd, Sb, Sn, Mo, W, Fe, Cr, U, Ce, Zr, Th, Tl, Zn, Mn, Co, Ni sowie Erdalkali- und Alkalimetalle selbst bei 1000fachem Überschuß nicht gestört, während As, V und TeO_3^{2-} bei diesem Überschuß die Grenzkonzentration (beim Tüpfeln auf Papier) auf 1 : 50000 ($10^{-4,7}$) herabsetzen (WENGER). Der Nachweis von Silber neben Gold, Platin, Palladium und Quecksilber gelingt, wenn man etwas KCN zusetzt. Dieses bildet mit Hg, Au und Palladiumsalzen sehr wenig dissoziierte, z. T. komplexe Verbindungen. Bei Anwesenheit von Platin muß darauf geachtet werden, daß dieses auch bei Anwesenheit von Cyaniden nach einiger Zeit mit dem Rhodanin reagiert (FEIGL, KRUMHOLZ und RAJMANN).

Durchführung der Reaktion: Ein Tropfen der Probelösung wird auf einer Tüpfelplatte mit einem Tropfen einer 10%igen Kaliumcyanidlösung verrührt, ein Tropfen einer alkoholischen Lösung von p-Dimethylaminobenzylidenrhodanin zugefügt und mit einigen Tropfen einer 1n Salpetersäure angesäuert. Das aus dem zunächst komplex gebundenen Silber entstehende Silbercyanid reagiert im Entstehungszustand mit dem Rhodanin unter Violettfärbung.

Grenzkonzentration: 1 : 50000 neben der 1000fachen Menge Hg, der 4000fachen Menge Au und 1 : 20000 neben der 300fachen Menge Pt und Pd.

Kupfersalze stören die Reaktion.

Zum Nachweis von Silber in einem Gemisch von Blei-, Quecksilber(I)- und Silberchlorid (erste analytische Gruppe) werden die Chloride mit 5%iger KCN-Lösung versetzt, wobei sich außer löslichem $K[Ag(CN)_2]$ und $Hg(CN)_2$ auch noch elementares Quecksilber bildet. Nach Filtration wird die klare Lösung mit einem Tropfen Reagens und zwei Tropfen 2n HNO_3 versetzt (HELLER und KRUMHOLZ, FEIGL [b]).

Empfindlichkeit: 0,63 γ in 0,05 cm^3 neben der 1000fachen Menge $PbCl_2$ und Hg_2Cl_2.

Grenzkonzentration: 1 : 80000 ($10^{-4,9}$).

2. Nachweis durch einen „Entwickler".

Nach VELCULESCU wird das Silber als Bromid auf Papier fixiert und mit Metol (schwefelsaurem Methylamino-4-Phenol, HO—⟨benzene ring⟩—$NHCH_3 \cdot H_2SO_4$) in zitronensaurer Lösung entwickelt.

Ausführung (nach WENGER): **Lösung a:** 10 g Metol (Monomethyl-p-aminophenol) und 50 g Zitronensäure werden in 500 cm^3 Wasser gelöst. Vor Gebrauch als Entwickler werden zu je 50 cm^3 der Lösung 2 cm^3 0,1n Silbernitratlösung hinzugefügt.

Lösung b: 0,02n Kaliumbromidlösung.

Ein Tropfen der Prüflösung wird auf Filtrierpapier gebracht und die Stelle mit dem Bleistift bezeichnet. Man läßt das Papier trocknen und legt es 2 Minuten in die Kaliumbromidlösung. Nach sorgfältigem Waschen mit destilliertem Wasser wird in der Metollösung entwickelt. Bei Anwesenheit von Silber zeigt sich ein schwarzer Fleck, der in der Nähe der Erfassungsgrenze nur grau erscheint.

Empfindlichkeit: 0,03 γ in 0,03 cm^3 (WENGER).

Grenzkonzentration: 1 : 1000000 (10^{-6}).

Störungen: Hg^{2+}, Sn^{2+}, Au^{3+}, Pd^{2+}-Ionen sowie Se und Te geben ähnliche Erscheinungen. Hg^{2+}, Bi^{3+}, V^{3+}, Ce^{3+} sowie Mo^{6+} und W^{6+} setzen in 300fachem Überschuß die Grenzkonzentration auf 1 : 10^5 (10^{-5}) herab. Alle anderen Ionen wie Cu, Pb, Cd, As, Sb, Pt, Al, Fe, Cr, U, Zn, Mn, Co, Ni, Erdalkalien, Mg und Alkalien stören selbst in 3000fachem Überschuß die Reaktion nicht.

B. Weitere Reaktionen.

1. Nachweis mit Methylenblau.

Nach KUHLBERG (a) wird als Reagens das Polyjodid des Methylenblaus, $[B \cdot JCl]J_3$, verwendet; es wird durch Verreiben von 1%iger Lösung mit einem Überschuß von n/10 J_2 in KJ hergestellt. Nach einigem Stehen wird mit 0,01%iger H_2SO_4-Lösung, der ein wenig KJ zugesetzt ist, gewaschen und unter der 0,01%igen H_2SO_4 aufbewahrt.

Beim Tüpfeln wird ein Tropfen der Suspension auf das Papier gebracht und ein Tropfen der schwach sauren Probelösung hinzugefügt. Der schwarzgraue Fleck wird blau.

Empfindlichkeit: 0,002 γ in einem Tropfen.

Grenzkonzentration: 1 : 230000 ($10^{-5,3}$).

Auch AgCl, in HCl suspendiert, reagiert, AgCNS und AgBr weniger, AgJ nicht mehr.

Wie Ag reagieren Hg^+ und Hg^{++}, Sn^{++}, ferner S'', SO_3'' und S_2O_3'', ebenso stören die beim Makronachweis aufgeführten Stoffe.

2. Nachweis mit Pyrimidin-Derivaten.

Nach FEIGL und KRUMHOLZ kann das Bis-(Dimethylaminostyryl)-4,6-thiopyrimidon

$$(H_3C)_2N-C_6H_4-HC{=}HC-C_4HN_2(=S)-CH{=}CH-C_6H_4-N(CH_3)_2$$

wie das Dimethylaminobenzylidenrhodanin zum Tüpfeln benutzt werden. Ein Tropfen der schwach sauren Probelösung läßt die tiefblaue Farbe der Reagenslösung (0,05%ig in Alkohol) in rotbraun umschlagen.

Erfassungsgrenze: 0,0025 γ.

Grenzkonzentration: 1 : 20000000 ($10^{-7,3}$).

Den gleichen Farbumschlag geben außer den Ag-Ionen Hg, Au und Pd, sowie Cu, aber dieses nur in höheren Konzentrationen.

Das 2-Thio-5-keto-4-carbäthoxy-1,3-dihydropyrimidin (vgl. § 6 B 2) ist nach YOE und OVERHOLSER (a) auch für den mikroanalytischen Nachweis geeignet.

Zum Tüpfeln gibt man einen Tropfen der neutralen oder schwach sauren Probelösung auf das Papier, fügt einen Tropfen der Reagenslösung (gesättigte acetonische Lösung) und einen Tropfen 10 n Salpetersäure hinzu (WENGER und RUSCONI). Silbersalze geben eine violett-blaue Farbe.

Grenzkonzentration: 1 : 500000 ($10^{-5,70}$).

Es stören nicht die Ionen der Elemente: Cu, Pb, Cd, As, Sb, Sn, Mo, W, V, Al, Fe, Cr, U, seltene Erdmetalle, Zn, Mn, Co, Ni, Mg, Erdalkali und Alkalimetalle.

Au gibt eine nicht sehr empfindliche violette Farbe, Hg_2^{2+} einen grauen Niederschlag, der bei dieser Ausführung nicht stört; Pd einen in kleinen Mengen nicht störenden braunen Niederschlag, Pt setzt die Empfindlichkeit herab. CN^--Ion stört durch Komplexsalzbildung. Ohne die Salpetersäure ist die Reaktion weniger selektiv.

3. Nachweis mit Diphenylthiocarbazon.

Wird zu einer salpetersauren Lösung ($p_H = 0,5—1$) eine 2%ige Lösung von Diphenylthiocarbazon (Dithizon) in Pyridin gegeben, so entstehen bei der Gegenwart von Ag charakteristische, rotviolette Kristalle (LLACER).

Erfassungsgrenze: 25 γ.

Störungen: In salpetersaurer Lösung geben ebenfalls Fällungen Pb, Hg und Au; ohne Säure stören weitere Kationen.

4. Nachweis mit Thiobarbitursäurederivaten.

Allgemeines s. § 6 B3.

Bei der Ausführung der Tüpfelreaktion wie beim FEIGL-Rhodanin (§ 7 A1) ist die

Erfassungsgrenze: 0,02 γ (PAVOLINI und GAMBARIN).

Grenzkonzentration: 1 : 5000000 ($10^{-6,7}$).

Störungen: Wie beim Makronachweis (§ 6 B3).

C. Weniger empfehlenswerte bzw. unsichere Reaktionen.

1. Nachweis mit Reduktionsmitteln.

Zum Tüpfelnachweis wird Filtrierpapier mit Lösungen von Reduktionsmitteln getränkt und an der Luft getrocknet. Von den untersuchten Stoffen haben sich bewährt: Eisen(III)-ammoniumcitrat, Phenylhydrazin, Hydrochinon und Formaldehyd (COSTEANU, N. D.).

Empfindlichkeit: etwa 2,5 γ in 0,25 cm^3.

Mit Tanninlösung getrocknetes Papier gibt einen anfangs gelben, später rosafarbenen Fleck (COSTEANU, R. N.).

2. Nachweis mit Methylamin.

Versetzt man einen Tropfen einer Silbersalzlösung mit einem Tropfen Essigsäure und einem Tropfen Methylaminlösung, CH_3NH_2, so entstehen nach MARTINI (b) farblose, monoklinische Prismen von Ag^+- und $CH_3NH_3^+$-acetat. Bleisalze geben einen klumpigen Niederschlag mit winzigen Kriställchen, Quecksilbersalze nur einen amorphen Niederschlag.

Erfassungsgrenze: 0,01 γ.

Silber läßt sich neben einem 100fachen Überschuß von sowohl Pb wie Hg nachweisen.

3. Nachweis mit Urotropin.

Nach VIVARIO und WAGENAAR läßt sich Urotropin, Hexamethylentetramin, $(CH_2)_6N_4$, zum Nachweis vieler Metallsalze verwenden. In neutraler oder schwach alkalischer Lösung gibt es mit $AgNO_3$ doppelbrechende, federartige Kriställchen.

ROSENTHALER (a) beschreibt die Kristalle als Stäbchen, würfelartig oder zweiseitig zugespitzte Nadeln.

KORENMAN (d) verwendet eine 10%ige Urotropinlösung, GEILMANN festes Urotropin; die Kristalle sind dünne Nadeln, Prismen oder Rechtecke.

Erfassungsgrenze: 20 γ (ROSENTHALER, GEILMANN), 4 γ (KORENMAN).

Störungen: Ebenfalls geben Kristallfällungen, wenn auch von geänderter Ausbildung, die Blei-, Quecksilber(II)- und Quecksilber(I)-, Cadmium-, Wismut-, Zinn(II)- und Antimonsalze.

4. Nachweis mit Acridin und Jodid.

Neutrale, essig- oder schwefelsaure Lösungen von Silbersalzen geben mit Acridin und KJ eine rotbraune Fällung, die durch HNO_3 zerstört, von HCl dagegen nicht angegriffen wird (SPACU und POPEA).

Es stören Hg, Bi, Pb, Cu, Cd und Fe sowie alle Elemente, die unlösliche Jodide mit oder ohne Acridin bilden.

5. Nachweis mit Kalium-äthylxanthogenat.

Nach CHAMOT und MASON gibt das Kalium-äthylxanthogenat, $C_2H_5O \cdot CSSK$, mit Silbersalzen eine gelbe, bald schwarzwerdende kristalline Fällung, die aber von vielen Kationen gestört wird (vgl. WENGER, BESSO und DUCKERT).

6. Nachweis mit Salicylsäure.

Silbersalze geben mit einem Tropfen gesättigter Natriumsalicylatlösung, HOC_6H_4COONa, farblose, monokline Kristalle (MARTINI und GRAF).

Grenzkonzentration: 1 : 20000 ($10^{-4,3}$).

Gestört wird die Reaktion durch Pb und Hg(I), nicht dagegen durch Hg(II) bei Gegenwart von Cl^--Ionen. Die Kristalle werden durch gesättigte K_2CrO_4-Lösung in topochemischer Reaktion in rote Ag- bzw. gelbe Pb-Chromatkristalle umgeformt.

7. Nachweis mit Sozojodol.

OH, J, J, SO_3H

In neutraler Lösung gibt Sozojodol mit Ag^+-Ionen eine weiße kristalline Fällung (ROSSI und LOBO).

Empfindlichkeit: 3 γ in 0,01 cm³.

Gleichartige Reaktionen geben Hg und Pb; die Reaktion kann zur Unterscheidung von Ag gegen Hg^{2+}, Tl, Cd, Au, Cu, Se, Pt und Mn dienen.

8. Nachweis mit Chromotropsäure.

Chromotropsäure (1,8-Dioxynaphthalin-3,6-disulfosäure) gibt mit Silbersalzen einen schwarzen Fleck (TANANAEFF und PANTSCHENKO).

Auf einen Tropfen der Probelösung auf Filtrierpapier gibt man sofort einen Tropfen frisch bereiteter Reagenslösung (5%ig) hinzu. Bei Anwesenheit von Silber erscheint nach KOCSIS und GELEI ein schmaler, sepiafarbener Ring. Beim Trocknen an der Luft bleibt die Farbe ziemlich lange unverändert; beim Trocknen über der Mikroflamme wird der Ring lebhaft braun.

OH OH, HO_3S, SO_3H

Empfindlichkeit: 100 γ in einem Tropfen.

Grenzkonzentration: 1 : 4000 ($10^{-3,6}$).

Geringe Mengen Säure stören die Reaktion. Auch andere Ionen wie (Hg(I), Hg(II), Au(III), UO_2, Cu und $[Fe(CN)_6]^{3-}$ geben nach KOCSIS und GELEI Färbungen, doch nur Ag und Hg geben charakteristische Ringe. Nach GUTZEIT gibt Ag eine schwarze Fällung; die dunkelgrüne Färbung, die bei Anwesenheit von Eisen entsteht, wird durch Ansäuern oder Hinzufügen von Zinn(II)-chlorid aufgehoben. Die hellen Niederschläge des Quecksilbers stören nicht.

9. Reaktion mit o- und p-Aminophenol.

Ein Tropfen der zu untersuchenden Lösung wird nach KOCSIS und Mitarbeiter (a) auf Filtrierpapier gegeben und sofort ein Tropfen der Reagenslösung (0,2% alkoholisch) hinzugefügt.

o-Aminophenol gibt bei größeren Silbermengen auf Filtrierpapier nach dem völligen Trocknen einen olivgrün umrahmten, rostbraunen Fleck.

Bei einem Silbergehalt von 2 γ erhält man nur einen dunkelgelben Ring, bei 0,2 γ einen dünnen, gelben Ring.

Empfindlichkeit: 0,2 γ in 0,025 cm³.

Grenzkonzentration: 1 : 125000 ($10^{-5,1}$).

Unter den gleichen Bedingungen gibt p-Aminophenol bei der Grenzkonzentration einen hellgrau umrandeten, dunkelgrauen Fleck; bei 2 γ entsteht ein dunkelbrauner, bei 0,4 γ ein hellbrauner Fleck.

Empfindlichkeit: 0,4 γ in 0,025 cm^3.

Grenzkonzentration: 1 : 62500 ($10^{-4,8}$).

10. Nachweis mit o-Tolidin.

0,1—0,5 cm^3 der Probelösung werden mit 2—3 Tropfen HNO_3 zur Trockne eingedampft und durch gelindes Erhitzen die anderen Schwermetallnitrate zersetzt. Nach dem Erkalten wird mit einigen Tropfen Wasser verrührt und durch Filterpapier in eine Kapillare aufgesogen.

Auf Papier wird ein Tropfen einer 1%igen alkoholischen o-Tolidinlösung gebracht und in die Mitte des Fleckes die zu prüfende Lösung. Bei der Gegenwart von Ag entsteht im Zentrum ein violetter bis hellblauer Fleck.

Bei geringen Mengen ist zweckmäßig Acetatpuffer ($p_H = 4$) zuzugeben (KUHLBERG [b]).

Erfassungsgrenze: 0,03 γ.

Grenzkonzentration: 1 : 100000 (10^{-5}).

Es stören Oxydationsmittel Fe(III), Te, Cr(VI), V(V), Au(III), Fe(III), Cu(II) sowie Mn und Co.

11. Nachweis mit Tetramethyl-p-phenylendiamin.

Silberionen geben mit einer 0,02%igen, acetonischen Lösung von Tetramethyl-p-phenylendiamin, $(CH_3)_2N \cdot C_6H_4 \cdot N(CH_3)_2$, beim Tüpfeln eine Blaufäıbung (KUHLBERG [c]).

Erfassungsgrenze: 0,01 γ.

Grenzkonzentration: 1 : 10000000 10^{-7}).

Gleichartige Reaktionen geben Cu(II), Hg(I), Hg(II) und Fe(III).

12. Nachweis mit Pikrinsäure.

Silbersalze geben nach KORENMAN (c) mit Pikrinsäure, $HOC_6H_2(NO_2)_3$, charakteristische Kristalle. Versetzt man einen Tropfen der Probelösung mit einem Tropfen Reagenslösung (zwei Teile gesättigte, wässerige Pikrinsäure und ein Teil 10%iges NH_3), so beobachtet man unter dem Mikroskop schnell wachsende, gelbe Kristalle und Rosetten.

ORLENKO und FESSENKO dampfen den Probetropfen ein und fügen eine wässerige Pikrinsäurelösung hinzu. Sie erhalten gespaltene Nadeln und Rosetten.

Erfassungsgrenze: 20 γ (KORENMAN); 2,0 γ (ORLENKO und FESSENKO).

Grenzkonzentration: 1 : 500 (ORLENKO und FESSENKO).

13. Nachweis mit Anthranilsäure.

Eine 0,5%ige Lösung von Anthranilsäure, $H_2NC_6H_5CO_2H$, gibt mit Silbersalz eine aus Nadeln und Prismen bestehende Fällung (SHEINTSIS).

Empfindlichkeit: 0,6 γ in 0,03 cm^3.

Grenzkonzentration: 1 : 50000 ($10^{-4,7}$).

Es stören Cu, Pd, Zn und Mg.

14. Nachweis mit Benzopurpurin.

Das Silberion gibt mit Benzopurpurin 4B einen gut abgegrenzten, braunen Ring. Der mittlere Teil des Bildes ist ein roter Fleck. Nach dem Eintrocknen verliert das Bild an Schärfe.

Es können mit dieser Reaktion 0,03 mg Ag nachgewiesen werden (KOSCIS [b]). Ähnliche Reaktionen werden von Hg^+, Hg^{2+}, UO_2^{2+} und Al beschrieben.

15. Nachweis mit Brillantgelb.

Versetzt man eine schwachsaure Silbersalzlösung auf der Tüpfelplatte mit einer sodaalkalischen Lösung von Brillantgelb, $C_{26}H_{18}O_8N_4S_2Na_2$, so schlägt die Farbe nach orange um (SMITH und ROGERS).

Empfindlichkeit: 15 γ in 0,03 cm^3.

Es stören: Hg, Pb, Ba, Au, Fe, Co und Ni.

16. Nachweis mit Chinosol.

Chinosol (eine Mischung von 8-Oxychinolinsulfat und K_2SO_4) bildet mit Ag-Salzen große, sehr dünne, schwach lichtbrechende, aber stark anisotrope Plättchen (SCHOORL [a]).

Empfindlichkeit: 10 γ in 0,01 cm^3.

Grenzkonzentration: 1 : 1000 (10^{-3}).

Nach SCHOORL geben ebenfalls Kristalle: Hg(II), Cu, As(V), Sn, Fe(II) und auch Pb, Sr, Ba; die letzten drei Fällungen werden durch das Sulfat hervorgerufen (GRIEBEL).

Weitere Oxinderivate sind von GUTZEIT und MONNIER untersucht; sie sind aber für den Nachweis von Ag ohne Bedeutung.

17. Nachweis mit Isatin.

C=O C=O N H

Suspendiert man in einem Tropfen von 5%igem NH_3 ein wenig Isatin und bringt in die violette Lösung etwas Silbernitrat oder Silberoxyd, so bildet sich ein roter Niederschlag, welcher unter dem Mikroskop erkennbar aus sternenförmigen Nadelbündeln besteht. Cu(I)-Salze stören die Reaktion (MENKE).

In cyanidhaltiger Lösung findet die Reaktion nicht statt.

18. Nachweis mit Phenothiazin.

H N S

Ein Tropfen der Probelösung, auf der Tüpfelplatte oder auf Papier, und ein bis zwei Tropfen einer frisch bereiteten Reagenslösung (10 mg Phenothiazin in 3—4 cm^3 Aceton) geben bei der Anwesenheit von Ag eine grüne, an der unteren Grenze graue Färbung.

Empfindlichkeit: 0,5 γ in 0,05 cm^3 (DUVAL).

Störungen: Ebenfalls reagieren Hg^+, Pt^{4+}, Fe^{3+} (braunrot grün werdend), Au^{3+} (goldgelb, schnell verblassend), $CuCl_2$ (grün), $CuSO_4$ (nicht), Pd (blau); Hg^{2+} (allmählich schwach blau).

19. Nachweis mit Pinacyanoljodid.

Allgemeines und Störungen s. § 6 C16.

Reagens zum Tüpfeln: 0,01 g Pinacyanoljodid werden in 100 cm^3 80%igem Alkohol gelöst und portionsweise mit wässeriger HgJ_2-Lösung gefällt. Nach eintägigem Stehen wird filtriert und mit Pinacyanoljodidlösung (in 30%igem Alkohol) und Wasser gewaschen.

Das Filtrierpapier wird mit einer acetonischen Lösung des Adduktes getränkt und getrocknet.

Empfindlichkeit: 0,01 γ Ag im Tropfen (WASSILJEWA).

20. Nachweis mit 2,7-Diaminodiphenylenoxyd.

Ein Tropfen der Reagenslösung (0,375 g Amin in 50 cm^3 heißer 10%iger Essigsäure) wird mit der Probelösung getüpfelt und gibt wie Benzidin eine blaue Färbung bzw. Fällung (CULLINANE). Die Reaktion besitzt die gleiche Empfindlichkeit wie die mit Benzidin. Außer mit Ag gibt es die Reaktion mit Fe^{3+}, Pt^{4+}, Au, Cu, Tl^{3+}, Ce^{4+}, CrO_4^{2-}, $[Fe(CN)_6]^{3-}$, VO_3^-, JO_4^-, J, Mn^{2+}, MnO_2, $S_2O_8^{2-}$, BiO_3^-.

H_2N— —NH_2 O

21. Nachweis mit Thiazolonderivaten.

Die Ausführung des Nachweises mit dem p-Dimethylaminobenzal-2-merkapto-thiazol-5-on beim Tüpfeln geschieht wie beim FEIGL-Rhodanin (§ 7 A 1) angegeben. **Empfindlichkeit:** 0,02 γ in 0,05 cm^3 (PEDLEY).

Literatur.

ALEXEJEW, R. I.: Betriebslab. **7**, 415 (1938), C **1939 I**, 1611. — ARENS, H., u. H. BERGER: Veröff. wiss. Zentrallab. photograph. Abt. Agfa **5**, 305 (1937), Fr. **119**, 317 (1940). — ARMANI, G., u. J. BARBONI: Z. Chem. Ind. Kolloid **6**, 290 (1910), C **1910 II**, 337. — VAN ATTA, F. A.: J. chem. Educ. **16**, 164 (1939).

BAKER, PH. S., u. J. H. REEDY: Ind. eng. Chem. Anal. Ed. **17**, 268 (1945). — BALAREW, D.: Fr. **60**, 392 (1921). — BALZ, G.: (a) Angew. Chem. **51**, 365 (1938); (b) Metallwirtschaft **17**, 1226 (1938). — BARBIERI, G. A.: G. **7**, 42 (1912). — BAYER, E.: M. **41**, 223 (1920). — BECK, G.: Mikrochem. **33**, 188 (1947). — BEHRENS, H.: Fr. **30**, 138 (1891). — BEHRENS, H., u. P. D. C. KLEY: Mikrochemische Analyse, Leipzig 1915. — BENEDETTI-PICHLER, A. A., u. W. F. SPIKES: Introduction to the microtechnique of inorganic qualitative analysis, New York 1935. — BERG, R., u. E. BECKER: Fr. **119**, 81 (1940). — BERG, R., u. W. ROEBLING: B **68**, 403 (1935). — BERISSO, B.: Mikrochemie **26**, 221 (1939). — BERNADI, A., u. M. A. SCHWARZ: Ann. chim. appl. **21**, 45 (1931), C **1931 I**, 2051. — BOËSEKEN, J.: R. **55**, 1040 (1936). — BOLLAND, A.: C. r. **171**, 955 (1920). — BÖTTGER, W.: (a) in BERL-LUNGE Bd. I, 144 (1931); (b) Wallach-Festschrift, Göttingen 1909. — BOUILLOUX, G.: Bl. [5] **7**, 185 (1940). — BRECKPOT, R.: (a) Ann. Soc. sci. Bruxelles **53**, 219 (1933); (b) Agricultura, Bull. trim. assoc. Etud. Inst. agron. Univ., Mai 1935. — BREWER, F. M., u. E. BECKER: J. chem. Soc. **1936**, 1286. — BRUNSWIK, H.: Ztschr. wiss. Mikroskopie **38**, 150 (1921); C **1922 II**, 2, auch Mikroch. **4**, 42 (1924).

CALEY, E. R., u. M. G. BURFORD: Ind. eng. Chem. Anal. Ed. **8**, 63 (1936). — CAZENEUVE, P.: C. r. **131**, 346 (1900). — CELSI, S. A.: Anales Farm. bioquim. (Buenos Aires) **4**, 55 (1933), Fr. **98**, 358 (1934). — CHAMOT, E. M., u. H. A. BEDIENT: Mikrochem. **6**, 13 (1928). — CHAMOT, E. M., u. C. W. MASON: Handbook of chemical Microskopy New York 1933. — COSTEANU, N. D.: Mikrochem. **26**, 170 (1939). — COSTEANU, R. N.: Bull. Chim. Soc. Stiinte Cluy **37**, 63 (1934), C 34 II, 2985. — CLARKE, B. L., u. H. W. HERMANCE: Ind. eng. Chem. Anal. Ed. **9**, 292 (1937). — CULLINANE, N. M., u. S. J. CHARD: Analyst **73**, 95 (1948), CA **1948**, 3278.

DENIGÈS, G.: Bl. [4] **51**, 1096 (1932). — DICK, J.: Canad. Chem. Metallurgy **20**, 247 (1936). — DONAU, J.: (a) M. **25**, 918 (1904); (b) Z. Chem. Ind. Koll. **2**, 273 (1908), C. **1908 I**, 1575. — DUBSKY, J. V.: (a) Mikrochem. **23**, 24 (1937/38); (b) Mikrochem. **28**, 145 (1940); (c) Mikrochem. **25**, 228 (1938); (d) Chem. Obzor **15**, 21 (1940); C **1940 I**, 2993. — DUBSKY, J. V., V. SINDELÁŘ, u. V. CERNAK: Mikrochem. **25**, 124 (1938). — DUBSKY, J. V., u. V. CERNAK: Publ. Fac. Sci. Unic. Masaryk **269**, 9 (1939), C **1939 II**, 176. — DUBSKY, J. V., M. HRDLIČKA, A. OKAČ u. V. SINDELÁŘ: (a) Chem. Obzor **15**, 21 (1940), C **1940 I**, 2993. — DUBSKY, J. V., u. J. VRBOBA: Mikrochem. **30**, 123 (1942). — DUCLOUX, H.: Mikrochem. **2**, 108 (1924). — DUVAL, R.: Anal. chim. Acta **3**, 21 (1949).

EICHLER, H.: Fr. **96**, 22 (1934). — ELLIOT, N., u. L. PAULING: Am. Soc. **60**, 1846 (1938). — EMICH, F.: (a) Lehrbuch der Mikrochem., München 1926; (b) M. **39**, 775 (1918). — EMICH, F., u. J. DONAU: A. **351**, 426 (1907). — ETTISCH, G., u. J. TAMCHYNA: Mikrochem. **10**, 92 (1931).

FEIGL, F.: (a) Angew. Chem. **44**, 739 (1931); (b) Qualitative Analyse mit Hilfe von Tüpfelreaktionen, 4. Aufl. New York 1954; (c) Mikrochem. **8**, 356 (1930); (d) Angew. Chem. **39**, 393 (1926); (e) Fr. **74**, 380 (1928). — FEIGL, F., u. H. E. BALLABAN: unveröff. nach FEIGL (b). — FEIGL, F., u. E. FRÄNKEL: B. **65**, 539 (1932). — FEIGL, F., P. KRUMMHOLZ u. E. RAJMANN: Mikrochem. **9**, 165 (1931). — FEIGL, F., u. P. KRUMHOLZ: Naturw. Tidschr. **21**, 239 (1940), C. **1940 I**,

2352. — FISCHER, H.: (a) Angew. Chem. **42**, 1025 (1929); (b) Mikrochem. **30**, 38 (1942); (c) Mikrochem. **8**, 319 (1930); (d) Angew. Chem. **46**, 442 (1933). — FISCHER, H., u. G. LEOPOLDI: Ch. Z. **64**, 231 (1940). — FRESENIUS, R.: Einführung in die qualitative chemische Analyse, Braunschweig 1919. — FRESENIUS, R., u. A. GEHRING: Einführung in die qualitative chemische Analyse, Braunschweig 1943.

GASPAR Y ARNAL, T.: An. Espan. **26**, 435 (1928), C **1929I**, 2294. — GEILMANN, W.: Bilder zur qualitativen Mikroanalyse anorganischer Stoffe, Leipzig 1934, 2. Aufl. Weinheim 1954. — GERLACH, W., u. E. RIEDL: (a) Die chemische Emissionsspektralanalyse, Bd. III, Leipzig. 3. Aufl. 1949; (b) Physik. Z. **34**, 526 (1933). — GERLACH, W., u. E. SCHWEITZER: Die chemische Emissionsspektralanalyse, Bd. I, Leipzig 1930. — GERLACH, W., u. K. RUTHARDT: Z. anorg. allg. Chem. **209**, 332 (1933). — GERLACH, W.: Spectrochim. Acta **1**, 168 (1939). — GERMUTH, F. G., u. C. MITCHELL: Am. J. Pharm. **101**, 46 (1929), C **1929I**, 1587. — GOETZ, A., u. S. S. GOETZ: Phys. Rev. **59**, 219 (1941). — GOLDMANN, F. H., u. D. W. ARMSTRONG: Publ. Health Rep. **51**, 1201 (1936). — GORSKI, M.: Z. anorg. Chem. **81**, 315 (1913). — GOTÔ, H.: Sci. Rep. Tŏhoku Imp. Univ. Ser. I. **29**, 204 (1940), C **1941I**, 1068. — GRAF. J. C. BARO: Publ. inst. investigaciones microquimia **3**, 49 (1939). — GRÄNACKER, CH.: Helv. 5, 387 (1922). — GRIEBEL, C.: Pharm. Zentralh. **62**, 455 (1921). — GRIESS, I. C., u. L. B. ROGERS: J. elektrochem. Soc. **95**, 129 (1949); Fr. **132**, 67 (1951). — GULBRANSEN, E. A., R. T. PHELPS u. A. LANGER: Ind. eng. Chem. Anal. Ed. **17**, 646 (1945). — GUTZEIT, G.: Helv. **12**, 713 (1929). — GUTZEIT, G., u. A. MONNIER: Helv. **16**, 486 (1933).

HACKL, O.: Mikrochem. **6**, 106 (1928). — HAHN, F. L.: B. **65**, 840 (1932). — HELLER, K., u. P. KRUMHOLZ: Mikrochem. **7**, 213 (1929). — HENGLEIN, M.: Lötrohrprobierkunde, Berlin 1949. — HOVORKA, V., u. V. SYKORA: (a) Chem. Listy **35**, 170 (1941), C **1942I**, 2040 und vorangehende Arbeiten; (b) Coll. Trav. chim. Czech. **10**, 83 (1938), C **1938 II**, 1821; (c) Col. Czech. Chem. **11**, 70 (1939), C **1939II**, 2122. —

ILLINGWORTH, J. W., u. J. A. SANTOS: Nature **134**, 971 (1934).

JACIMIRSKIJ, K. B., u. A. A. ASTAŠEVA: J. anal. Chim. (russ.) **7**, 43 (1952); Fr. **138**, 432 (1953). — JAFFE, E.: Ann. chim. appl. **22**, 737 (1932), C **1933I**, 3221. — JIRKOVSKY, R.: Mikrochem. **17**, 135 (1935).

KARAOGLANOV, Z.: Fr. **114**, 81 (1938). — KNORR, A.: A. **238**, 197 (1887). — KOLB, C.: Bl. Soc. România **2**, 95 (1921); C **1921 II**, 1043. — KOLLO, C.: Bl. Soc. Romania **2**, 95 (1921); C **1921 II**, 1043. — KOPP, H.: Geschichte der Chemie Bd. II (1844). — KORENMAN, J. M.: (a) Fr. **97**, 418 (1934); (b) Mikrochem. **14**, 181 (1934); (c) Pharm. Zentralh. **72**, 225 (1931); (d) Pharm. Zentralh. **70**, 1, 709 (1929); (e) J. appl. Chem. **16**, 413 (1943), CA **1944**, 6232. — KOSCIS, E. A., u. Mitarbeiter: (a) Mikrochem. **29**, 166 (1941); (b) Mikrochem. **27**, 180 (1939). — KOSCIS, E. A., u. G. GELEI: Z. anorg. Chem. **232**, 202 (1937). — KOSSISKI, K., u. T. TEUGE: Bull. agric. Chem. soc. Japan **12**, 216 (1936). — KOLTHOFF, J. M., u. R. S. LIVINGSTONE: Ind. eng. chem. Anal. Ed. **7**, 209 (1935). — KOLTHOFF, I. M., u. I. I. LINGANE: Polarography, New York 1941. — KRAMER, G.: Mikroanalytische Nachweise anorganischer Ionen, Leipzig 1937. — KRUMHOLZ, P., u. E. KRUMHOLZ: Mikrochem. **19**, 47 (1935). — KRUMHOLZ, P., u. H. WATZEK: Mikrochim. Acta **2**, 80 (1937). — KUHLBERG, L. M.: (a) Betriebslab. **8**, 421 (1939), C **1940 II**, 2187; (b) Chem. J. ser. A. **6**, 1335 (1936), C **1937I**, 3680, (c) desgl. **10**, 567 (1937); C **1938 II**, 2592. — KURÁS, M.: Chem. Obzor **18**, 177 (1943), C **1944** I, 39 und vorangehende Arbeiten. —

LANG, R.: Z. anorg. Chemie **152**, 201 (1926); Ber. **60**, 1389 (1927). — LANGER, A.: Anal. Chem. **22**, 1388 (1950). — LEDERER, M.: Nature **162**, 776 (1948). — LLACER, A. I.: An. Argentina **32**, 18 (1944), CA **1945**, 253. — LOPEZ DE AZCONA, I. M.: Spektrochim. acta **2**, 185 (1941).

MALATESTA, G., u. E. DI NOLA: Boll. chim. farm. **52**, 533 (1913), C **1913II**, 955. — MARTINI, A.: (a) Publ. inst. investigaciones microquim **3**, 75 (1939); (b) Mikrochemie **7**, 233, (1929). — MARTINI, A., u. J. C. BARÓ GRAF: Publ. inst. investigationes microquim. **3**, 61 (1939). — MANKIN, W.: I. Proc. Roy. Soc. New South Wales **70**, 95 (1936). — MENKE, J. B.: R. **42**, 199 (1923). — MILLER, C. F.: Chemist-Analyst **25**, 10 (1936), CA **1936**, 983. — MORITZ, H.: Neues Jahrb. Min. Geol. (A) **66**, 191 (1933).

VAN NIEUWENBURG, C. J., J. GILLIS u. P. WENGER: Reagenzien für qualitative anorganische Analyse, Basel 1945. — NOYES, A. A., u. W. C. BRAY: A System of qualitative analysis of the rare elements, New York 1927.

OCCLESHAW, V. J.: J. chem. Soc. **1937**, 1438. — ORLENKO, A. F., u. N. G. FESSENKO: Fr. **107**, 411 (1936).

PAVOLINI, T., u. F. GAMBIRIN: Anal. chim. Acta **3**, **27**, 180 (1949). — PARRI, W.: (a) Giorn. farm. chim. **73**, 177 (1924), C **1924II**, 2190. (b) Giorn. farm. chim. **73**, 207 (1924), Fr. **70**, 318, 1929. — PEDLEY, E.: Anal. chim. Acta **7**, 387 (1952). — POLUEKTOW, N. S., u. W. A. NASARENKO: Pharm. Zentralh. **75**, 424 (1934). — POLLARD, F. H., u. Mitarbeiter: J. chem. Soc. **1951**, 466, 470; desgl. **1952**, 771.

RǍY, P., u. P. B. SARKAR: Mikrochemie, Emich-Festschrift, 250 (1930). — REITMAYER, J., u. J. VROBA: bei DUBSKY (a). — ROSE-FRESENIUS s. FRESENIUS, R. — ROSENTHALER, L.: (a) Mikrochemie **21**, 215 (1937). (b) desgl. **23**, 194 (1937). — ROSSI, L., u. R. LOBO: An. farm. bioquim **12**, 69 (1941); CA 36, 367 (1942). — ROSSI, L., u. J. A. SOZZI: Quim e Ind. **14**, **193** (1937), C **1938 I**, 2027.

SANDELL, E. B., u. J. J. NEUMAYER: Anal. Chem. **23**, 1863 (1950). — SALKOSKI, E.: J. pr. **102**, 194 (1921). — SCHAPIRO, M. J., u. M. I. RUD: Chem. J. Ser. B. **11**, 140 (1938), C **1938 II**, 3579. — SCHAPIRO, M. J.: (a) Chem. J. Ser. B. **11**, 367 (1938), C **1938 II**, 1453. (b) J. anal. Chem. (russ.) **4**, 199 (1947); CA **49**, 2887 (1950). — SCHERINGA, K.: Chem. Weekbl. **30**, 92 (1933). — SCHLEICHER, A.: Z. El. **39**, 2 (1933). — SCHOORL, N.: (a) Fr. **67**, 299 (1925/26), Pharm. Weekbl. **56**, 325 (1919); (b) Fr. **47**, 209 (1908). — SCHWAB, G. H., u. K. JOCKERS: Angew. Chem. **50**, 546 (1937). — SCOTT, A. W., u. J. T. ANDREWS: Am. Soc. **64**, 2873 (1942). — SCOTT, A. W., u. M. A. MCCALL: Am. Soc. **67**, 1767 (1945). — SHEPPARD, S. E., u. H. R. BRIGHAM: Am. Soc. **58**, 1046 (1936). — SHEINTSIS, O. C.: Chem. Ser. A. **8**, 596 (1938), C **1939 I**, 4507. — ŠINDELAR, V.: bei DUBSKY (c). — SKALOS, G.: Mikrochem. **31**, 263 (1943). — SPACU, P., u. F. POPEA: Acad. Rep. Populaire Romane Bul. A. 753 (1949); CA **1950**, 8398.— SMITH, J. W., u. H. E. ROGERS: J. chem. Educ. **16**, 143 (1939). — SSERGEJEW, A.: Ukrain. Chem. J. **5**, 227 (1930), C **1931 I**, 1794. — SSUPRUNOWITSCH, I. B.: Chem. J. Ser. A **8**, 839 (1938); C **1939 II**, 3074. — STEIGMANN, A.: (a) Phot. Ind. **34**, 499 (1936), C **1936 II**, 244; (b) J. Soc. Chem. Ind. **66**, 353 (1947), CA **1948**, 1525. — STRENG: in C. W. C. FUCHS und R. BRAUNS, Anleitungen zur Bestimmung der Mineralien, Gießen 1907. — SÜE, P.: Ann. chim. anal. **28**, 26 (1946), CA **1946**, 2765. — SUSCHNIG, E.: M **42**, 399 (1921).

TAMCHYNA, J. V.: Mikrochem. **9**, 237 (1931). — TANANAEFF, N. A.: (a) Fr. **106**, 167 (1936); (b) Z. anorg. Ch. **140**, 320 (1924). — TANANAEFF, N. A., u. T. A. SSOBOLEWA: Betriebslab. **9**, 561 (1940), C **1941 I**, 2691. — TANANAEFF, N. A., u. J.; TANANAEFF: Z. anorg. Ch. **170**, 113 (1928). — TANANAEFF, N. A., u. G. A. PATSCHENKO: Z. anorg. Ch. **150**, 163 (1926). — TENNY, H. M., u. H. J. LONG: J. chem. Educ. **13**, 82 (1936), C **1936 I**, 4040. — THIEL, A.: Allg. chem. Ztg. **4**, 49 (1904); C **1905 I**, 405.

UBBELOHDE, A. R.: Analyst **59**, 339 (1934); Fr. **99**, 432 (1934). — UZEL, R.: Coll. Trav. chim. Tschecosl. **2**, 300 (1930) durch Mikroch. **9**, 194 (1931).

VEIL, S.: C. r. **199**, 611 (1934). — VELCULESCU, A. I.: Fr. **90**, 111 (1932). — VERMANDE, J.: Pharm. Weekbl. **55**, 1131 (1918); C. **1918 II**, 662. — VIVARIO, R., u. M. WAGENAAR: Mikrochem. **6**, 29 (1928).

WASSILJEWA, J. W.: J. anal. Chem. (russ.) **2**, 167 (1947), C **1948 II**, 1441. — WENGER, P.: Z. BESSO u. R. DUCKERT: Mikrochem. **31**, 145 (1943). — WENGER, P., u. A. R. DUCKERT: (a) Helv. **26**, 1465 (1943); (b) Fr. **70**, 64 (1927). — WENGER, P., u. G. GUTZEIT: Manuel de chimie anal. qualitative minérale, Genf 1933. — WENGER, P. siehe VAN NIEUWENBURG. — WENGER, P. u. Y. RUSCONI: Reactifs pour l'analyse qualitative minérale (4. Bericht) Paris 1950.— WELLS, R. C., u. R. E. STEVANS: Ind. eng. chem. Anal. Edit. **6**, 439 (1934). — WINTER, N.: bei DUBSKY (b). — WHITBY, G.: Z. anorg. Ch. **67**, 62 (1910). — WOLDAN, A.: Mikrochem. **34**, 192 (1949).

YOE, J. H., u. L. G. OVERHOLSER: (a) Ind. eng. Chem. Anal. Ed. **14**, 148 (1942); (b) desgl. **14**, 435 (1942).

Gold.

Au, Atomgewicht 197,2, Ordnungszahl 79.

Von **Hans Bode**, Hamburg.

Mit 5 Abbildungen.

Inhaltsübersicht.

I. Vorkommen.

Gold findet man in der Natur im allgemeinen als Metall, aber nicht rein, sondern fast stets von anderen Elementen begleitet, vor allem von Silber, Quecksilber und Tellur; aber auch Kupfer und Eisen sind in geringem Maße im natürlichen Gold enthalten. Daneben ist Gold ein Bestandteil mancher Schwefel-, Arsen- und Kupferkiese, Antimonerze sowie Zinkblenden.

II. Übersicht über die Verwendung von Gold.

Gold dient vorwiegend als Material für Schmuckgegenstände, sei es als Goldlegierung oder nur zum Vergolden, sowie für monetäre Zwecke. Gewisse Mengen werden in der Zahnheilkunde verbraucht. Goldverbindungen finden nur wenig Verwendung, zum Tonen in der Photographie, zur Herstellung von Rubinglas und in der Porzellan- und Glasmalerei sowie gelegentlich für medizinische Zwecke.

III. Wertigkeit und allgemeines Verhalten der Verbindungen in analytischer Hinsicht.

Das Gold steht im Periodischen System in der Nebengruppe der ersten Familie. Es ist in seinen Verbindungen ein- und dreiwertig. Von den einwertigen Goldverbindungen sind außer dem Sulfid nur die schwerlöslichen Halogenide und das Cyanid einigermaßen beständig; sie gehen aber leicht unter Bildung komplexer Verbindungen in Lösung.

Die vom dreiwertigen Gold sich ableitenden Salze zeigen ein großes Bestreben zur Bildung von komplexen Salzen; das Hydroxyd besitzt amphoteren Charakter. Die meisten analytischen Reaktionen machen von der leichten Reduzierbarkeit Gebrauch, wobei entweder charakteristische Oxydationsprodukte gebildet werden oder die Farbe des kolloiden Goldes zum Nachweis benutzt wird.

IV. Übersicht über die analytische Gruppe und die Abtrennung des Goldes.

Gold liegt bei der systematischen Prüfung auf Kationen im Analysengang fast nur dreiwertig vor. Nur bei Anwesenheit von Cyaniden kann mit einwertigem Gold gerechnet werden. Da das Gold aus den stark komplexen Cyanidlösungen durch Schwefelwasserstoff nicht gefällt wird, zerstört man vor der Prüfung das Cyanid durch Abrauchen mit konz. Schwefelsäure.

Das Gold wird mit Schwefelwasserstoff in saurer Lösung gefällt. Beim Behandeln der abfiltrierten Sulfide mit gelbem Ammoniumsulfid geht es in Lösung. Diese Lösung enthält die Thiosalze von As, Sb, Sn, ferner von Au, Pt, Ir, Mo, Te und Se sowie geringe Mengen Cu. Durch Ansäuern werden die Sulfide wieder ausgefällt.

Für eine Trennung zur Indentifizierung kann man etwa folgendermaßen verfahren: Sn und Sb werden durch konzentrierte HCl, das As durch Behandeln mit gesättigter Ammoniumcarbonatlösung entfernt. Der zurückbleibende Niederschlag wird in Königswasser gelöst, mehrfach mit HCl abgeraucht und in verdünnter HCl gelöst. Das Pt wird als K_2PtCl_6 gefällt und im Filtrat das Gold durch Reduktion (meistens mit Oxalsäure unter gelindem Erwärmen) abgeschieden.

Verzichtet man auf die Abtrennung von Au, so kann es mit Tetramethyldiaminodiphenylmethan bei Gegenwart von größeren Mengen As, Sb, Sn, Pt und vielen anderen mehr nachgewiesen werden (vgl. § 6 A1).

Wird das Au von vielen Stoffen insbesondere von allen Platin-Metallen begleitet, wird es zweckmäßig durch Extraktion abgetrennt. Zu $\frac{1}{2}$ cm^3 der salzsauren Prüflösung im Mikroreagensglas wird das doppelte Volumen von Essigester hinzugegeben und kräftig geschüttelt. Zur vollständigen Entfernung wird das Ausschütteln zweimal mit frischem Ester wiederholt (NOYES und BRAY), der Ester wird abgedampft und der Rückstand mit einem Tropfen Wasser und verdünnter HCl gelöst. WHITMORE und SCHNEIDER empfehlen den Nachweis mit NH_4SCN oder Coffein.

Enthält die Substanz $HgCl_2$, so wird Au mit $NaNO_2$ abgetrennt, da das Ausschütteln Schwierigkeiten bewirkt. Zu 0,3 cm^3 der schwach salzsauren Lösung werden einige Körnchen $NaNO_2$ (nicht KNO_2) hinzugefügt, es wird 10 Minuten erhitzt und abgetrennt (KÖNIG, CROWELL und BENEDETTI-PICHLER); diese Autoren identifizieren das Au mit Tetraäthylammoniumchlorid.

V. Nachweis von Gold in Legierungen und Überzügen.

Die Probe wird über ein Stück unglasierten Porzellans (Strichplatte) gezogen und der Strich mit einem Tropfen Brom-Salzsäure (gleiche Teile gesättigten Bromwassers und konz. HCl) getüpfelt. Zur Entfernung des überschüssigen Broms wird nach 2 Minuten ein Tropfen einer 10%igen, wässerigen Lösung von Sulfosalicylsäure hinzugefügt und mit einer kleinen Pipette in ein Mikroreagensglas übergeführt. Nach Hinzufügen eines Tropfens Rhodamin B und 4—6 Tropfen Benzol wird geschüttelt. Gold zeigt sich in der roten Benzolschicht durch eine orangefarbene Fluoreszenz im Ultraviolettlicht an (FEIGL).

VI. Einiges über Reaktionen aus der Frühzeit (nach KOPP).

Das gediegene Vorkommen und die charakteristische Farbe führten schon in der Frühzeit zur Erkennung und Verwendung des Goldes. Zur Reinigung von den unedlen Metallen wurde es mit Blei geschmolzen, wobei nur Silber mitgeht. Dieses wird durch Schmelzen mit Schwefel oder Schwefelantimon abgetrennt.

ALBERTUS MAGNUS (+1280) [Compositum de compositis] beschreibt die Trennung von Gold und Silber mit Salpetersäure. Die Fällung des Goldes durch Quecksilber findet sich bereits bei BASILIUS VALENTINUS (um 1500) [Testamentum ultimum].

Von den Reaktionen auf nassem Wege kennt TACHENIUS (1666) [Hippokrates chymicus] die Reduktion von Goldlösungen durch Galläpfeltinktur, auf CASSIUS (um 1650) geht die Bildung von Goldpurpur durch Zinn(II)-chlorid zurück; KUNKEL beschreibt die Färbung von Glas durch reduziertes Gold; ältere Angaben lassen oft nicht sicher erkennen, ob eine Rotfärbung durch Gold hervorgerufen worden ist. ROB. BOYLE (1690) [Experimentis et observationibus physicis] kennt die Reduktion durch Alkohol.

Nachweismethoden.

§ 1. Nachweis auf spektralanalytischem Wege.[1]

Allgemeines.

Für den empfindlichen spektralanalytischen Nachweis von Gold ist ein Quarzspektrograph erforderlich, weil die Grundlinien des Bogenspektrums mit den Wellenlängen $\lambda = 2428{,}0$ Å und $\lambda = 2676{,}0$ Å im Ultravioletten gelegen sind. Bei kleinen Goldkonzentrationen in Silber und Kupfer ist es unter Umständen sogar notwendig, einen Spektrographen hoher Dispersion zu verwenden, um die genannten Au-Linien noch von koinzidierenden Ag- und Cu-Linien trennen zu können (vgl. unten). Gold erscheint sowohl im kondensierten Funken wie auch im Abreißbogen mit hoher Empfindlichkeit, und seine ultravioletten Linien sind in dem im allgemeinen untergrundfreien Spektralbereich gut zu erkennen.

Brauchbare Analysenlinien sowie Koinzidenzen nach GERLACH-RIEDL: W. GERLACH und RIEDL geben für Gold folgende Analysenlinien an: $\lambda = 2676{,}0$ Å und $\lambda = 2428{,}0$ Å. Die kurzwelligere, theoretisch stärkere Linie erscheint wegen des Ganges der Empfindlichkeit der photographischen Platte mit der Wellenlänge gleich stark oder sogar schwächer als die Linie $\lambda = 2676{,}0$ Å. Bei für Ultraviolett sensibilisierter Platte wird $\lambda = 2428{,}0$ Å stärker als $\lambda = 2676{,}0$ Å. Beide Linien sind stärker als eine dritte Linie mit der Wellenlänge $\lambda = 3122{,}8$ Å.

Koinzidenzen sind zu erwarten:

Bei $\lambda = 2676{,}0$ Å mit der starken Tantal-Nachweislinie $\lambda = 2675{,}9$ Å, ferner mit einer Bogenlinie von Platin, Funkenlinien von Chrom, Ruthenium und Vanadium, sowie mit Linien von Kobalt, Rhodium und Wolfram und sehr schwachen bzw. schwachen Linien von Kupfer, Eisen und Antimon.

Bei $\lambda = 2428{,}0$ Å mit Linien von Silber, Blei, Antimon, Zinn, Strontium, Mangan, Platin, Rhodium und Wolfram.

[1] Bearbeitet von JAN VAN CALKER, Münster (Westf.).

Nachweisverfahren.

1. Nachweis in Lösungen.

Für den Goldnachweis in Lösungen eignet sich die näpfchenförmige Lösungselektrode nach GERLACH und SCHWEITZER, auf der die Flüssigkeit mit dem kondensierten Funken verdampft wird. Die Empfindlichkeit ist hier mit 10^{-2} bis 10^{-3}% geringer als bei Anwendung eines flachen Graphittellers mit einer Öffnung in der Mitte, durch die die Lösung kontinuierlich nachfließt, wie er von NEDLER und EFFENDIEW (a) beschrieben wird. Die Verfasser erreichen mit dieser Anordnung eine Empfindlichkeit der Goldbestimmung in Königswasser mit dem kondensierten Funken von 2×10^{-5}%. Zur Goldbestimmung in Harn verwendet PROBST die GERLACHsche Lösungselektrode und als Anregungsart den Flammenbogen. ROHNER tränkt zur Analyse von Lösungen Gelantinescheibchen mit der Analysenflüssigkeit und verbrennt diese vollständig mit dem Hochfrequenzfunken.

2. Nachweis in Metallen.

Besonders einfach und empfindlich ist der Goldnachweis in Metallen möglich, wenn man die Proben unmittelbar als Elektroden verwenden kann. In einer derartigen Anordnung bestimmen z. B. BRECKPOT Gold in Kupfer und GUENTHER Gold in Bleilegierungen. Eine wesentliche Empfindlichkeitssteigerung können GERLACH und ROLLWAGEN durch Anwendung des Abreißbogens erreichen, der mit 5—10 A betrieben und durch Kurzschließen der Elektroden zum Erlöschen gebracht wird.

Bei der Goldbestimmung in Kupfer mit dem Abreiß- oder Dauerbogen ist besonders darauf zu achten, daß die empfindliche Goldnachweislinie $\lambda = 2676{,}0$ Å im Bogen durch eine sehr schwache Kupferlinie $\lambda = 2676{,}5$ Å vorgetäuscht werden kann. Mit dem Zeiss-Spektrographen Q 24 können aber beide Linien noch getrennt werden, ebenso bei engem Spalt mit dem Zeiss-Spektrographen Q 18. Für den Goldnachweis in Silber ist die Störung der Goldlinie $\lambda = 2428{,}0$ Å durch 2 schwache Ag-Linien wichtig, durch die die Goldlinie verbreitert erscheint. Mit dem Spektrographen Q 24 lassen sich beide Linien trennen, von denen die eine besonders im Lichtbogen, die andere im Funken erscheint.

3. Nachweis in Pulver- und Erzproben.

Besonders wichtig ist die spektralanalytische Goldbestimmung in Erzproben geworden, bei denen das Analysenmaterial fast immer in Form von Gesteinsbohrpulver vorliegt. So untersuchen LOPEZ DE AZCONA und PARDO Erzproben in einer Schmelzperle auf Kohleelektroden und verwenden zur Anregung den für diese Zwecke besonders geeigneten Flammenbogen. Wird das Verfahren gleichzeitig noch mit einer elektrolytischen Anreicherung kombiniert, so ergibt sich eine Nachweisempfindlichkeit für Gold von 5×10^{-7} Gramm. Nach NEDLER und EFFENDIEV (b) werden zur Goldbestimmung in sulfidischen Erzen diese in Königswasser gelöst und im kondensierten Funken mit geringer Kapazität und hoher Selbstinduktion angeregt. TOISHI bestimmt Gold in Staub, indem er diesen durch einen waagerecht brennenden Lichtbogen fallen läßt und dadurch zum Leuchten anregt. IWAMURA, der Gold in natürlichen Erzen mit der Linie $\lambda = 2428{,}0$ Å mit einer Empfindlichkeit von 4×10^{-4}% bestimmt, weist besonders darauf hin, daß in der Analyse nach Möglichkeit Verunreinigungen zu vermeiden sind, die eine kleinere Ionisationsspannung als Gold (9,2 Volt) haben.

§ 2. Nachweis mit physikalisch-chemischen Methoden.

In diesem Abschnitt werden nur die auf Gold bezüglichen Angaben gebracht; einige allgemeine Bemerkungen zu diesen Methoden finden sich im gleichen Abschnitt beim Kupfer.

Polarographische Nachweise.

Für den *polarographischen* Nachweis von Gold kommt der Nachweis nur in der Gegenwart von komplexbildenden Reagenzien in Frage, da Au^{3+}-Ionen mit dem Bodenquecksilber reagieren. HERRMANN findet für die Cyanidkomplexe folgende Halbwellen-Potentiale (gegen n-Kalomelelektrode):

E (III/I) —0,4 und E (I/0) —1,3 Volt.

Radiochemische Nachweise.

Für den *radiochemischen* Nachweis von Gold seien zwei Beispiele angegeben: die Untersuchung des Au-Gehaltes von Meteoriten und die Überprüfung der Trennung von Gold und Platin.

Aus dem stabilen Isotop $^{197}_{79}Au$ wird durch Neutronenbeschuß das Isotop $^{198}_{79}Au$; dieses zerfällt als β-Strahler mit einer Halbwertzeit von 2,7 Tagen.

1. Zur Bestimmung von Gold in Meteoriten (GOLDBERG und BROWN) werden die Proben in einem Weichglasgefäß in einem Uranpile (von den Autoren benutzt: Argonne-Schweres-Wasser-Pile) eine Stunde bestrahlt. Zur Abtrennung des gebildeten radioaktiven Goldes wird die Probe (0,3—0,5 g) in Königswasser gelöst, und 30 mg Gold werden in Form von $AuCl_3$ als Trägersubstanz hinzugegeben. Man dampft fast bis zur Trockne ein, nimmt mit 30 cm^3 Salzsäure (10%) auf und extrahiert mit Essigester. Dieser wird zweimal mit 20 cm^3 Salzsäure gewaschen und eingedampft. Der Rückstand wird mit 15 cm^3 Wasser und 5 cm^3 konzentrierter HCl aufgenommen und das Gold aus dieser Lösung heiß mit 5%iger Hydrochinonlösung gefällt. Nach 20 Minuten Kochen wird filtriert, zweimal mit heißem Wasser (25 cm^3) und einmal mit 25 cm^3 Alkohol gewaschen und 15 Minuten bei 110° getrocknet und gewogen. Die Probe ist hiermit zur Messung der Radioaktivität vorbereitet. Die Messungen mit dem Zählrohr erstrecken sich auf die 4—5fache Halbwertzeit.

Vergleichsproben mit bekanntem Goldgehalt gestatten unter Berücksichtigung sonstiger Faktoren, wie Eigenabsorption, auch eine quantitative Auswertung.

Es können mit dieser Methode 10^{-6} Teile Gold in einem Teil Eisen nachgewiesen werden.

2. Überprüfung der Trennung von Gold und Platin. Nach VANINO und SEELMANN kann das Gold vom Platin dadurch getrennt werden, daß in der in Königswasser gelösten Metallsalzlösung bei Zimmertemperatur mit alkalischem H_2O_2 Gold quantitativ gefällt wird. Nach Verkochen des H_2O_2 wird der Niederschlag durch Ansäuern gut filtrierbar gemacht. Die Vollständigkeit ist durch nochmalige Fällung zu überprüfen. Das Platin wird aus der alkalisch gemachten Lösung mit Na-Formiat abgeschieden. ERBACHER und PHILIPPS überprüfen die Methode mit Hilfe von künstlich radioaktivem Gold. Ein Goldblech wird mit langsamen Neutronen (aus Be mit α-Strahlung gewonnen und durch Paraffin abgebremst) bestrahlt. Ein Teil des Goldes wird in Königswasser gelöst und zu einer Platinsalzlösung hinzugefügt. Nun führt man die angegebene Trennung durch. Durch Aktivitätsmessung kann man qualitativ erkennen, daß Gold auch in der Platinfällung vorhanden ist. Durch quantitative Auswertung ergibt sich, daß mit H_2O_2 auch schon ein Teil des Platins mitgefällt wird.

Chromatographische Nachweise.

Für den *chromatographischen* Nachweis von Gold geben LINSTEAD und Mitarbeiter für die qualitative Analyse von Gemischen von Platinmetallen und Gold zwei Methoden an; über ein Verfahren von LEDERER s. bei Cu.

Nach der ersten Methode können alle Pt-Metalle und Gold nebeneinander nachgewiesen werden. Um standardisierte Bedingungen zu schaffen, wird die Probe mit Na_2O_2 geschmolzen, diese Schmelze in Wasser gelöst und mit HCl angesäuert. Als Lösungsmittel dient Methyl-äthylketon, welches 30% HCl (d = 1,18) enthält. Nachgewiesen wird das Gold mit $SnCl_2$.

Soll dagegen nur das Gold nachgewiesen werden, wird mit einem Lösungsmittelgemisch von Äthyläther mit 7,5% trockenem Methanol gearbeitet, welches noch 2% wasserfreie HCl enthält. Unter diesen Bedingungen wird nur das Gold extrahiert und wandert in einem scharfen Streifen abwärts, während die Platinmetalle unverändert bleiben. Die Lösung muß stärker als 2 n an HCl sein. Auf diese Weise kann 1 γ Au neben der 100fachen Menge der Pt-Metalle nachgewiesen werden.

Röntgenographische Nachweise.

Für den röntgenographischen Nachweis von Gold kommen die Linien in Frage:

$K\alpha_2$ 184,8 $K\alpha_1$ 179,9 $L\beta_1$ 159,0 $L\beta_2$ 154,3

und

$L\alpha_2$ 1285,0 $L\alpha_1$ 1273,8 $L\beta_1$ 1081,3 $L\beta_2$ 1068,0.

Koinzidierende Linien sind folgende:

Pt $K\alpha_1$ 185,3 Ta $K\beta_2$ 184,5 W $K\beta_1$ 184,2 W $K\beta_2$ 179,4
Pt $K_{\beta 1}$ 163,4 Bi $K\alpha_1$ 160,4 Pt $K\beta_2$ 158,9 Tl $K\beta_1$ 150,1
W $L\beta_6$ 1287,0 Hf $L\beta_9$ 1287,0 Ru $K\alpha_1$ 1283,5 (2. Ordnung)
Ta $L\beta_2$ 1281,9 Zn $K\beta_2$ 1281,7 W $L\beta_1$ 1279,2 Ta $L\beta_8$ 1273,8 Er $L\gamma_4$ 1273,2
Tu $L\gamma_2$ 1271,2
W $L\gamma_3$ 1079 Pt $L\beta_7$ 1078,5 Hg $L\beta_6$ 1077,4 Cd $K\alpha_2$ (2. Ordnung) 1076,6
W $L\gamma_6$ 1072,0 Pt $L\beta_5$ 1070,1 Hg $L\beta_4$ 1068,4 Rh $K\beta_2$ 1067,8 (2. Ordnung)
Cd $K\alpha$ 1067,8 (2. Ordnung) W $L\gamma_2$ 1065,8

§ 3. Nachweis auf trockenem Wege.

1. Reduktion mit Soda auf der Kohle.

Wird die Probe mit der 2—3fachen Menge Soda auf der Kohle erhitzt, so erhält man bei Anwesenheit von Gold ein gelbes, dehnbares Metallkorn ohne Beschlag. Bei Anwesenheit größerer Mengen anderer Metalle wird das Korn mit Blei abgetrieben, wobei fast alle Metalle außer Silber und den Platinmetallen verschlackt werden. Sind in der Probe größere Mengen Silber enthalten, erscheint das Korn weiß. Bei geringen Mengen Silber zeigt das Korn die gelbe Goldfarbe; zur Prüfung auf Silber wird das Korn mit Phosphorsalz auf der Kohle geschmolzen, dabei erhält man eine Glasperle, die das Silber als Oxyd gelöst enthält, und die beim Abkühlen ein opalartiges Aussehen annimmt.

2. Perlenprobe.

Bei Anwesenheit von Gold sind sowohl die Phosphorsalz- (DONAU [a]) als auch die Boraxperle (DONAU [b]) durch kolloides Gold rubinrot gefärbt, sie gehen bei längerem Erhitzen in violettblau und grün über, bis sie schließlich farblos werden. Hierdurch sollen noch 0,025 γ Au (Perlendurchmesser/mm) nachgewiesen werden können. Die Färbung bleibt aus, wenn die Lösung freie Schwefelsäure oder freie Halogene (nicht Salzsäure) enthält; ein Platingehalt der Probe über 6% überdeckt die Reaktion auf Gold. Durch Alkalisalze, Kieselsäure, Wasserglas und Eisen wird die Reaktion in der Boraxperle nicht gestört.

3. Beschlagprobe.

Ein Oxydbeschlag ist auf der Kohle nicht erkennbar. Auf Kreide erhält man nach KLEBER und LENZEN bei Anwesenheit von Gold einen schwerschmelzbaren Beschlag.

4. Flammenprobe.

Die Au-Salzlösung wird mit konzentriertem HCl und einem Stückchen Zink versetzt. Ein mit kaltem Wasser gefülltes Reagensglas wird in die Wasserstoffentwicklung gehalten und dann in den heißesten Bereich einer Bunsenflamme gebracht. Au zeigt sich durch eine grüne Flamme an (MEHROTRA).

Erfassungsgrenze: 0,6 mg.

Sn und Cu stören, nicht dagegen Hg, Pb, Ag und Pt. Erze und Legierungen werden mit HNO_3 behandelt, der unlösliche Rest wird in Königswasser gelöst und fast zur Trockene gebracht.

§ 4. Makrochemische Reaktionen mit anorganischen Reagenzien.

A. Fällungsreaktionen.

1. Fällung mit Alkalihydroxyd.

Alkalilaugen fällen aus Gold(III)-salzlösungen einen braunroten Niederschlag von $Au(OH)_3$, der sich im Überschuß des Fällungsmittels zu Auraten(III) löst.

2. Fällung mit Ammoniak.

Mit Ammoniak entsteht eine gelbe Fällung, die ein Gemisch mehrerer stickstoffhaltiger Goldverbindungen (WEITZ) ist. Der trockene Niederschlag ist explosiv („Knallgold").

3. Fällung mit Schwefelwasserstoff.

Aus einer siedenden Gold(III)-chloridlösung fällt Schwefelwasserstoff metallisches Gold, in der Kälte entsteht ein Niederschlag, der wahrscheinlich aus Au_2S und Au_2S_3 besteht. Der Niederschlag ist in Ammonium- und Alkalisulfid unter Bildung von Thioauraten(I) löslich; diese werden durch Säuren zu Au_2S zersetzt.

Empfindlichkeit: $9\,\gamma$ im cm^3 (VANINO und SEELMANN).

4. Fällung mit Kaliumjodid.

Mit Kaliumjodid entsteht eine graugrüne Fällung von AuJ_3, das z. T. in AuJ und J_2 zerfällt. Die Fällung ist im Überschuß des Reagenses löslich zu $KAuJ_2$ bzw. $KAuJ_4$.

B. Reduktionsreaktionen.

1. Nachweis mit Zinn(II)-chlorid.

Gibt man zu einer Goldsalzlösung Zinn(II)-chlorid, so tritt eine Reduktion zum elementaren Gold auf. Je nach der Acidität der Lösung treten verschiedenartige Färbungen auf. In stark salzsaurer und konzentrierter Lösung entsteht ein Niederschlag aus reinem Gold, der die braune bis schwarzbraune Farbe von feinverteiltem Gold aufweist. In stark verdünnter, schwach saurer Lösung erhält man rosa bis purpurfarbene Niederschläge (CASSIUSscher Goldpurpur), die aus kolloidem Gold bestehen, das an Zinndioxydhydrat adsorbiert ist.

Goldpurpur ist in Ammoniak und sehr verdünnter Kalilauge mit roter Farbe löslich, fällt beim Konzentrieren aus, kann aber durch Ammoniak leicht wieder peptisiert werden.

In schwach saurer Lösung (unter 0,05 n HCl) entsteht mit $SnCl_2$ eine gelbe bis gelbraune Färbung, die be Ansäuren auf 2 n bis 6 n HCl in den Goldpurpur übergeht. Die Reaktion in schwach saurem Medium ist empfindlicher als der Nachweis als Goldpurpur (FINK und PUTNAM).

Man gibt zu 5 cm^3 der schwach sauren Probelösung 1 cm^3 der Reagenslösung; nach Umschütteln erscheint bei Anwesenheit von Au eine gelbe bis gelbbraune Farbe (ROSIN und YOE).

Grenzkonzentration: 1 : 250000 ($10^{-5,4}$).

Die Reaktion ist sehr charakteristisch.

Zur Bereitung der Reagenslösung werden 22,6 g $SnCl_2 \cdot 2\,H_2O$ in 2,5 cm^3 konz. HCl 2 bis 3 Minuten gekocht. Nach Abkühlen auf ungefähr 50° gibt man die Lösung in 400 cm^3 Wasser.

Nach JOHN und BEYERS erhält man beim Versetzen einer Lösung der Metalle in Königswasser mit $SnCl_2$ einen blutroten Goldpurpur. Neben den Pt-Metallen kann man das Au nachweisen, indem man $^1/_3$ des Volumens an Äther hinzufügt und ausschüttelt. Hierbei setzt sich der Purpur als schwarzer Schaum an der Grenzfläche ab; die Pt-Metalle gehen in den Äther über. Über Mikronachweis mit $SnCl_2$ und Pyrogallol s. § 7 B 4.

2. Nachweis mit Kalium-tetrajodomerkurat(II).

Im Gegensatz zu einer alkalischen KJ-Lösung, die mit verdünnter Goldsalzlösung nur sehr langsam reagiert, wirkt eine alkalische K_2HgJ_4-Lösung ziemlich schnell.

Nach NIDER werden 10 cm^3 der zu untersuchenden Lösung mit 1 cm^3 KOH (20%ig) und 1 cm^3 einer Lösung versetzt, die 5% K_2HgJ_4 und 1% KJ enthält. Bei Anwesenheit von Gold entsteht je nach der Konzentration ein gelb bis rosa gefärbtes Goldsol. Bei kleineren Goldmengen ist diese Reaktion empfindlicher als die mit $SnCl_2$.

Empfindlichkeit: 10 γ in 10 cm^3 geben noch eine leicht rosa Färbung.

Grenzkonzentration: 1 : 1000000 (10^{-6}).

3. Nachweis mit Titan(III)-chlorid.

Nach STÄHLER verhält sich eine Titan(III)-chloridlösung gegenüber Goldlösungen wie $SnCl_2$. Gibt man zu einer Goldlösung einige Tropfen wässeriges Titan(III)-chlorid, so entsteht sofort eine intensive Violettfärbung. Das gebildete kolloide Gold wird an die Titansäure als Schutzkolloid adsorbiert. Der getrocknete Niederschlag ist in NH_3 nicht mehr löslich.

Grenzkonzentration: 1 : 20000000 ($10^{-7,3}$).

4. Nachweis mit Quecksilber(I)-chlorid.

Gibt man nach PIERSON (a) zu 5 cm^3 der Prüflösung, die etwa 2% HCl enthalten soll, 0,1 g Hg_2Cl_2 hinzu, so färbt sich der Niederschlag bei Anwesenheit von Gold in wenigen Minuten purpurn bis rosa.

Empfindlichkeit: 0,1 γ in 5 cm^3 geben eine schwache rosa Färbung, die sich bei steigendem Gehalt vertieft, bei 10 γ ist der Niederschlag purpurn-rosa (PIERSON [b]).

Störungen treten durch stark oxydierende oder reduzierende Stoffe auf: Nitrate, Peroxysalze, Jodide, freies Halogen, $SnCl_2$ und Hypophosphite müssen abwesend sein. Kupfer(II)- und Eisen(III)-salze stören in Mengen von 0,003 g Kupfer und 0,006 g Fe. Wie Au werden gefällt Pt und Pd, sowie Se, Te und As, nicht dagegen Ru, Rh, Jr und Os. Stärke, Dextrin, Blut und Kasein stören nicht.

Um das Au neben Pt und Pd sowie Se, Te und As nachzuweisen, wird das Au zunächst in schwach salzsaurer Lösung (2%) mit Oxalsäure (1%) reduziert, dann in chlorhaltiger Salzsäure gelöst, das Chlor fortgekocht und wie oben nachgewiesen.

5. Nachweis mit Quecksilber(I)-nitrat.

Nach POLLARD (a) entsteht mit $Hg_2(NO_3)_2$ aus Goldsalzlösungen bei Gegenwart von Halogeniden eine Fällung von Gold und Hg_2Cl_2. Bei Abwesenheit zusätzlicher Halogenide enthält der Niederschlag Goldsäure, Wasser und eine Quecksilberverbindung.

Empfindlichkeit: 6γ im cm^3 (VANINO und SEELMANN).

6. Nachweis mit Wasserstoffperoxyd.

Gibt man zu 10 cm^3 der mit KOH alkalisch gemachten Prüflösung H_2O_2, so entsteht schon in der Kälte in wenigen Minuten unter Sauerstoffentwicklung eine Fällung von Gold.

Empfindlichkeit: Bei 3γ im cm^3 entsteht eine rötliche Färbung mit bläulichem Schimmer, bei höheren Konzentrationen bis 30γ ist die Fällung blau und geht bei noch größeren Mengen in schwarz über (VANINO und SEELMANN).

Störungen treten auf durch Ag und Ru; Pt und Ir sollen nicht stören (s. aber § 2 radiochemische Methoden).

7. Nachweis mit Zink und Arsensäure.

Gibt man zur Prüflösung einige Tropfen Arsensäure, 2—3 Tropfen Eisen(III)-Chlorid und 2—3 Tropfen HCl, füllt gegebenenfalls auf 100 cm^3 auf und fügt ein Stückchen Zink hinzu, so nimmt die Flüssigkeit um das Zink herum eine purpurne Färbung an, die sich beim Umschütteln in der Lösung verbreitet.

Empfindlichkeit: 3γ im cm^3 (VANINO und SEELMANN).

8. Nachweis mit Eisen(II)-sulfat.

$FeSO_4$ reduziert in der Kälte Goldsalzlösungen sehr langsam.

Empfindlichkeit: 6γ im cm^3 geben eine schwache Blaufärbung, die bei steigenden Gehalten sich vertieft und in braun übergeht (VANINO und SEELMANN).

Über die Reaktion bei Gegenwert von Ag-Ionen vgl. Ag § 5 C 16c.

9. Weitere Reduktionsmittel.

Mit unterphosphoriger Säure entsteht erst bei 120γ in 1 cm^3 eine schwache Blaufärbung, Natriumnitrit zeigt erst bei 300γ eine schwache Braunfärbung, schweflige Säure und Oxalsäure treten bei dieser Konzentration noch nicht in Reaktion (VANINO und SEELMANN).

Mit ½ cm^3 ½%igem NH_2OH sind $1{,}8\gamma$ in 5 cm^3 zu erfassen (KARAOGLANOV). Ammoniumoxalat bildet eine amorphe blaue, Kaliumnitrit eine feinkörnige dunkle Fällung (WHITMORE und SCHNEIDER).

§ 5. Mikrochemische Reaktionen mit anorganischen Reagenzien.

A. Analytisch wichtige Reaktion.

Nachweis als Rubidium-silber-goldchlorid.

Nach EMICH (a) entstehen beim Zusammenbringen von Gold-, Silber- und Rubidiumchloridlösung charakteristische Kristalle eines Tripelchlorids von der Formel $Rb_3(Ag_6, Au_2)Cl_9$ (BAYER), in dem sich 3 Ag und 1 Au vertreten können.

Ausführung: Versetzt man die Prüflösung mit Rubidium- und Silberchlorid, so entstehen rings um die Silberchloridkörner blutrote Nadeln und Prismen, die bisweilen zu Kreuzen und Büscheln verwachsen sind (Abb. 1). Statt des festen AgCl kann auch eine 0,1%ige Silbernitratlösung verwendet werden (vgl. auch Abb. 5 und 6 beim Abschnitt Silber).

Erfassungsgrenze: 0,1 γ.

Grenzkonzentration: 1 : 1000 (10^{-3}).

Störungen treten nicht auf durch freie Salz- und Salpetersäure, ebenso nicht durch Kupfer- und Bleiionen, doch treten bei Gegenwart von Blei kleinere Kristalle auf. Hg(II)- und Bi-Salze beeinträchtigen die Empfindlichkeit, da der Habitus der Kristalle verändert wird.

Die entsprechende Caesiumverbindung (Abb. 2) entsteht nach BAYER nur in winzig kleinen Kristallen und ist somit für den Goldnachweis weniger geeignet. MARTINI (a) gibt für die Caesiumverbindung als

Erfassungsgrenze: 0,1 γ. Zusammensetzung der Cs-Verbindung ist $Cs_2AgAuCl_6$ (ELLIOT und PAULING).

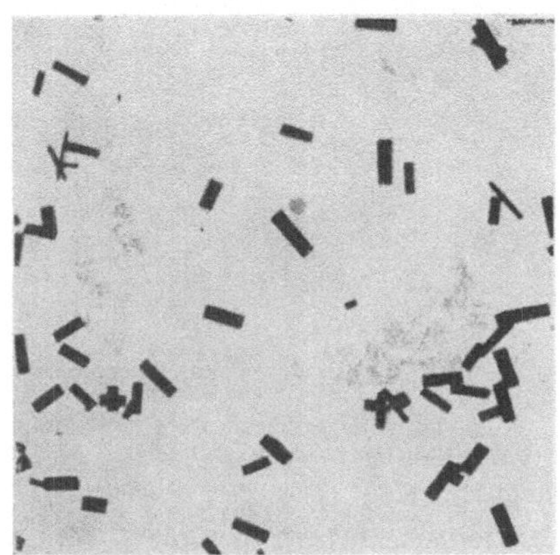

Abb. 1.
Rubidium-silber-goldchlorid (nach GEILMANN).
Vergr. 85.

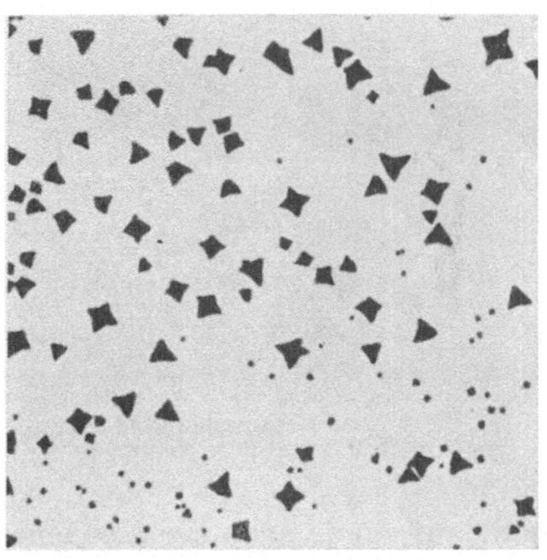

Abb. 2.
Caesium-silber-goldchlorid (nach GEILMANN).
Vergr. 90.

B. Weitere Reaktionen.

1. Nachweis ohne Reagenszusatz.

Nach DUVAL und FAUCONNIER bringt man die zu untersuchende Lösung in eine Kapillare und dampft vorsichtig ein; dann wird so stark erhitzt, daß das zurückbleibende Goldflitterchen von einer Kugel geschmolzenen Glases umhüllt ist, die als Lupe wirkt. Bei sehr kleinen Goldmengen entsteht in der Kapillare nur ein rosa Faden von kolloidem Gold.

Empfindlichkeit: 1 γ Au in 0,05 cm^3.

Eine **Störung** dieser Reaktion ist nur durch Kupfer möglich, welches bei größerer Konzentration ein beinahe gleiches Bild gibt. Bei Gegenwart von wenig Cu entstehen keine roten Fäden, sondern nur einzelne grüne Teilchen.

2. Nachweis mit Reduktionsmitteln.

a) **Wasserstoffperoxyd.** Die Reduktion von Au-Lösungen durch H_2O_2 wird durch Cu^{2+}- bzw. Hg^{2+}-Salze so katalysiert, daß es zur Ausbildung größerer Kristalle kommt.

Ein Tropfen der schwach sauren Probelösung ($p_H < 3$) wird mit je einem Mikrotropfen einer $CuCl_2$-Lösung (1 : 1000) und H_2O_2 versetzt. Nach kurzem gelindem Erwärmen setzt eine Gasentwicklung ein, und es bilden sich gleichseitige, meistens drei- oder sechseckige Platten von violettgrauer bis schiefergrauer Farbe, die sich aber unter dem Polarisationsmikroskop als isotrop, also kubisch, erweisen (Abb. 3).

Erfassungsgrenze: 1 γ (ARREGUINE). Die Reaktion ist nicht besonders empfindlich, aber spezifisch.

b) **Zinn(II)-chlorid.** Der bei der Einwirkung von $SnCl_2$-Lösung auf eine salzsaure Goldlösung zunächst auftretende Niederschlag bildet sich unter Entstehung von baumartigen Formen des Metalls um (GEILMANN) (Abb. 4).

Fügt man zu dem auf dem Tüpfelpapier befindlichen Probetropfen einen möglichst kleinen Tropfen einer frisch bereiteten Zinn(II)-chloridlösung (Zinnfolie wird in konzentrierter Salzsäure heiß gelöst), so tritt durch Reduktion des Goldes eine

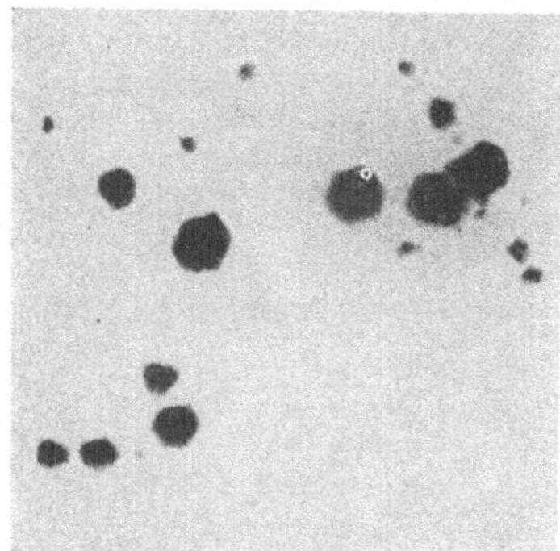

Abb. 3. Metallisches Gold (nach MARTINI [a]). Vergr. 50

Abb. 4. Metallisches Gold (nach GEILMANN). Vergr. 50

Färbung auf, die je nach der Konzentration von schwarzbraun in violett, blau und rosa übergeht (HOLZER).

Empfindlichkeit: 1 γ im Tropfen.

Störungen treten durch Eisensalze auf, die auszuschalten sind. Pt wird nicht zum Metall reduziert, sondern es bildet sich ein gelber bis gelblich-brauner Fleck. Zum Nachweis von Au neben Pt verfährt man nach HOLZER folgendermaßen: Es wird soviel Lösung auf das Papier gebracht, daß ein Kreis von 1½ cm Durchmesser entsteht. Das Papier wird leicht getrocknet und mit einer frisch bereiteten Zinn(II)-chloridlösung getüpfelt; Pt gibt einen gelbbraunen Fleck, der bei Gegenwart von Au von einer violetten Zone umgeben ist. Es können 5 γ Au neben der sechsfachen Menge Pt erkannt werden.

c) **Zinn(II)-chlorid und Quecksilber(II)-chlorid.** Bringt man einen Tropfen einer Goldlösung in eine konzentrierte $HgCl_2$-Lösung und fügt einen Tropfen einer gesättigten $SnCl_2$-Lösung hinzu, so fällt das Gold gleichzeitig mit dem Hg_2Cl_2 aus und färbt den Niederschlag violett (WOLFERS).

Erfassungsgrenze: 1—2 γ.

d) **Eisen(II)-sulfat.** Bringt man einen Tropfen einer Goldlösung mit einem Tropfen $FeSO_4$-Lösung auf Papier, so entsteht eine grauviolette Färbung (TANANAEFF und DOLGOW).

Empfindlichkeit: 0,1 γ in 0,001 cm^3 bzw. 3 γ in 0,03 cm^3.

Grenzkonzentration: 1 : 10000 (10^{-4}).

C. Wenig empfehlenswerte bzw. unsichere Reaktionen.

1. Nachweis als Thallium(I)-chloroaurat(III).

Bringt man in eine nicht zu verdünnte neutrale Lösung ein Körnchen Thallium(I)-nitrat, so bildet sich um den Kristall ein Bart von zitronengelben Nadeln, $TlAuCl_4 \cdot 5\,H_2O$, welche mehr als 100 μ lang werden können. Sie zeigen starke positive Doppelbrechung und einen Auslöschungswinkel von 28° (BEHRENS-KLEY).

Besser gelingt die Reaktion, wenn man die zu untersuchende Lösung ein wenig erwärmt, wobei sich das Thalliumnitrat löst. Beim Erkalten kristallisieren große Nadeln aus.

Erfassungsgrenze: 6 γ (EMICH [b]).

Überdeckt man den eingedampften Probetropfen mit einer Kollodiumhaut (MARTINI), fügt die $TlNO_3$-Lösung (10%) hinzu, so ist die

Erfassungsgrenze: 0,5 γ.

Die Reaktion wird auch durch Thallium(I)-chlorid gegeben, das sich in einer schwach sauren Lösung von Goldchlorid unter Bildung der beschriebenen Verbindung löst. Sehr schnell geschieht dies bei erhöhter Temperatur, doch tritt hierbei leicht Reduktion unter Goldabscheidung ein; daneben entstehen statt der langen gelben Borsten hexagonale, blaßgraue Tafeln und Rosetten von Thallium(III)-chlorid. Viele Doppelchloride mit Tl sind bekannt, so daß die Reaktion wenig spezifisch ist (CHAMOT und MASON).

2. Nachweis mit Alkalihalogeniden.

Alkalichloride und -bromide bilden mit Au(III)-Salzen gut kristallisierende Doppelhalogenide; mit den Jodiden kann daneben eine Reduktion zu Au(I)-Salzen unter Jodausscheidung eintreten.

a) Goldchlorid bildet mit CsCl allein zwei Verbindungen: $CsAuCl_4$ und $CsAuCl_4 \cdot \frac{1}{2} H_2O$ (WELLS und WHEELER nach DUCLOUX). Die erste Verbindung ist monoklin, die zweite rhombisch, kristallisiert in rechteckigen Tafeln, aber auch in länglichen Prismen. Sie sind hellgelb und positiv doppelt brechend.

Nach WHITMORE und SCHNEIDER entsteht auf Zusatz von CsCl eine gelbbraune, amorphe Fällung, in der sich allmählich rechteckige, hellgelbe, gut entwickelte Kristalle bilden. Die Platinmetalle verhalten sich ähnlich.

b) Natriumjodid ruft in einer verdünnten Lösung von Goldchlorid eine kaffeebraune Färbung hervor (BEHRENS-KLEY). Wird Caesiumchlorid hinzugefügt, so entsteht ein schwarzgrüner Niederschlag, welcher durch Erwärmen zu einer gelben Flüssigkeit gelöst wird. Beim Erkalten scheiden sich Kristalle eines Doppelsalzes von Caesium-Gold(I)-jodid aus; dieses sind goldgelbe, metallisch glänzende Würfel und Kreuze.

MARTINI (a) gibt folgende Ausführung: Zu einem Tropfen der Probelösung gibt man je einen Mikrotropfen einer Lösung von CsCl (20%) und einer gesättigten Lösung von KJ bzw. KBr. Außer den gelben entstehen gelegentlich auch braunschwarze Kristalle.

Erfassungsgrenze: 0,5 γ.

c) Nach WHITMORE und SCHNEIDER erhält man eine schwarze körnige Fällung um einen in die Prüflösung hineingebrachten Kristall von NaJ. Fügt man einen Tropfen NH_3 hinzu, entsteht eine braune flockige Fällung im ganzen Tropfen.

d) Man läßt einen Tropfen einer KJ-Lösung in Filtrierpapier aufsaugen und gibt dann einen Tropfen der Prüflösung hinzu. Es entsteht ein brauner Fleck, der von einem gelben (AuJ) umgeben ist, dann folgt wiederum ein brauner, zackiger Ring (GRÜNSTEIDL).

Erfassungsgrenze: 5 γ geben eine kräftige Reaktion. Die Reaktion wird durch Cu, Pt und Pd gestört.

e) Man kann die Reaktion auch auf einem Stärkestückchen ausführen, indem man einen KJ-Kristall auf die Stärke legt und auf den Kristall einen Tropfen der Probelösung bringt. Es tritt eine Gelbfärbung (keine Blaufärbung) auf (GRÜNSTEIDL).

Empfindlichkeit: 0,1 γ in 0,05 cm^3.

f) Versetzt man Au^{3+}-Salzlösungen mit Lugolscher Lösung (5% Jod in 10%iger KJ-Lösung) und festem Ammonsulfat, so entstehen schwarze doppelbrechende Kristalle. Die Reaktion ist spezifisch.

Erfassungsgrenze: 2 γ (ARREGUINE).

3. Nachweis als Zink-gold(III)-rhodanid.

Ammoniumthiocyanat gibt in einer neutralen Goldlösung einen orangeroten Niederschlag, der leicht zu Rosetten zusammenwächst, die Moosbüscheln ähneln.

Setzt man dem Niederschlag bei Gegenwart von nicht zuviel NH_4CNS Zinkacetat zu, dann geht er ohne Erwärmen völlig in Lösung, und es kristallisiert beim Einengen das Doppelsalz von Zink-gold(III)-thiocyanat aus. Das Zinkacetat kann durch Cobaltacetat ersetzt werden.

Bei Gegenwart von viel NH_4CNS bleibt das Doppelsalz in Lösung. Eine gleiche Reaktion gibt es beim Hg. Beim Gold sind die Kristalle jedoch kleiner. Zinkgoldthiocyanat ist hochgelb, das isomorphe Kobaltsalz dunkelblau, die Mischkristalle zeigen grüne Farben (BEHRENS-KLEY).

4. Nachweis als Tetrarhodanato-merkurat(II).

Fügt man zu einem schwach salpetersauren Tropfen der Probelösung einen Tropfen einer Lösung von $K_2[Hg(SCN)_4]$, so entstehen bei Anwesenheit von Au orangegelbe dendritische Kristalle, die im Gegensatz zu den analogen Kupferkristallen nicht zugespitzt sind (CHAMOT und MASON; AUGUSTI).

Nach GEILMANN entstehen sehr feine rote Nadeln, die sich schnell in gefiederte moosartige Büschel umlagern.

Erfassungsgrenze: 0,2-0,5 γ (GEILMANN).

Störung: Ebenfalls Kristalle bilden Cu (gelbgrün zugespitzt), Co (blau), Zn, Cd, Mn, Pb (farblos), Ni (gelblich), die beiden letzten nur aus sehr konzentrierten Lösungen.

5. Nachweis mit Kohlenoxyd.

Wird ein schmaler Streifen Filtrierpapier mit der zu untersuchenden Lösung getränkt und über den noch feuchten Streifen reines und getrocknetes CO geleitet, so tritt nach COSTEANU (a) bei der Anwesenheit von Gold Rotfärbung auf.

§ 6. Makrochemische Nachweise mit organischen Reagenzien.

Vorbemerkung. Für die Nachweisreaktionen auf Gold mit organischen Reagenzien liegen viele Angaben vor. Der Reaktionsverlauf mit organischen Stoffen ist nicht immer bekannt; es können Amminkomplexe, innerkomplexe Salze und

Reduktionsreaktionen auftreten, oft liegen Kombinationen dieser Reaktionstypen vor. Deshalb wird die Reihenfolge der Reaktionen etwas schematisch nach den Reagenzien so abgehandelt, daß zunächst die aliphatischen, dann die aromatischen und zuletzt die heterozyklischen Reagenzien aufgeführt werden.

In einer Arbeit von WHITMORE und SCHNEIDER werden mikrochemische Reaktionen von Gold und den Platinmetallen mit insgesamt 41 aliphatischen und aromatischen Stoffen, größtenteils von Aminen tabellarisch angegeben, allerdings ohne Angaben der Empfindlichkeit.

Am Schluß des mikrochemischen Abschnitts folgt eine kurze Wiedergabe der Ergebnisse von WHITMORE und SCHNEIDER, soweit sie nicht vorher schon behandelt sind.

A. Analytisch wichtige Reaktionen.

1. Nachweis mit Bis-(p-Dimethylaminophenyl)-methan.

Bei der Oxydation des Amins, $(CH_3)_2N—C_6H_4—CH_2—C_6H_4—N(CH_3)_2$, auch p-Tetramethyldiaminodiphenylmethan oder Arnoldsche Base genannt, durch Au^{3+} entsteht das blaugefärbte Carbinol. Diese Reaktion ist nicht spezifisch, aber sehr empfindlich (CARNEY).

Durchführung der Reaktion: (nach van NIEUWENBURG). In ein kleines Reagensglas bringt man 1 cm^3 der schwach salzsauren Probelösung und fügt einen Tropfen der Reagenslösung hinzu. Bei Anwesenheit von Gold entsteht bereits nach wenigen Minuten eine blaue Färbung. Falls das Reaktionsmedium zu sauer ist, kann man mit NaOH neutralisieren. Verwendet wird eine 0,5%ige Lösung des Amins in Äthanol mit 5%iger Essigsäure.

Grenzkonzentration: 1 : 1000000 (10^{-6}).

Störungen: Die Reaktion wird nicht beeinträchtigt durch Ag, Cu, Pb, Bi, Cd, As, Sb, Sn, Pt, Se, Te, Mo, W und Tl im Verhältnis 100 : 1.

Bei Anwesenheit von Vanadin im Verhältnis 10 : 1 verringert sich die Grenzkonzentration auf 10^{-5}.

Verbindungen des Pb(IV) geben eine gleiche Reaktion, wie auch andere stark oxydierende Stoffe. Cu^{+2} und Cr^{+3} stören in größerer Konzentration als 10^{-3} durch ihre Eigenfarbe. In Zweifelsfällen ist eine Vergleichsprobe anzustellen.

2. Nachweis mit Anilinsulfat.

Durchführung (nach van NIEUWENBURG): In einem Mikroreagensglas bringt man 1 cm^3 der zu untersuchenden schwach mit HCl angesäuerten Lösung zum Sieden und fügt 0,5 cm^3 der Reagenslösung hinzu. Verwendet wird eine 0,5 n bis n H_2SO_4, die mit Anilin gesättigt ist (CATALANO).

Die entstehende Färbung ist stark konzentrationsabhängig, über den Reaktionsverlauf ist nichts bekannt.

Bei 1 : 10^3 — 1 : 10^4 entsteht nach kurzem Erhitzen zuerst eine tiefblaue Farbe, die bald in grün umschlägt. Unmittelbar nach diesem Farbumschlag entsteht ein grüner, flockiger Niederschlag. Nach dem Absetzen ist die überstehende Lösung lila gefärbt.

Bei einem Verhältnis 1,5 : 10^4 tritt keine Fällung mehr auf. Die Lösung zeigt eine grünlich-blaue bis violette Farbe. Bei einer Konzentration 1 : 10^5 kann noch eine verwaschene bläuliche Färbung beobachtet werden.

Grenzkonzentration: 1 : 100000 (10^{-5}).

Störungen: Vanadate und Chromate wie auch das Fe^{+3}-Ion geben eine gleiche Reaktion. Salpetrige Säure ergibt mit dem Reagens eine orange Färbung, welche die Reaktion stört. Bei der Gegenwart von stark gefärbten Ionen ist es erforderlich, eine Blindprobe durchzuführen.

Die Empfindlichkeit der Reaktion wird nicht durch die Elemente Ag, Cu, Pb, Bi, Cd, Se, Te, Mo, W und Tl in einem Verhältnis von 100 : 1 gestört; As, Sb, Sn und Pt stören nicht in einem Verhältnis von 10 : 1. Ist die letztgenannte Gruppe von Elementen im Verhältnis 100 : 1 vorhanden, so setzen sie die Grenzkonzentration auf 10^{-4} herab.

B. Weitere Reaktionen.

1. Nachweis mit α-Naphthylamin.

Zu 5—10 cm³ der schwach salzsauren oder neutralen Probelösung fügt man 5 cm³ einer 0,1%igen wässerigen Lösung von salzsaurem α-Naphthylamin, $C_{10}H_7NH_2 \cdot HCl$ (durch Filtrieren gereinigt), und 2—3 cm³ Essigsäureäthylester. Nach kräftigem Durchschütteln erscheint die Esterschicht je nach der Goldmenge violettrot bis schwach rosa (HOLZER und REIF).

Erfassungsgrenze: 8 γ.

Grenzkonzentration: 1 : 1000000 (10^{-6}).

Störungen: Stärkere Acidität verhindert die Reaktion, ebenso stört die Anwesenheit von Pd und Fe^{3+}. Fe(III)-Salzlösungen geben eine blauviolette wässerige und gelbrote Esterschicht; durch Weinsäure bzw. Seignettesalz kann das Eisen komplex gebunden werden, doch sinkt die Empfindlichkeit. Pd(II)-Salzlösungen färben beide Schichten gelb, bei gleichzeitiger Anwesenheit von Au und Pd ist die Färbung bräunlich. Die Reaktion mit Fe^{3+} beruht auf einer Oxydation des Amins; Au und Pd bilden Amminkomplexe.

POPOW verwendet für 1 cm³ der Prüflösung zwei Tropfen einer 0,2%igen alkoholischen Lösung der freien Base.

Erfassungsgrenze: 1 γ.

Grenzkonzentration: 1 : 1000000 (10^{-6}).

2. Nachweis durch Entfärbung von Jodstärke.

Solche Kationen, die unlösliche Jodide bilden können, entfärben die blaue Jodstärke, deren Färbung nur in Gegenwart von Jodionen hervorgerufen wird.

Man gibt zu 2 cm³ der neutralen oder schwach sauren Probelösung und zum Vergleich zu der gleichen Menge Wasser einige Tropfen einer Reagenzlösung, die aus 3 cm³ n/100 KJ und 1 cm³ ½%iger Stärkelösung bereitet ist. Die Vergleichslösung wird tropfenweise mit einer 0,02%igen Jodlösung bis zum Auftreten einer Blaufärbung versetzt (etwa 5—8 Tropfen). Eine gleiche Jodmenge ruft bei Anwesenheit von Au in der zu untersuchenden Lösung keine oder eine schwächere Blaufärbung hervor (SCHAPIRO).

Empfindlichkeit: 0,2 γ in 1 cm³.

Grenzkonzentration: 1 : 5000000 ($10^{-6,7}$).

Störungen: Ebenfalls eine Entfärbung der Jodstärke geben Ag, Hg(I), Hg(II), Pd und Pt, ferner stören Oxydations- und Reduktionsmittel; andere Ionen stören nicht oder erst in höheren Konzentrationen.

C. Wenig empfehlenswerte bzw. unsichere Reaktionen.

1. Nachweis mit Formaldehyd.

Versetzt man nach ARMANI und BARBONI eine verdünnte Goldlösung mit einigen Tropfen einer alkoholischen Formaldehydlösung, so erhält man beim Erwärmen eine Violettfärbung.

Empfindlichkeit: 50 γ in 5 cm³.

Grenzkonzentration: 1 : 100000 (10^{-5}).

VANINO und SEELMANN verwenden eine alkalische Formaldehydlösung.

Empfindlichkeit: 6 γ im cm^3 geben schwachen schwärzlichen Schimmer, bei Konzentration von 9 γ an ist die Färbung violett, bei höheren Konzentrationen tritt ein schwarzer Niederschlag auf. Auch Silber wird als schwarzer Niederschlag gefällt.

2. Nachweis mit Laktose.

Werden 2 cm^3 der Probelösung mit ½ g Milchzucker (auch Traubenzucker) versetzt, etwa eine Minute lang zum Sieden erhitzt, so zeigt sich Au durch eine Färbung an. Saure Lösungen sind mit Na_2CO_3 oder NaOH zu neutralisieren (NEUGEBAUER).

Grenzkonzentration: Bei 10^{-5} hellrosa, 10^{-4} violett, bei höheren Konzentrationen gelbe Farbe.

3. Nachweis mit Tannin.

Mit 1 cm^3 Tanninlösung (1%) lassen sich in 10 cm^3 Lösung 10 γ Au nachweisen (KARAOGLANOV).

Grenzkonzentration: 1 : 1000000 (10^{-6}).

4. Nachweis mit Triäthanolamin.

In konz. Lösungen entsteht mit 20%igem Triäthanolamin, $(HOC_2H_4)_3N$, ein rötlich-gelber Niederschlag. Bei einem großen Reagensüberschuß (10—15fach) und vorsichtigem Erwärmen erhält man eine blutrote Lösung, die sich unter Abscheidung von fein verteiltem schwarzen Gold karminrot färbt; diese Lösung wird beim Verdünnen blau.

Verdünnte Goldsalzlösungen werden nach dem Zusatz von wenig Reagens bei leichtem Erhitzen erst grün, dann blau; dabei bildet sich ein Goldspiegel und ein Niederschlag von schwarzem Gold. Verdünnte Lösungen geben mit überschüssigem Reagens beim Erhitzen eine rubinrote Lösung und einen in Aufsicht goldenen und in Durchsicht blauen Spiegel.

Empfindlichkeit: 1 γ in 1 cm^3 geben noch eine schwache Rosafärbung (JAFFE).

Viele Kationen geben Fällungen, eine Spiegelbildung wird nur noch beim Ag beobachtet.

5. Nachweis mit Diacetyldioxim.

Bringt man in eine Goldsalzlösung ein Körnchen Diacetyldioxim, $CH_3C(=NOH)-C(=NOH)CH_3$, so entsteht eine aus gelben Prismen bestehende Fällung (WHITMORE und SCHNEIDER).

Pd gibt ebenfalls gelbe Kristalle, nicht dagegen die anderen Platinmetalle.

In der Hitze werden salzsaure Au-Salzlösungen durch Diacetyldioxim quantitativ zum Metall reduziert (WUNDER und THÜRINGER).

In anderer Weise benutzt UBBELOHDE das Reagens. Gibt man zu einer Kaliumnickelcyanidlösung, die freies Diacetyldioxim enthält, Metallsalzlösungen, deren komplexe Cyanide weniger dissoziiert sind als der Nickelcyanidkomplex, so entsteht ein Niederschlag.

Bereitung der Reagenslösung und Ausführung der Reaktion wie bei Silber beschrieben (§ 5 C3).

Empfindlichkeit: 100 γ in 5 cm^3.

Störungen: Durch Hg, Ag, Cd-Salze, ebenso wegen Auftretens von Fällungen bei Fe- und Al-Salzlösungen, wenn sie stärker als 0,01 n sind.

6. Nachweis mit Thioglykolsäure-β-naphthalid.

Das Thioglykolsäure-β-naphthalid, $C_{10}H_7NHCOCH_2SH$, auch als Thioanilid bezeichnet, bildet mit Schwermetallionen charakteristische Fällungen.

Die schwach mineralsaure Lösung (0,2 n) wird heiß mit einer 1%igen Lösung des

Reagenses in Alkohol oder Eisessig versetzt. Bei der Anwesenheit von Au entsteht ein gelbbrauner Niederschlag. In natronalkalischer, tartrathaltiger Lösung oder cyanidhaltiger Lösung fällt ein weißer Niederschlag.

Empfindlichkeit: 0,4 γ im cm^3 (BERG und ROEBLING).

Grenzkonzentration: sauer 1 : 2500000 ($10^{-6,4}$), natronalkalisch 1 : 200000 ($10^{-5,3}$).

Störungen: Aus saurer Lösung werden, sogar mit größerer Empfindlichkeit, ebenfalls gefällt Cu, Ag, Hg, Sn, As, Sb, Bi, Pt und Pd, in essigsaurer, neutraler Lösung oder in alkalischer Lösung ist die Reaktion noch weniger spezifisch.

Anmerkung: Die Thioglykollsäure, $HOOC—CH_2SH$, gibt in mineralsaurer Lösung nur mit Cu, Ag und Au-Salzen eine gelbe Fällung.

Grenzkonzentration: 1 : 500000 ($10^{-5,7}$); das Anilid, $C_6H_5NHCOCH_2SH$, ist weniger spezifisch, die

Grenzkonzentration ist 1 : 1000000 (10^{-6}).

7. Nachweis mit Dicyanguanidin.

Au^{3+}-Salze geben im sauren Medium mit einer wässerigen Lösung des Kaliumsalzes des Dicyanguanidin, NC · N(K)—C—(:NH)—NH—CN, einen gelben amorphen Niederschlag (DRANEY, YANOWSKI und CEFOLA).

Störungen: ebenfalls Fällungen geben mit dem Reagens Cu (grün), Ag, Hg^+, Hg^{2+} (weiß), $PtCl_6^{2-}$, Pd^{2+}, Fe(III)-salze geben eine rote Farbe, die weiteren Kationen stören nicht.

8. Nachweis mit Phenylthiocarbamid.

Einige Tropfen einer 2%igen alkoholischen Lösung von Phenylthiocarbamid, $H_2NCS \cdot NHC_6H_5$, geben mit 1 cm^3 einer Goldsalzlösung eine gelbe Fällung (SCHAPIRO und RUD). Auch mit Hg^+ (grauschwarz), Ag, Pt^{4+}, Pd^{2+} (gelb) und Cu (weiß) entstehen Niederschläge.

9. Nachweis mit Thioderivaten des Salicylaldehyds.

Schwefelabkömmlinge des Salicylaldehydäthylendiamins bilden in Chloroform lösliche Metallkomplexe; das Au^{3+}-Salz ist gelbbraun und wird mit NH_3 etwas dunkler (BECK).

10. Nachweis mit Diphenylamin.

Diphenylamin reduziert Au-Salze und gibt ein grünes bis violettgefärbtes Oxydationsprodukt (HEREDIA und CUEZZO).

11. Nachweis mit m-Phenylendiamin.

Zum Nachweis versetzt man die wässerige Goldlösung mit schwefelsaurer m-Phenylendiamin-Lösung (5 : 1000), $(H_2N)_2C_6H_4$. Es tritt je nach der Goldkonzentration eine Verfärbung von gelb bis dunkelbraun auf. Eine 0,005%ige Goldchloridlösung ergibt eine momentane violette Färbung (SIEMSSEN).

Grenzkonzentration: etwa 1 : 30000 ($10^{-4,5}$).

12. Nachweis mit p-Phenylendiamin.

Zu 5 cm^3 der Probelösung wird 0,5 cm^3 einer 0,1%igen Lösung des p-Phenylendiamins, $(H_2N)_2C_6H_4$, gegeben; es entsteht eine grüngelbliche Färbung.

Empfindlichkeit: 5 γ in 5 cm^3 (SAUL).

Grenzkonzentration: 1 : 1000000 (10^{-6}).

13. Nachweis mit Phenylhydrazin.

Mit 1 cm^3 Phenylhydrazinlösung, $C_6H_5NH \cdot NH_2$, (1/2%), lassen sich in 10 cm^3 Lösung 14,3 γ Au nachweisen (KARAOGLANOV).

Grenzkonzentration: 1 : 700000 ($10^{-5,85}$).

14. Nachweis mit Benzidin.

Versetzt man die zu prüfende Lösung mit einigen Tropfen der Reagenslösung (1 g Benzidin, $H_2NC_6H_4 \cdot C_6H_4 \cdot NH_2$, in 10 cm^3 Essigsäure + 50 cm^3 H_2O), so entsteht bei der Anwesenheit von Goldsalzen eine tiefe Blaufärbung, welche langsam in Violett übergeht.

Empfindlichkeit: 3,5 γ Au in 1 cm^3 (MALATESTA und DI NOLA).

Störungen: Pt(IV) gibt in sehr verdünnter Lösung einen blauflockigen, Ir(IV) einen hellblauen Niederschlag, OsO_4 eine intensiv blaue Färbung, Fe(III) gibt bei Benzidinüberschuß eine Blaufärbung.

15. Nachweis mit o-Tolidin.

POLLARD (b) benutzt zum Nachweis des Au eine 0,1%ige Lösung von o-Tolidin, $H_2N(CH_3)C_6H_3 \cdot C_6H_5(CH_3)NH_2$, in 10%iger HCl. Gibt man zu 10 cm^3 der Probelösung 1 cm^3 der Reagenslösung, so entsteht eine gelbe Färbung, welche bei einer Verdünnung von 1 : 20000000 ($10^{-7,3}$) noch in einer 10 cm dicken Schicht feststellbar ist.

Reagens nach CLABAUGH: o-Tolidinsulfat wird bis zur Sättigung in n H_2SO_4 gelöst und dann 20fach mit n H_2SO_4 verdünnt. Die Probe (in Königswasser gelöst) wird durch einen trockenen, gereinigten Luftstrom getrocknet. Mit dem Reagens ergibt es eine gelbe Farbe.

Störungen: Eine gleiche Färbung geben Ru, Os, VO_3, WO_4. Die Reaktion wird durch freies Cl_2 und durch HNO_2 verhindert. Bei Anwesenheit von Cu ist die Farbe grüngelb.

Ag, Cu, Ni und Zn stören nicht.

16. Nachweis mit Methylenblau.

Neutrale oder salzsaure Goldsalzlösungen geben mit einer ½%igen Lösung vom Zinkchloridaddukt des Methylenblaus, $C_{16}H_{18}N_3SCl \cdot ZnCl_2$, einen flockigen grünen Niederschlag. Es stören viele Kationen und Anionen (PASSERINI und MICHELOTTI).

17. Nachweis mit Leucofarbstoffen.

Reagenslösung: 0,5 g der Leucoverbindung von Malachitgrün bzw. Nitrobrillantgrün werden in 5 cm^3 80%iger Essigsäure gelöst, dann 15 cm^3 Wasser hinzugegeben und 3—4 Minuten gekocht; nach dem Abkühlen werden 2 cm^3 $CHCl_3$ hinzugegeben, es wird umgeschüttelt, bis die Lösung farblos wird und noch 1 cm^3 $CHCl_3$ hinzugefügt (KUHLBERG).

Die zu untersuchende Lösung (3—5 cm^3) wird mit 0,2 g festem KF und 5 bis 6 Tropfen der Reagenslösung versetzt. Bei Anwesenheit von Gold tritt eine blaue Färbung auf.

Empfindlichkeit: 0,5 γ Au in 100 cm^3 Lösung.

Bei Durchführung als Tropfenprobe ist die

Erfassungsgrenze: 0,007 γ.

Grenzkonzentration: 1 : 120000 ($10^{-5,1}$).

Es stören: Fe, $Ce^{····}$ und alle anderen färbenden Ionen. Fe und $Ce^{····}$ müssen vorher durch Fällung mit NaOH entfernt werden. Bei färbenden Ionen ist die blaue Farbe mit $CHCl_3$ auszuschütteln und mit einer Blindprobe zu vergleichen (KUHLBERG).

18. Nachweis mit Phenolphthalein.

Als Reagenslösung verwendet man eine 0,5%ige alkoholische Lösung von Phenolphthalein. Wird 1 cm³ der 25fach verdünnten Reagenslösung mit 1 cm³ der zu untersuchenden Lösung versetzt und auf 35—40° erwärmt, so entsteht bei Gegenwart kleinster Mengen Au eine tief violette, kolloide Lösung (DALMAS und STATHIS).

19. Nachweis mit Pyrrol und Indol.

Pyrrol ergibt mit dreiwertigem Gold in salzsaurer Lösung ein goldhaltiges Pyrrolschwarz.

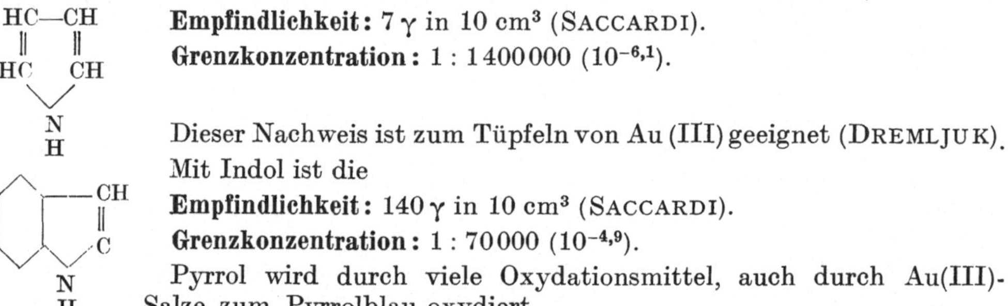

Empfindlichkeit: 7 γ in 10 cm³ (SACCARDI).
Grenzkonzentration: 1 : 1400000 ($10^{-6,1}$).

Dieser Nachweis ist zum Tüpfeln von Au (III) geeignet (DREMLJUK). Mit Indol ist die

Empfindlichkeit: 140 γ in 10 cm³ (SACCARDI).
Grenzkonzentration: 1 : 70000 ($10^{-4,9}$).

Pyrrol wird durch viele Oxydationsmittel, auch durch Au(III)-Salze zum Pyrrolblau oxydiert.

20. Nachweis mit Morpholin.

2—3 cm³ der zu untersuchenden Lösung werden bis zur alkalischen Reaktion mit Morpholin versetzt. Sind Cu und Fe zugegen, so fallen diese aus und werden abfiltriert. Bei der Gegenwart von Gold tritt zunächst eine Gelbfärbung auf, welche langsam in blauviolett übergeht. Später erfolgt dann die Abscheidung von blauvioletten Flocken. Ist viel Eisen vorhanden, so muß man den entstehenden Niederschlag erst gut absitzen lassen. Bei schwacher Blaufärbung empfiehlt es sich, die Reaktion in einer Porzellanschale durchzuführen (MALOWAN).

Empfindlichkeit: 20 γ in 1 cm³.
Grenzkonzentration: 1 : 5000 ($10^{-4,7}$).
Es stören: Cu und Fe.

Das 4-(3-Methyl-4-aminophenol)-morpholin gibt mit Au-Salzen bei $p_H = 2,5$ bis 3,0 eine stabile rosa Färbung (FRIERSON).

Grenzkonzentration: 1 : 30000000 ($10^{-7,5}$).

Es stören viele Ionen.

21. Nachweis mit Indo-oxim.

Das Chinolinchinon-(5,8)[8 Oxychinoyl-(5)-amid]-(5), kurz Indo-oxim genannt, gibt mit Au-Salzen eine blaue Färbung bzw. Fällung (BERG und BECKER).

5 cm³ einer Probelösung, die 0,5 cm³ 2n Essigsäure und 1 cm³ konz. Na-acetatlösung enthalten, werden mit 2—3 Tropfen einer 0,05%igen alkoholischen Indoximlösung versetzt; eine Au-freie Blindprobe bleibt rot.

Empfindlichkeit: 0,66 γ in 1 cm³.

Grenzkonzentration: 1 : 1500000 ($10^{-6,2}$); viele andere Kationen reagieren ebenfalls.

22. Nachweis mit Thiazolderivaten.

0,5 cm^3 der neutralen oder schwach salzsauren Probelösung werden mit drei Tropfen einer oxalsäurehaltigen HCl (um Fe^{3+} zu maskieren) und mit zwei Tropfen der Reagenslösung versetzt (0,6% p-Dimethylaminostyryl-β-naphto-thiazol als Jodmethylat in Alkohol) und drei Tropfen 20%iger KSCN-Lösung versetzt.

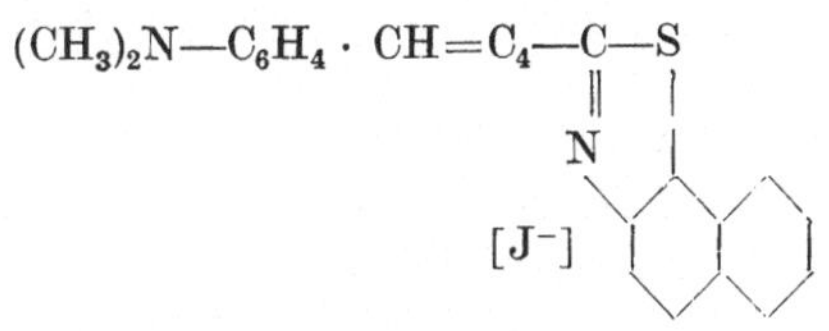

Au und viele andere Kationen geben eine violette Färbung.

Grenzkonzentration: 1 : 2000000 ($10^{-6,3}$) (KRUMHOLZ und KRUMHOLZ).

Von SPACU und KURAŠ sowie KURAŠ sind weitere Merkapto-thiazole, aber auch Imidazole und Oxazole untersucht; die Stoffe sind wenig spezifisch.

§ 7. Mikrochemische Nachweise mit organischen Reagenzien.

A. Analytisch wichtige Reaktion.

Mit Pyridin und Bromwasserstoff.

Nach PUTNAM und Mitarbeiter ergibt Gold mit Pyridin, C_5H_5N, und HBr einen Nachweis, welcher es gestattet, auf Gold neben allen anderen Edelmetallen zu prüfen.

Das Reagens wird aus einem Teil Pyridin und acht Teilen 5 n Bromwasserstoffsäure bereitet.

Diese Reaktion ist besonders für den Nachweis des Goldes in Mineralien geeignet.

Das zu untersuchende Mineral wird in Königswasser gelöst und zweimal zur Trockene eingedampft. Anschließend wird mit Wasser aufgenommen. Man bringt zwei Tropfen der mit HCl angesäuerten Lösung auf einen Objektträger und fügt einen Tropfen Reagenslösung hinzu. Es bildet sich ein bräunlich roter Niederschlag. Die entstandenen Kristalle sind Nadeln, die oft gekreuzt erscheinen oder unter einem Winkel von 60° verwachsen sind (WENGER und DUCKERT) (Abb. 5).

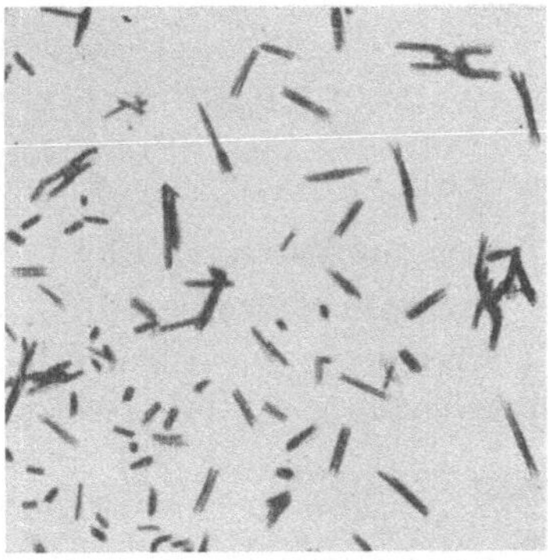

Abb. 5. Goldpyridinbromid. Vergr. 143 (nach GEILMANN).

Grenzkonzentration: $1 : 3—5 \cdot 10^4$ ($10^{-4,5}$—$10^{-4,7}$).

Störungen: Die Empfindlichkeit der Reaktion wird nicht durch die folgenden Ionen vermindert: Hg^{2+}, Cu, Bi, Cd, Sn, Pt, Se, Te, Mo und V im Überschuß 100:1. Pt gibt gelbe Kristalle anderer Art und stört somit nicht. Die Reaktion wird gestört durch Ag, Hg^+, Pb und Tl, ebenso stören auch die Elemente As, Sb, W, wenn sie in großem Überschuß (100 : 1) vorhanden sind. Bei geringerem Überschuß (10 : 1) wird die Empfindlichkeit auf $1 : 3 \cdot 10^4$ ($10^{-4,5}$) herabgesetzt.

Anmerkung: Mit einem Körnchen salzsaurem Pyridin bildet sich in einer Au-Salzlösung eine dichte Fällung von langen gelben Kristallen (WHITMORE und SCHNEIDER).

B. Weitere Reaktionen.

1. Nachweis mit Diphenylthiocarbazon.

Das Diphenylthiocarbazon, $C_6H_5N:N \cdot CS \cdot HNNHC_6H_5$, Dithizon genannt, gibt mit Gold in schwach saurer Lösung einen Farbumschlag von grün nach schwach bräunlich-gelb (FISCHER).

Ausführung: Ein Tropfen der Probelösung wird in einem kleinen Reagensglas mit eingeschliffenem Stopfen mit einigen Tropfen der grünen Reagenslösung (0,002—0,004% in CCl_4) versetzt und kräftig geschüttelt. Außer dem Umschlag der Farbe nach Gelb treten bei Gegenwart von Au gelbliche Flöckchen, vielleicht von reduziertem Au herrührend, auf.

Erfassungsgrenze: 0,05 γ.

Störung: Außer durch Hg, Ag und Pd wird die Reaktion in saurer Lösung nicht gestört. Neben Ag gelingt der Nachweis bei Zusatz von NH_4Cl (1 cm^3 20%ige Lösung und 0,3—0,5 cm^3 Reagenslösung). Bei Anwesenheit von Hg versetzt man mit 10%iger KJ-Lösung (auf 1 mg Hg etwa 0,2 cm^3 der KJ-Lösung) und verdünnt auf 2 cm^3. Die Erfassungsgrenze wird aber bei beiden Nachweisen ungünstiger.

Durch Oxydationsmittel wird das Dithizon zu gelb- bis orangefarbenen Stoffen oxydiert; durch Aufkochen mit Hydroxylamin kann diese Störung aufgehoben werden.

Anmerkung: Das analoge Dinaphthylthiocarbazon gibt mit Au-Salzen einen hellbraunen Niederschlag (SSUPRUNOWITSCH).

2. Nachweis mit p-Dimethylaminobenzyliden-rhodanin.

2 cm^3 der schwachsauren Lösung werden nach FEIGL, KRUMHOLZ und RAJMANN mit einigen Tropfen einer gesättigten alkoholischen Reagenslösung versetzt und mit 1—2 cm^3 Äther ausgeschüttelt. Bei Anwesenheit von Au entsteht an der Grenzfläche ein rotes Häutchen.

```
HN—C=O
|   |
S=C   C=CHC6H4N(CH3)2
  \ /
   S
```

Erfassungsgrenze: 4 γ.

Grenzkonzentration: 1 : 500000 ($10^{-5,7}$).

Beim Tüpfeln wird auf das mit dem Reagens imprägnierte und getrocknete Papier ein Tropfen der Probelösung gebracht.

Erfassungsgrenze: 0,1 γ in 0,05 cm^3.

Grenzkonzentration: 1 : 500000 ($10^{-5,7}$).

Störungen: Die Elemente Hg, Ag, Cu, Pb, Bi, Rh, Pd, Os und Pt geben eine gleichartige Reaktion.

Anmerkung: Für kolorimetrische Messungen wird auch das analog reagierende Diäthylamino-derivat benutzt (SANDELL).

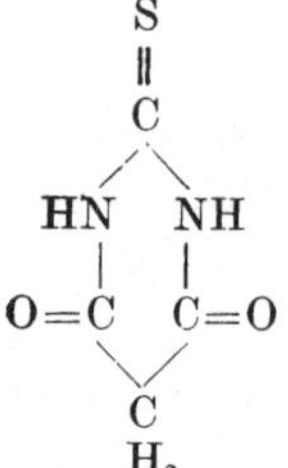

3. Nachweis mit Thiobarbitursäurederivaten.

Das p-Dimethylaminobenzalkondensationsprodukt der Thiobarbitursäure reagiert bei gleicher Ausführung wie das FEIGL-Rhodanin.

Erfassungsgrenze: 0,01 γ (PAVOLINI und GAMBARIN).

Grenzkonzentration: 1 : 5000000 ($10^{-6,7}$).

Störungen: Ag, Hg und Pd müssen abwesend sein.

4. Nachweis durch Reduktion.

a) Färbung einer Seidenfaser.

Rohseidenfasern werden durch 3—4stündige Behandlung mit 10%iger Alkalilauge gereinigt und gut gewaschen. Diese Fasern werden in Tanninlösung bzw. $SnCl_2$- und Pyrogallol-Lösung gelegt (DONAU [c]), vor dem Gebrauch einige Male durch Wasser gezogen und zwischen Filtrierpapier getrocknet. Ein etwa 1 cm langes Stück wird an einem Wachsklötzchen befestigt und die Spitze in die zu prüfende Lösung getaucht. Bei Anwesenheit von Au beobachtet man unter dem Mikroskop eine Verfärbung nach rot, violett oder blau.

Erfassungsgrenze: 0,015 γ (Tannin), 0,002 γ ($SnCl_2$ + Pyrogallol).

Störungen: Alkalilauge verhindert das Auftreten der Farbe, ebenso Fe(II)-Salze, Arsen- und Antimonverbindungen. Silber für sich gibt eine gelbe, in HNO_3 lösliche Farbe, wird aber von der roten Farbe überdeckt außer an der unteren Grenze. Molybdate färben blau, aber nicht blaurot, violett oder purpurn.

b) Färbung von Papier.

KORENMAN (a) verwendet zum Tüpfeln Photopapier, das mit 10%iger $Na_2S_2O_3$-Lösung behandelt und danach mehrfach mit Wasser gewaschen ist. Dieses Papier wird mit verdünnter $SnCl_2$- und Pyrogallollösung getränkt und dann getrocknet. Goldsalze erzeugen eine graublaue bis blaßblaue Färbung.

Erfassungsgrenze: 0,016 γ in 0,25 cmm.

Grenzkonzentration: 1 : 15600 ($10^{-4,2}$).

Herstellung des Reagenses (nach COLE): 10 g $SnCl_2$ werden in 95 cm^3 dest. Wasser und 5 cm^3 konz. HCl gelöst und filtriert; zum Filtrat werden 10 g weißes Pyrogallol hinzugefügt und unter Rühren gelöst.

5. Nachweis mit Pararosanilin.

Nach WEST und CARLTON geben Goldsalze mit Parafuchsin eine violett-schwarze Fällung. Pd, Rh, Pt und Hg reagieren in gleicher Weise. Um den Nachweis spezifisch zu machen, wird Gold aus der salzsauren Lösung mit Essigester extrahiert, etwa vorhandene Spuren von Pd werden durch Natriumpyrophosphat komplex gebunden.

$$\left[\begin{array}{l} H_2NC_6H_4 \\ \qquad\qquad \diagdown \\ \qquad\qquad\quad C=C_6H_4=NH_2 \\ \qquad\qquad \diagup \\ H_2NC_6H_4 \end{array}\right]^+ Cl^-$$

Ausführung: Ein Tropfen bis 1 cm^3 der Probelösung werden auf der Tüpfelplatte oder in einem Mikrobecher mit der Zehntelmenge konz. HCl versetzt. Man fügt 10—15 Tropfen Essigester hinzu, durch 6—8faches Aufsaugen mit einer Pipette wird gut durchgemischt, zum Schluß wird aufgesogen, und man läßt nach der Trennung der Schichten die wässerige Schicht abfließen. Man tupft den Rest der wässerigen Lösung von der Spitze der Pipette ab und läßt die Essigesterschicht in ein zweites Loch auf der Tüpfelplatte ausfließen. Der Ester wird durch ein feines Glasrohr abgeblasen, und zur eingedampften Lösung wird ein Tropfen einer gesättigten $Na_4P_2O_7$-Lösung (mit HCl auf $p_H = 7$ eingestellt, nur für einen Tag haltbar) hinzugegeben. Auf das Tüpfelpapier (Schleicher-Schüll Nr. 595) wird ein Tropfen einer 0,05%igen Lösung der salzsauren Pararosanilinlösung gegeben und in die Mitte der vorbereitete Probetropfen gebracht.

Bei kleinen Goldmengen entsteht ein violett-schwarzer Ring, bei größeren Mengen ist die Farbe tiefbraun.

Erfassungsgrenze: 5 γ.

Grenzkonzentration: 1 : 100000 (10^{-5}).

Störungen: Durch die Extraktion mit dem Ester und Behandlung mit Pyrophosphat werden die Störungen durch alle Kationen im 800fachen Überschuß ausgeschaltet. Von den Anionen stören nur Cyanid und Sulfid.

6. Nachweis mit Coffein.

Versetzt man einen Tropfen der Probelösung mit einem Tropfen des Reagenses (2%), so entstehen bei der Anwesenheit von Au am Tropfenrand sehr zarte, hellgelbe nadelförmige Kristalle, welche zu Büscheln zusammengewachsen sind. Von allen Platinmetallen gibt nur Pd eine ähnliche Reaktion, doch bilden die Kristalle im Gegensatz zu Au eine dichte Masse von unregelmäßigen Kristallen, während sich die Goldkristalle nur am Tropfenrand befinden (WHITMORE und SCHNEIDER).

```
H3C · N—C=O
      |    |   CH3
      |    |   |
 O=C     C—N
      |    |     \
      |    |      CH
      |    |     //
H3C · N—C—N
```

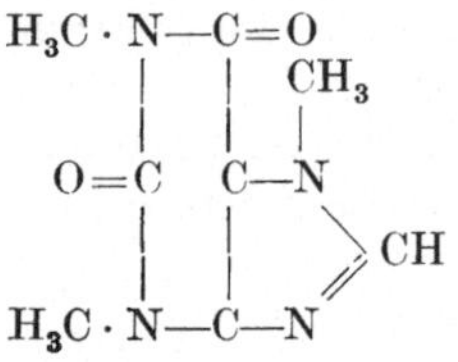

MARTINI (b), der die Reaktion zum Nachweis von Coffein benutzt, verschärft sie durch Zugabe eines Tropfens gesättigter NaBr-Lösung.

7. Nachweis mit Rhodamin B.

Zu einem Tropfen der schwach sauren Probelösung fügt man einen Tropfen der Reagenslösung (0,05 g Rhodamin B in ½ Liter Wasser). Die rosarote, gelblich fluoreszierende Lösung zeigt bei Anwesenheit von Au violette Schlieren.

Empfindlichkeit: 1,2 γ in 0,05 cm^3 (EEGRIWE).

Grenzkonzentration: 1 : 42000 ($10^{-4,6}$).

Störungen: Gleiche Reaktionen geben Hg(II), Bi, Tl(III), SbO_4^{3-}, WO_4^{2-}, MoO_4^{2-}, sowie größere Mengen Fe(III).

Das bei der Reaktion gebildete Chloroaurat(III) des Farbstoffes ist in Benzol löslich und zeigt starke Fluoreszenz (FEIGL und GENTIL).

Ein Tropfen der Probelösung wird mit je einem Tropfen verdünnter HCl und der Reagenslösung versetzt, dann mit 6—8 Tropfen Benzol geschüttelt. Die Benzolschicht färbt sich je nach der Menge Au rotviolett bis rosa. Im ultravioletten Licht zeigt sich eine orangefarbene Fluoreszenz.

Erfassungsgrenze: 0,1 γ.

Grenzkonzentration: 1 : 500000 ($10^{-5,7}$).

Die Reaktion wird beeinträchtigt durch Tl(III)-Salze und $HgBr_2$, die ebenfalls orangefarbene Fluoreszenz bilden. Sb(V) verbraucht das Reagens und verhindert die Extraktion der benzollöslichen Au-Verbindung.

Zum Nachweis von Au neben Sb, Hg und Tl wird das Au durch einen Tropfen Hg gefällt, das Amalgam abgetrennt und das Hg verdampft; dann wird die Reaktion wie oben ausgeführt. Zur Ausführung wird der Probetropfen mit je einem Tropfen $HgCl_2$-Lösung (1%) und $SnCl_2$-Lösung (10% mit konz. HCl 1 : 1 gemischt) versetzt. Nach etwa 5 Minuten wird zentrifugiert, mehrmals mit verdünnter HCl gewaschen und das Hg vertrieben. Man löst den Rückstand in zwei Tropfen Brom-Salzsäure (gleiche Teile gesättigtes Bromwasser und konz. HCl). Nach Entfernen des überschüssigen Broms mit 10%iger wässeriger Sulfosalicylsäurelösung wird wie oben geprüft.

0,5 γ Au können neben der 1000fachen Menge Sb, Hg und Tl erkannt werden.

C. Wenig empfehlenswerte bzw. unsichere Reaktionen.

1. Nachweis mit Urotropin.

Gibt man zu einer Goldsalzlösung ein Kriställchen Urotropin (Hexamethylentetramin), so bildet sich ein Gewirr langer gelber Kristalle (VIVARIO und WAGENAAR, WHITMORE und SCHNEIDER).

Nach CROWELL und KÖNIG entstehen mit einem Tröpfchen Urotropinlösung oder einem Kriställchen Urotropinsalz gelbe, rechteckige Platten oder lange dünne Nadeln.

Erfassungsgrenze: 10 γ. **Grenzkonzentration:** 1 : 1000 (10^{-3}).

2. Nachweis mit Tannin.

Ein Tropfen der Prüflösung ergibt auf einem mit Tanninlösung getränkten Filtrierpapier einen hellblauen Fleck (COSTEANU [b]) (vgl. § 7 B 4).

Durch Cu wird die Reaktion nicht gestört; Ag muß als AgCl gefällt werden. Erwärmt man die Probelösung mit einer Tanninlösung (10%), so entsteht eine rote Färbung (MILLER).

Empfindlichkeit: 1 γ im cm^3.

Grenzkonzentration: 1 : 1000000 (10^{-6}).

3. Nachweis mit Betain.

Ein Körnchen Betain, $(CH_3)_3{}^+ \cdot NCH_2COO^-$, gibt in Goldsalzlösung kleine, hellgelbe, gut ausgebildete Quadrate und Würfel (WHITMORE und SCHNEIDER).

Die Pt-Metalle bilden keine Niederschläge.

MARTINI (a) deckt den eingetrockneten Tropfen mit Kollodium ab und gibt einen Tropfen gesättigter Lösung des salzsauren Betains hinzu.

Erfassungsgrenze: 0,1 γ.

4. Nachweis mit Tetraäthylammoniumsalz.

Wenn man zwei Tropfen einer 10%igen wässerigen Lösung von Tetraäthylammoniumchlorid zu einem Tropfen der Probelösung fügt, geben Au-Salze eine gelbe kristalline Fällung (KÖNIG, CROWELL und BENEDETTI-PICHLER).

Erfassungsgrenze: 1 : 1000 (10^{-3}).

Pt, Pd, Ir, Rh stören erst bei 10fachem Überschuß. Ein Körnchen Tetraäthylammoniumbromid gibt mit Au-Salzen eine dichte, rotbraune Fällung, am Rande treten hellgelbe sechseckige Plättchen auf (WHITMORE und SCHNEIDER).

5. Nachweis mit Äthylendiamin-tetraessigsäure.

Auf Papier (Whatman Nr. 2) werden ein Probetropfen und ein Tropfen Natriumsalz der Äthylendiamin-tetraessigsäure, $(HOOCCH_2)_2NCH_2CH_2N(CH_2COOH)_2$ (unverdünnte, handelsübliche Lösung mit p = 10,9; als Versene, Trilon B oder Komplexon bezeichnet), gegeben. Bei der Anwesenheit von Au entsteht ein blauroter bis violetter Fleck (HYNES, YANOWSKI und RANSFORD).

Empfindlichkeit: 50 γ in 0,05 cm^3.

Grenzkonzentration: 1 : 1000 (10^{-3}).

Störungen: Bei der angegebenen Ausführungsform (Probetropfen vor Reagenstropfen) stören Fe, Co und Mn nicht; Versene gibt mit Fe und Mn braune Flecke (wahrscheinlich die Hydroxyde). Die üblichen weiteren Kationen und Anionen stören nicht.

Versene wird als Dispersionsmittel verwendet. Die Reaktion beruht wohl auf einer Reduktion der Au-Salzlösungen. Die ebenfalls untersuchten Mittel, Terpitol 7 und Solvadine K, reagieren nicht.

6. Nachweis mit Thioharnstoff.

Au-Salze geben mit einem Körnchen Thioharnstoff, $SC(NH_2)_2$, eine rotorange Fällung; dabei wird das Au^{3+}-Salz reduziert; in einer entfernten Zone um das Reagenskörnchen entstehen fast farblose, hexagonale, schwach doppelt brechende Platten (CHAMOT und MASON).

Ähnliche orangerote Kristalle gibt von den Platinmetallen nur Os.

Nach WHITMORE und SCHNEIDER gibt das Reagens eine braune, bald schwarz werdende Fällung.

7. Nachweis mit β-Naphthylamin.

Goldsalze geben beim langsamen Einengen mit einer Lösung von $C_{10}H_7NH_2 \cdot HCl$ gut ausgebildete, dunkelpurpurne Kristalle (DETWILER und WILLARD).

Störungen: Ohne Einengen werden gefällt Fe(III), Pd(II) und Li-Salze; wie Au verhalten sich Hg(II), Pt, Co, Mn und NH_4^+.

8. Nachweis mit α-Naphthylamin.

Bei der Tüpfelprobe benutzt man als Reagenslösung eine 1%ige alkoholische α-Naphthylamin-Lösung. Auf Filtrierpapier wird zu einem Tropfen der Reagenslösung ein Tropfen der zu untersuchenden Lösung gebracht. Es entsteht eine blauviolette Färbung (POPOW).

Empfindlichkeit: 0,03 γ Gold in 0,001 cm^3.

Grenzkonzentration: 1 : 50000 ($10^{-4,7}$).

9. Nachweis mit Benzidin.

Gibt man zu einer Goldsalzlösung einen Tropfen 2,5%ige Lösung von salzsaurem Benzidin, so entsteht sofort eine amorphe, hellblaue Fällung, die von einem schmalen purpurfarbenen Ring umgeben ist (WHITMORE und SCHNEIDER).

Als Tüpfelreaktion auf Papier entsteht mit einer essigsauren Benzidinlösung eine intensiv blaue bis blauschwarze Färbung (TANANAEFF und DOLGOW).

Empfindlichkeit: 0,02 γ in 0,001 cm^3.

Grenzkonzentration: 1 : 50000 ($10^{-4,7}$).

Ag, Ru und Os(VIII) geben eine analoge Reaktion (TANANAEFF und ROMANJUK).

Beim Tüpfeln mit einer essigsauren Benzidinlösung (0,05% Benzidin in 10%iger Essigsäure) nach MALATESTA und DI NOLA ist die

Empfindlichkeit: 0,02 γ in 0,001 cm^3.

Grenzkonzentration: 1 : 50000 ($10^{-4,7}$).

Pt-Salze und oxydierende Stoffe müssen fehlen.

MARTINI bringt einen Probetropfen zur Trockene, deckt mit Kollodium ab und fügt einen Tropfen einer gesättigten Lösung von salzsaurem Benzidin hinzu. Bei Anwesenheit von Au bilden sich blauviolette bis schiefergraue Kristalle, einzeln oder zu Sternchen gruppiert.

Erfassungsgrenze: 0,1 γ.

10. Nachweis mit 2,7-Diaminodiphenylenoxyd.

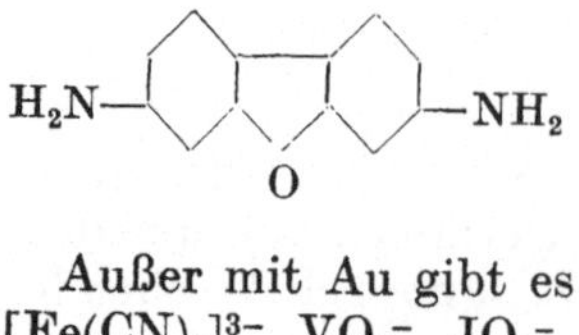

Ein Tropfen der Reagenslösung (0,375 g Amin in 50 cm^3 heißer 10%iger Essigsäure) wird mit der Probelösung getüpfelt und gibt wie Benzidin eine blaue Färbung bzw. Fällung (CULLINANE und CHARD).

H_2N— —NH_2
O

Die Reaktion ist ebenso empfindlich wie die mit Benzidin.

Außer mit Au gibt es die Reaktion mit Fe^{3+}, Pt^{4+}, Ag, Cu, Tl^{3+}, Ce^{4+}, CrO_4^{2-}, $[Fe(CN)_6]^{3-}$, VO_3^-, JO_4^-, J, Mn^{2+}, MnO_2, $S_2O_8^{2-}$, BiO_3^-.

11. Nachweis mit Pikrinsäure.

Versetzt man einen Tropfen der zu untersuchenden Lösung mit einem Tropfen der Reagenslösung (zwei Teile gesättigte wässerige Pikrinsäure und ein Teil 10%iges NH_3), so beobachtet man unter dem Mikroskop sehr langsam wachsende Nadeln und Rosetten (KORENMAN [b]).

NO_2 / O_2N — NO_2 / OH

Erfassungsgrenze: 0,2 γ.

12. Nachweis mit Antipyrin.

Die eingedampfte und mit je einem Tropfen Wasser und Essigsäure aufgenommene Probe wird mit einem Tropfen Antipyrinlösung (10%) versetzt. Nach 2 bis 3 Minuten entstehen gelbe Kristalle (COQUOIN).

H—C = C—CH_3 / O=C N—C_6H_5 / N / C_6H_5

Erfassungsgrenze: 10 γ.

13. Nachweis mit Piperazin.

Ein Tropfen der zu untersuchenden Lösung wird zunächst mit einem Tropfen einer gesättigten NaBr-Lösung versetzt, und dann wird ein Tropfen der Reagenslösung (als Reagens: gesättigte Lösung von Piperazin in Aceton) hinzugefügt. Bei der Anwesenheit von Gold entstehen Tafeln und schräge Prismen von gelber oder intensiv roter Farbe (MARTINI [c]).

Gibt man zur Lösung ein Kriställchen Piperazinhydrat, ohne NaBr hinzuzufügen, so entsteht eine rotbraune, amorphe Fällung (WHITMORE und SCHNEIDER).

H / N / H_2C CH_2 / H_2C CH_2 / N / H

14. Nachweis mit Acridin.

Zum Nachweis des Goldes wird nach MARTINI (a) ein Tropfen der zu untersuchenden Lösung eingedampft und mit einem Tropfen flüssiger Vaseline abgedeckt. Auf das so vorbereitete Präparat wird dann je ein Tropfen einer 5%igen KCNS-Lösung und einer 1%igen Acridinhydrochloridlösung gegeben. Nach dem Auflegen eines Deckgläschens zeigen sich unter dem Mikroskop gelbe, längliche, meist zu Garben gruppierte Kristalle. Fügt man nun einen Tropfen $SnCl_2$-Lösung hinzu, tritt ein Zerfall der Kristalle auf unter Dunkelviolettfärbung. Dieser Farbumschlag macht die Reaktion für Gold spezifisch.

H / C / N

Erfassungsgrenze: 0,1 γ.

Störungen: Mit Rhodaniden bildet eine große Zahl von Kationen und auch Anionen kristalline Fällungen.

Wie Gold verhalten sich Pt, Ir, Rh und Pd. Die Kristalle weisen andere Formen auf, aber in Mischungen verwaschen sich nach WENGER die prägnanten Formen.

15. Nachweis mit Phenazoxin.

Das Phenyl-azo-o-oxychinolin gibt mit Au und vielen anderen Kationen Fällungen. Auch andere Oxinderivate sind ohne analytisches Interesse (GUTZEIT und MONNIER).

16. Nachweis mit Narcotin.

ROSSI benutzt zum Nachweis des Goldes eine Lösung, welche 5 cm^3 einer 1%igen Narcotinlösung in konz. H_2SO_4 + 5 cm^3 einer 10%igen $SnCl_2$-Lösung, sowie 5 cm^3 einer 10%igen $FeSO_4$-Lösung enthält.

Ein Tropfen der Reagenslösung wird auf das Papier gebracht und ein Tropfen der zu untersuchenden Lösung hinzugefügt. Bei der Anwesenheit von Au entsteht ein blauer bis violetter Rand von kolloidem Au.

Störung: MoO_4^{2-} gibt ebenfalls einen blauen Rand, welcher jedoch auf Zusatz von NH_3 und H_2O_2 farblos wird. Pt gibt einen gelben Rand.

17. Nachweis mit Cocain.

Ein Tropfen der Probelösung wird auf einem Objektträger eingedampft, dann je ein Tropfen einer gesättigten KBr-Lösung und eine 5%ige wässerige Lösung von salzsaurem Cocain hinzugefügt. Au zeigt sich durch hellgelbe Kristallnadeln (BERISSO).

Grenzkonzentration: 1 : 10000 (10^{-4}).

Nach WHITMORE und SCHNEIDER erzeugt ein Körnchen salzsaures Cocain auch bei Platinmetallen, außer Rh, Kristallfällungen.

18. Nachweis mit α-Aminopyridin.

In einem Tropfen der sauren Lösung wird ein Kriställchen NaBr gelöst und dann α-Aminopyridin hinzugefügt. Bei der Anwesenheit von Au entstehen gelbe bis rote rechteckige Lamellen und H-förmige Kristalle (SÁ).

Eine 2%ige Reagenslösung ergibt in $AuCl_3$-Lösung eine schöne purpurblaue Fällung von kleinen runden Körnern (WHITMORE und SCHNEIDER).

19. Nachweis mit Spartein.

Sparteinsulfat gibt mit einer 2%igen $AuCl_3$-Lösung eine dichte gelbe, körnige Fällung, die langsam hexagonale Prismen bildet (WHITMORE und SCHNEIDER).

Störungen: Ru, Rh und Ir reagieren nicht, Pd, Os und Pt verhalten sich ähnlich.

MARTINI (a) dampft den Probetropfen zur Trockene ein, deckt mit Kollodium ab und überdeckt mit einem Tropfen Sparteinsulfat (10%); neben den gelben Kristallen entstehen auch sechseckige, isotrope Kristalle von violetter bis schiefergrauer Farbe aus elementarem Gold.

Erfassungsgrenze: 0,1 γ.

20. Nachweis durch Auslöschung der Fluoreszenz.

Das von Au^{3+}-Salzen aus KJ-Lösung freigemachte Jod löscht die Fluoreszenz im Ultraviolett-Licht von α-Naphthoflavon aus; es entsteht außerdem ein blauschwarzer Niederschlag (GOTÔ).

Empfindlichkeit: 0,5 γ in 0,05 cm^3.

Grenzkonzentration: 1 : 100000 (10^{-5}).

Es reagieren vor allem auch Cu^{2+}, Pt^{4+}, SeO_4^{2-} und andere Oxydationsmittel.

Durch freigemachtes Jod wird auch die Fluoreszenz von Chinin und Acridin gelöscht.

Einen weiteren fluoreszenzchemischen Nachweis vgl. § 7 B 7.

In der folgenden Tabelle sind die Reaktionen aufgeführt, die von WHITMORE und SCHNEIDER angegeben sind und im Vorangehenden nicht aufgeführt wurden. Bei der Durchführung der Versuche wird ein Tropfen einer $AuCl_3$ (1% oder 2%) auf dem Objektträger mit dem Reagens (entweder eine 10%ige, bei Alkaloiden eine 1%ige Lösung oder fest, Spalte 2) versetzt.

Reagens		Bemerkungen
salzsaures Anilin	fest	grüne amorphe Fällung.
salzsaures Diäthylamin	fest	sehr lange hellgelbe Kristallnadeln.
salzsaures Guanidin	fest	sehr lange Kristallnadeln.
salzsaures Phenylhydrazin	fest	dichte blaue amorphe Fällung um das Reagens; am Rande des Tropfens hellgelbe Kristalle.
salzsaures Piperidin	Lösg.	beim Eintrocknen hellgelbe, anschließend hexagonale Prismen.
salzsaures Chinolin	Lösg.	lange hellgelbe Kristallnadeln.
salzsaures Semicarbazid	Lösg.	blaue amorphe Fällung.
salzsaures o- bzw. m-Toluidin	Lösg.	grüne amorphe Fällung.
salzsaures p-Toluidin	Lösg.	rote feinkörnige Fällung.
salzsaures m- bzw. p-Xylidin	Lösg.	amorphe, purpurfarbene Fällung, die sich beim p-Derivat in grün verfärbt.
salzsaures Hyoscim	Lösg.	hellgelb amorph, geht schnell in lange verzweigte Kristalle über.
salzsaures Strychnin	Lösg.	feinkörnige gelbe Fällung.
Hyoscyamin	Lösg.	fahlgelbe Fällung, die in rechteckige Platten übergeht. Die Pt-Metalle reagieren nicht, aber in ihrer Gegenwart ist die Reaktion nicht brauchbar.
Monomethylanilin	Lösg.	hellgrüne flockige Fällung, daneben kleine schwarze Teilchen.
Theobromin	ges. Lösg.	dichtes Netz langer gelber Kristallnadeln.
Cinchopen	Lösg.	feinkörnige gelbbraune Fällung, die sich schnell in kurze hellgelbe Prismen umwandelt.
schwefels. Atropin	Lösg.	gelbe Fällung, beim Reiben dünne hellgelbe rechteckige Platten. Die Pt-Metalle reagieren nicht, aber bei deren Anwesenheit ist die Reaktion nicht brauchbar.
schwefels. Cinchonidin	Lösg.	gelbe amorphe Fällung.
schwefels. Chinidin	Lösg.	gelbkörnige Fällung, die beim Stehen in lange gelbe Kristallnadeln übergeht.
schwefels. Chinin	Lösg.	fahlgelbe körnige Fällung.
schwefels. Brucin	Lösg.	braune amorphe Fällung.

Literatur.

Armani, G., u. J. Barboni: Z. Chem. Ind. Kolloide **6**, 290 (1910); C **1910 II**, 337. — Arreguine, V.: bei Martini (a). — Augusti, S.: Mikrochim. Acta **2**, 49 (1937).

Bayer, E.: M **41**, 223 (1920). — Beck, G.: Mikrochem. **33**, 188 (1947). — Behrens, H., u. P. D. C. Kley: Mikrochem. Analyse, Leipzig 1915. — Berg, R., u. W. Roebling: B **68**, 403 (1935); Angew. Chem. **48**, 430 (1935). — Berg, R., u. E. Becker: Fr. **119**, 81 (1940). — Berisso, B.: Publ. inst. invest. microquim **8**, 45 (1944). — Breckpot, R.: Naturwetensch. Tijdschr. **16**, 139 (1934).

Carney, R. J.: Am. Soc. **34**, 32 (1912). — Catalano, L. R.: Rev. Minerva **1**, 16 (1931); An. Argentina **22**, 102 B (1934) nach van Nieuwenburg. — Chamot, E. M., u. C. W. Mason: Handbook of Chem. Microscopy, New York 2. Aufl. 48. — Clabaugh, W. S.: J. Res. Natl. Bur. Standards **36**, 119 (1896), BA **1946** C, 149. — Cole: Philippin. J. Sci. **21**, 361 (1922) nach Chamot und Mason. — Costeanu, R. N.: (a) Fr. **102**, 336 (1935); N. D. (b) Bull. Chim. Soc. Stiinte Cluy **37**, 63 (1934), C **1935 II**, 2985. — Coquoin, R.: Cr. soc. biol. **93**, 584 (1925), C **1925 II**, 2178. — Crowell, W. R., u. O. König: Mikrochem. **33**, 303 (1947/48). — Cullinane, N. M., u. S. J. Chard: Analyst **73**, 95 (1948), CA **1948**, 3278.

Dalmas, D. C., u. E. Stathis: Prakt. Acad. Athenon **10**, 106 (1935), C **1935 II**, 2644. — Detwiler, E. B., u. M. L. Willard: Mikrochem. **12**, 263 (1932). — Donau, J.: (a) Z. Chem. Ind. Kolloide **2**, 273 (1908), C **1908 I**, 1575; (b) M. **25**, 913 (1904); (c) M. **25**, 545 (1904). — Dremljuk, R. L.: J. angew. Chem. (russ.) **13**, 157 (1940); C **1940 II**, 1477. — Draney, J. J., L. K. Yanowski u. M. Cefola: Mikrochem. **35**, 238 (1950). — Duval, C., u. P. Fauconnier: Mikrochim. acta **3**, 30 (1938). — Ducloux, E. H.: Mikrochem. **2**, 108 (1924).

Eegriwe, E.: Fr. **70**, 402 (1927). — Elliot, N., u. L. Pauling: Am. Soc. **60**, 1846 (1938). — Emich, F.: (a) M. **39**, 775 (1918); (b) Lehrbuch d. Mikroch. München 1926. — Erbacher, D., u. K. Philipps: Angew. Chem. **48**, 409 (1935).

FEIGL, F.: Qualitative Analyse mit Hilfe von Tüpfelreaktionen, 4. Aufl. New York 1954; FEIGL, F., u.V. GENTIL, s. FEIGL, F. — FEIGL, F., KRUMHOLZ, P., u.E. RAJMANN: Mikrochem. **9**, 165 (1931). — FINK, C. G., u. G. L. PUTNAM: Ind. eng. Chem. Anal. Ed. **14**, 468 (1942). — FISCHER, H.: Ang. Chem. **47**, 685 (1934). — FRIERSON, W. J.: Virg. J. Sci. **3**, 279 (1943), CA **1944**, 695.

GEILMANN, W.: Bilder zur qual. Mikroanalyse anorg. Stoffe, Leipzig 1934, 2. Aufl., Weinheim 1954. — GERLACH, W., u. E. RIEDEL: Die chem. Emissionsspectralanalyse, Bd. III, 3. Aufl. 1949, Leipzig. — GERLACH, W., u. E. SCHWEITZER: desgl. Bd. I, Leipzig 1930. — GERLACH, W., u. W. ROLLWAGEN: Metallwirtsch. **15**, 337 (1936). — GOLDBERG, E. D., u. H. BROWN: Anal. Chem. **22**, 308 (1950). — GOTÔ, H.: Sci. Rep. Tôhoku. Im. Unic. Ser. I **29**, 204 (1940); C **1941 I**, 1068. — GRÜNSTEIDL, E.: Mikrochem. **12**, 169 (1932). — GUENTHER, A.: Z. anorg. Ch. **200**, 409 (1931). — GUTZEIT, G., u. R. MONNIER: Helv. **16**, 223 (1933).

HEREDIA, P. A., u. J. G. CUEZZO: Arch. farm. bioquim. Tuscuman **5**, 57 (1950); CA **1952**, 8397. — HERMAN, J.: Coll. Trav. chim. Tchecoslovaqui **6**, 57 (1934), C **1934 II**, 47. — HOLZER, H.: Mikrochem. **8**, 271 (1930). — HOLZER, H., u. W. REIF: Fr. **92**, 12 (1933). — HYNES, W. A., L. K. YANOWSKI u. J. E. RAMSFORD: Mikrochem. **35**, 110 (1950).

IWAMURA, A.: Mem. Coll. Sci. Kyoto imp. Univ. **15**, 359 (1932).

JAFFE, E.: Ann. Chim. appl. **22**, 737 (1932); C **1933 I**, 3221. — JOHN, W. E., u. E. BEYERS: J. chem. Met. Min. Soc. S. Africa **33**, 26 (1932), C **1932 II**, 3584.

KARAOGLANOV, Z.: Fr. **114**, 81 (1938). — KLEBER, W., u. C. LENZEN: Tabell. zur qualitativen Lötrohranalyse, Bonn (1947). — KOPP, H.: Geschichte der Chemie Bd. II (1844). — KOREMAN, I. M.: (a) Mikrochem. **21**, 17 (1936); (b) Pharm. Zentralh. **72**, 225 (1931). — KÖNIG, O., W. R. CROWELL u. A. A. BENEDETTI-PIEHLER: Mikrochem. **33**, 286 (1947/48). — KRUMHOLZ, P., u. E. KRUMHOLZ: Mikrochem. **19**, 50 (1935). — KUHLBERG, L. M.: Betriebslab. **5**, 170 (1936), C **1936 II**, 1980. — KURAŠ, M.: Chem. Obzor **18**, 177 (1943), C **1944 I**, 39 und vorangehende Arbeiten.

LINSTEAD, R. P., F. H. BURSTALL, G. R. DAVIES u. R. A. WELLS: J. chem. Soc. **1950**, 516. — LOPEZ DE AZCONA, A. M., P. PARDO u. S. I. PARDO: Spectrochim. acta **2**, 185 (1941).

MARTINI, A.: (a) Publ. inst. invest. microquim. **3**, 75 (1939); (b) Mikrochem. **12**, 109 (1933); (c) Mikrochem. **6**, 28 (1928); (d) wie (a) **4**, 75 (1940), Mikrochem. **30**, 195 (1942). — MALATESTA, G., u. E. DI NOLA: Boll. chim. farm. **52**, 461 (1913); C **1913 II**, 716. — MALOWAN, S. L.: Fr. **118**, 100 (1939). — MEHROTRA, R. C.: Proc. Natl. Acad. Sci. India **18** A, 103 (1948), CA **1951**, 8938. — MILLER, C. F.: Analyst **26**, 38 (1937), CA **31**, 5703 (1937).

NEDLER, V. K., u. F. M. EFFENDIEV: (a) Betriebslab. **2**, 164 (1933); (b) desgl. **10**, 193 (1941). — NEUGEBAUER, H.: Apoth. Ztg. **44**, 667 (1929). — NIDER, D.: Kolloid. Z. **44**, 667 (1928); C **1928 I** 1631. — VAN NIEUWENBURG, C. J., J. GILLIS u. P. WENGER: Reagenzien für qualitative anorg. Analyse, Basel 1945. — NOYES, A. A., u. W. C. BRAY: A system of qualitative analysis of the rare elements, New York, 1927.

PASSERINI, L., u. L. MICHELOTTI: G. **65**, 524 (1935). — PAVOLINI, T., u. F. GAMBARIN: Anal. chim. Acta **3**, 180 (1949). — PIERSON, G. G.: (a) Ind. eng. Chem. Anal. Ed. **6**, 437 (1934); (b) desgl. **11**, 86 (1939). — POLLARD, W. B.: (a) J. chem. Soc. **1926**, 529. (b) Analyst **44**, 94 (1919), C **1919 IV**, 522. — POPOW, M. A.: Betriebslab. **14**, 105 (1948), C **1948 II**, 525. — PROBST, R.: Naunyn-Schmiedebergs Arch. exp. Pathol. Pharmakol. **169**, 119 (1933). — PUTNAM, C., u. E. J. ROBERTS u. D. H. SELCHOW: Am. J. Sci. [5] **15**, 455 (1928), C **1928 II**, 372.

ROHNER, F.: Helv. **20**, 1054 (1937). — ROSIN, J. u. J. H. VOE bei WENGER u. RUSCONI. — ROSSI, L.: Quim e Ind. **12**, 277 (1935), C **1936 II**, 513.

SÁ, A.: Anales farm. bioquim. **5**, 3 (1934), C **1934 II**, 3531. — SACCARDI, P.: Ann. chim. appl. **25**, 157 (1935), C **1935 II**, 2559. — SANDELL, E. B.: Anal. Chem. **20**, 253 (1948). — SCHAPIRO, M. J.: Chem. J. Ser. B **11**, 367 (1938), C **1938 II**, 1453. — SCHAPIRO, M. J., u. M. I. RUD: Chem. J. Ser. B. **11**, 140 (1938), C **1938 II**, 3579. — SIEMSSEN, J. A.: Chem. Ztg. **36**, 934 (1912). — SAUL, J. E.: Analyst **38**, 54 (1913), C **1913 I**, 1138. — STÄHLER, A.: B **44**, 2914 (1911). — SSUPRUNOWITSCH, T. B.: Chem. J. Ser. A **8**, 839 (1938); C **1939 II**, 3074. — SPACU, G., u. M. KURAŠ: Bul. Soc. Ştiinţe Cluy **8**, 243 (1935), C **1935 II**, 2984.

TANANAEFF, N. A., u. K. A. DOLGOW: J. russ. phys. chem. Ges. **61**, 1377 (1929), C **1930 I** 2130. — TANANAEFF, N. A., u. A. N. ROMANJUK: Fr. **108**, 30 (1937). — TOISHI, K.: Scient. papers Inst phys. chem. Res. **38**, 87 (1940). — TREADWELL, F. P.: Kurzes Lehrbuch d.analyt. Chem., Leipzig-Wien.

UBBELOHDE, A. R.: Analyst **59**, 339 (1934), Fr. **99**, 431 (1934).

VANINO, L., u. L. SEELMANN: B. **32**, 1968 (1899). — VIVARIO, R., u. M. WAGENAAR: Pharm. Weekbl. **54**, 157 (1917), Fr. **67**, 298 (1925).

WEITZ, E.: A **410**, 117 (1915). — WHITMORE, W. F., u. H. SCHNEIDER: Mikrochem. **17**, 279 (1935). — WELLS, H. L., u. H. L. WHEELER: Z. anorg. Chem. **2**, 307 (1892). — WENGER, P. u. R. DUCKERT bei VAN NIEUWENBURG. — WENGER, P. u. Y. RUSCONI: Réactifis pour l'analyse qualitative minérale (4. Bericht), Paris 1950. — WEST, P. W., u. J. K. CARLTON: Anal. Chem. **22**, 1055 (1950). — WOLFERS, F.: J. Chim. phys. **24**, 727 (1927), C **1928 I**, 1254. — WUNDER, M., u. V. THÜRINGER: Fr. 52, 660 (1913).

Anleitungen für die chemische Laboratoriumspraxis

Erster Band:

Chemische Spektralanalyse

Eine Anleitung zur Erlernung und Ausführung von Spektralanalysen im chemischen Laboratorium. Von Professor Dr. **W. Seith,** Buldern über Dülmen, und Dr. **K. Ruthardt,** Hanau. Vierte, verbesserte Auflage. Mit 106 Abbildungen im Text und einer Tafel. VII, 173 Seiten 8°. 1949. DM 16.50

Zweiter Band:

Kolorimetrie, Photometrie und Spektrometrie

Eine Anleitung zur Ausführung von Absorptions-, Emissions-, Fluorescenz-, Streuungs-, Trübungs- und Reflexionsmessungen. Von Professor Dr. **G. Kortüm.** Dritte neubearbeitete Auflage. Mit 186 Abbildungen. Etwa 464 Seiten 8°. 1955. Ganzleinen etwa DM 36.—

Vierter Band:

Polarographisches Praktikum

Von Professor **J. Heyrovský.** Mit 90 Abbildungen im Text. VI, 118 Seiten 8°. 1948. DM 8.40

Fünfter Band:

Der Raman-Effekt

und seine analytische Anwendung. Von Dr. **Walter Otting,** Max Planck-Institut für medizinische Forschung, Heidelberg, Institut für Chemie. Mit 33 Abbildungen. VI, 161 Seiten 8°. 1952. DM 12.60

Sechster Band:

Gegenstromverteilung

Von Privatdozent Dr. **H. M. Rauen** und Dr. **W. Stamm,** Frankfurt a. M. Mit 65 Abbildungen. VII, 81 Seiten Gr.-8°. Steif geheftet DM 12.80

Inhaltsübersicht: I. Einleitung. II. Der Nernstsche Verteilungssatz. III. Theorie der Verteilung. IV. Experimentelle Bestimmung des Verteilungskoeffizienten und Analyse von Gegenstromverteilungen. V. Das Verfahren. VI. Die verschiedenen Methoden der Gegenstromverteilung. VII. Die mathematische Behandlung der Gegenstromverteilung. VIII. Die Leistungsfähigkeit der Gegenstromverteilung. IX. Anwendungsbeispiele. Literatur. Sachverzeichnis.

SPRINGER-VERLAG / BERLIN · GÖTTINGEN · HEIDELBERG